日本国際政治学会編

地球環境ガバナンス研究の最先端

国 際 政 治

本誌の電子ジャーナルについて

本誌に掲載された論文を、自らの研究のために個人的に利用される場合には、電子ジャーナルから論文のPDFファイルをダウンロードできます。独立行政法人・科学技術振興機構 (JST) の以下のURLを開き、『国際政治』のサイトにアクセスしてご利用ください。なお、刊行後2年間を経過していない新しい号については、会員のみを対象として限定的に公開します。

J-STAGE　http://www.jstage.jst.go.jp/browse/kokusaiseiji

目次

序論　地球環境ガバナンス研究の最先端……………………………………阪口　功…一
ドイツのエネルギーガバナンス（一九八三年―二〇二一年）…………渡邉理絵…一七
――政権交代、重層的ガバナンス、危機――
グローバルな気候変動ガバナンスの「共律化」……………………近藤悠生…三四
――石油・ガス業界の低炭素化における金融セクターの役割――　山田高敬
パリ協定に貢献する鉱物資源及び金融・投資分野のガバナンスの現状と課題……太田宏…五〇
――採取産業透明性イニシアティブとEUタクソノミー――　佐藤勉
気候変動危機によって高まる電力安全保障の重要性………………山本剛…六四
――メコンのバッテリー・ラオスを事例に――
農業・食料分野における地球環境保全規範の受容要因……………米田立子…七九
――食料安全保障レジームの変容――
プライベート標準とパブリック環境ガバナンスの共進化…………渡邉智明…九五
――メタ・ガバナンスとしての欧州標準化システムとEU違法伐採規制――
ビッグサイエンスと地球環境保護……………………………………王智健…一一三
――中国の科学者の役割に着目して――
〈独立論文〉
勢力範囲（勢力圏）概念と近代日本外交………………………佐々木雄一…一二八
――第一次世界大戦前後日本外交の「連続／転換」問題とともに――

日中国交正常化における中国の政策過程……………………………………………兪　敏　浩…一四四
——国際情勢認識の変化と政策決定の論理——

〈書評論文〉

防衛政策史研究の最先端……………………………………………………………吉　田　真　吾…一六〇
板山真弓著『日米同盟における共同防衛体制の形成——条約締結から「日米防衛協力のための指針」策定まで』
真田尚剛著『「大国」日本の防衛政策——防衛大綱に至る過程　一九六八〜一九七六年』

敗戦国の経済的包摂／参加をめぐるディレンマ…………………………………前　田　亮　介…一七一
浅井良夫著『ＩＭＦ八条国移行——貿易・為替自由化の政治経済史』
高橋和宏著『ドル防衛と日米関係——高度成長期日本の経済外交　１９５９〜１９６９年』

〈書　評〉

アミタフ・アチャリヤ著
『ＡＳＥＡＮと地域秩序——東南アジアにおける安全共同体再訪』…………湯　川　　拓…一八二

クラウス・ドッズ著、町田敦夫訳
『新しい国境　新しい地政学』…………………………………………………岩　下　明　裕…一八五

渡部恒雄、西田一平太編
『防衛外交とは何か——平時における軍事力の役割』……………………………畠　山　京　子…一八八

編集後記…………………………………………………………………………………………一九二

英文目次・要約…………………………………………………………………………………1

日本国際政治学会編『国際政治』第214号「地球環境ガバナンス研究の最先端」（二〇二五年一月）

序論　地球環境ガバナンス研究の最先端

阪口　功

はじめに

地球環境ガバナンス研究の歴史は浅い。本特集号で扱う環境問題が国際的に注目を集めるようになったのは一九七二年に開催された国連人間環境会議の頃であり、当時は人口爆発、成長の限界、公害ないし汚染問題が注目を集めていた。これを受けて、*International Organization* 誌は早くも一九七二年春号（Vol. 26, No. 2）を環境をテーマに刊行している。一九七〇年代中頃には、International Studies Association（ＩＳＡ）内に Environmental Studies Section（ＥＳＳ）になるものが少数の研究者たちにより形成されていた。[(1)] ＥＳＳの形成により、ＩＳＡにおいても環境分野のパネルが増えていったが、当初は国際政治経済学の傍流のような位置づけとなっており、理論的な発展は乏しかった。

国際政治学・国際関係論において環境分野の理論研究が飛躍的に発展してきたのは一九八〇年代末になってからのことである。背景には、一九八〇年代に入り、熱帯雨林の破壊と生物多様性の減少、オゾン層の破壊、地球温暖化問題などの課題がグローバルアジェンダとなり、また一九九二年に国連環境開発会議（ＵＮＣＥＤ）が開催され、活発に地球環境外交が展開されるようになったことがある。一九九〇年代に入ると環境分野の国際条約・議定書・協定の締結が急増し、国際制度の爆発的増加の様相を呈するようになる。[(2)] International Environmental Agreements（IEA）Database Project のデータベースを分析すると、二〇二二年までに締結された国際条約・議定書・協定は二九五九（二国間が二一五一、多国間が八〇八）にのぼる。[(3)] 同時期に急増した地域貿易協定は、二〇二四年八月現在において有効なものは三六九（多国間・二国間の合計）、既に失効しているものを含めても八三八である。[(4)] 環境分野の国際制度の数が突出して多いことが分かる。

さらに、政府間の国際制度による問題解決の取り組みを補完するために、非政府組織（NGO）や業界団体などの民間アクターが主導するプライベート・レジーム（private regime）の形成も環境分野では極めて活発である。(5) プライベート・レジームは、①消費者の購買や企業の調達に影響を与える認証制度、②金融のてこにより企業活動の是正を促す情報公開制度、③企業の学習を促すフォーラム型制度があり、その形態は非常に多様である。(6) 投資判断への影響と企業の学習の両面から企業の行動に変化を引き起こすことをめざすベンチマーキング制度も増加している。(7) サステイナビリティおよび社会面から世界の主要企業をベンチマーキング評価する団体として二〇一八年に発足したWorld Benchmarking Alliance（WBA）は、シーフード、農業、自然など七つの分野に大企業のベンチマーキング評価の活動を広げている。(8)

このように環境分野では多種多様なプライベート・レジームが形成されており、その制度密度（institutional density）も非常に高い。International Trade Centre（ITC）のStandards Mapに登録されているサステイナビリティ分野のプライベートな国際認証基準だけで二六八もある。(9) 国内の認証制度はITCには登録されていないものが多いが、国内認証制度を含めると無数にのぼる。例えば、水産認証制度の信頼性を高めるために水産認証制度のベンチマーキングを行っているGlobal Sustainable Seafood Initiative（GSSI）の認定を受けたものは七つにとどまるが、未認定のものを含めると世界には一五〇ほどの水産認証制度が存在する。(10) 森林認証ではFSC（Forest Stewardship Council）とPEFC（Programme for the Endorsement of Forest Certification）が競い合っている。PEFCは各国の森林認証制度をPEFCの基準に基づき認定し、認定された制度の認証林産物にPEFCのロゴの利用を認める認証制度である。PEFCから認定を受けた認証制度は四五あり、認定の準備をしているものも含めると五六になる。(11) 同じ分野で活動する認証制度は競合しながらも、相互に作用しあい、プライベート・レジーム複合体を形成する。(12) プライベート・レジームのように制度化水準が高いものだけでなく、旧来からあるNGOによる社会運動型のイニシアティブ（ボイコット運動やダイベストメント運動など）も活発である。これらの取り組みはプライベート・レジームの普及を促進する効果も持つ。こういったプライベート・アクターによる取り組みを総称してプライベート・ガバナンスと呼ぶ。(13)

さらに、SDGs（Sustainable Development Goals）による「目標ベースのガバナンス」（governance through goals）の試みも二〇一五年から始まっている。(14) SDGsは、Millennium Development Goals（MDGs）の大きな成功と積み残し課題を引き継ぐ取り組みである。環境の持続性についての取り組みは世界的に遅れていた。二〇一二年に発表された国連環境計画（UNEP）の *Global Environmental Outlook 5*（*GEO-5*）の分析では、最も重要な九〇の地球環境目標のうち四つでしか顕著な進展が見られなかった。(15) 大きな成功を収めたものの、MDGsでは環境の持続可能性に関する目標設定は貧弱であった。(16) そのため、SDGsでは二〇三〇年を達成年として、ＭＤＧｓの積み残し課題であった環境の持続可能性を確保しながら開発目標の達成に取り組むことになった。[17] この課題に取り組むために、ＳＤＧｓでは公私のアクターの協働、つまり、パブリック・プライベート・パートナーシップ（ＰＰＰ：public and private partnership）が推進されている。[18] 近年広がりを見せている気候関連財務情報開示タスクフォース（ＴＣＦＤ：Task Force on Climate-Related Financial Disclosures）や自然関連財務情報開示タスクフォース（ＴＮＦＤ：Task Force on Nature-Related Financial Disclosures）もＰＰＰの取り組みである。[19]

このように、地球環境問題が国際社会の重大アジェンダとなり、公私の両面で制度の密度が劇的に高まり、多様なガバナンスの取り組みが発展していったことで、国際政治学・国際関係論における地球環境の学術研究も爆発的に増加し、理論研究も発展していった。二〇〇一年には専門誌の *Global Environmental Politics* 誌も発刊された。二〇二四年のＩＳＡの年次研究大会ではＥＳＳがスポンサーとなるセッションは五三にのぼり、[20] 地球環境分野の学術研究の興隆は著しい。日本国際政治学会でも、二〇〇六年に環境分科会が設立され、本誌『国際政治』においても、二〇一一年に初めて環境特集号「環境とグローバル・ポリティクス」が刊行された。そこから、一三年を経ての本特集号「地球環境ガバナンスの最先端」の刊行には、次のような問題意識がある。

すなわち、ここまで記したとおり地球環境分野では幾多の条約や協定が締結され、また民間アクター主導のプライベート・レジームが無数に形成され、国際制度およびプライベート・レジームの両面において制度の密度が著しく高い。また、公私のアクターの協働も発展している。そのため研究テーマには事欠かない状況となっている。しかしながら、地球環境のほとんどの分野で状況が悪化し続けており、解決ないし大きな改善が見られる分野は、オゾン層の保護や石油タンカーの石油流出事故の防止など一部の分野にとどまる。[21] 地球環境ガバナンスに関する研究は飛躍的に発展してきたものの、国際政治学・国際関係論は「コモンズの悲劇」や外部不経済・外部経済による「市場の失敗」といった古くから指摘されている経済学上の課題を「政府なき統治」（governance without government）[22] により乗り越えるだけの叡智を見いだすことはできないのであろうか。楽観主義とは異なる形で将来に希望を見いだせるような研究を提示できないであろうか。このような問題意識に立って本特集号は刊行されている。その背景には、地球環境の破壊が取り返しの付かないほどの水準に到達しつつあるという「実感」がある。

以下、本稿では、第一に安全保障、経済、人権などの様々なイシューにおけるグローバル・ガバナンスの現状をレビューする。第二に、地球環境ガバナンスの現状について、特に気候変動と生物多様性に焦点をあてながらレビューする。第三に、本特集号掲載論文を上記の問題意識に照らしながら導入し、最後に本特集号では取り上げることができなかったイシューと課題について触れる。

一　グローバル・ガバナンスの進歩と現状
――平和、人権、貿易、金融、開発

グローバル・ガバナンスは、公私の多様なアクターの協働によるグローバルな諸課題の解決の取り組みであり、冷戦の終焉後に広まってきた概念である。[23] イシューとしては、平和、貿易、金融、開発、人権、地球環境などが含まれるが、グローバル・ガバナンスの現状を分野横断的に比較すると、地球環境以外の分野では政府なき統治がそれなりに進展している。

すなわち、国際の平和と安全を維持するための国際連合の集団的安全保障の仕組みは機能せず、世界から戦争は決してなくならないものの、第二次世界大戦後は、核による抑止、経済的な相互依存関係の発展もあり、[24] 大国間で大規模な武力衝突は起きず、国家間の戦争は大きく減少していった。特に冷戦終焉後は、戦死者数の減少トレンドが長く続いていた。近年はシリア内戦、エチオピアのティグレ紛争、ロシア・ウクライナ戦争の影響で、戦死者数が高くなっている。[25] しかしながら、戦死者数が増加し続けるような長期のトレンドにはない。もっとも、これらの紛争に付随して難民や国内避難民は二〇一二年から増加トレンドに入っている。[26] テロによる死傷者は二〇一二年以降顕著に増え始めたが、二〇一六年をピークに減少トレンドに入っている。[27]

人権については、国連憲章にて基本的人権と自由の尊重が規定されるとともに、世界人権宣言、国際人権規約、人種差別撤廃条約、女性差別撤廃条約、子どもの権利条約、障害者権利条約など多数の条約が締結されていった。V-Demo Institute のデータ解析に基づき作成された人権指数（human rights index）[28] によると、冷戦期に南アメリカやアジアでの落ち込みがあったものの、冷戦終焉後は南アメリカ、アジア、アフリカでも大きな改善を見せている。近年は民主主義の衰退と権威主義国家の再興により、アフリカ、アジアなどで指数の悪化が見られるが、長期で見ると大幅な改善となっている。[29]

経済イシューでも大きな改善が見られる。すなわち、貿易については、関税と貿易に関する一般協定（ＧＡＴＴ）が締結され、ラウンド交渉が繰り返された結果、世界の平均関税率（主要二三カ国）は段階的に大きく低下していった。世界恐慌後に二〇％を超えていたものが、一九九五年に世界貿易機関（ＷＴＯ）が発足した際には五％を割るまでに低下した。[30] その後、先進国と途上国の対立でドーハ・ラウンド交渉は停止状態にあるものの、自由貿易協定が拡大し続けた結果、経済の自由化がさらに進展していった。こうして、世界の国内総生産（ＧＤＰ）に対して貿易金額（輸出金額と輸入金額の総和）が占める割合は一九七〇年に二五％であったものが、二〇〇〇年代に入ると五〇％を超えた。リーマンショック、米中貿易戦争、コロナ・パンデミックによる動揺を受けながらも、二〇二二年には六〇％を超えるまでに増加した。[31]

国際金融システムの安定性については、ブレトンウッズ体制下では国際通貨基金（ＩＭＦ）が中核となっていた。しかしながら、一九七〇年代初めにブレトンウッズ体制が崩壊し、主要国が変動相場制に移行してからは、国際金融システムの安定性のための国際社会の取り組みは分散化する。一九八〇年代に起きたラテンアメリカ諸国の累積債務問題による金融危機、一九九七年のアジア通貨危機およびそれに続くロシア通貨危機、ブラジル通貨危機、二〇〇八年のリーマンショック、二〇一〇年のユーロ危機など多くの金融危機を繰り返すなか、安定化のための国際的な取り組みが強化されてきた。すなわち、国際決算銀行に設置されたバーゼル銀行監督委員会の自己資本規制により国際的な銀行システムの安定性強化が図られるとともに、金融安定化フォーラム（Financial Stability Forum）の設置（後に金融安定理事会（Financial Stability Board）に改組）による金融のサーベイランス機能の強化、G20財務大臣・中央銀行総裁会議およびG20首脳会議の開催による国際政策調整の推進、IMF増資や各国中央銀行間の通貨スワップ協定および各国中央銀行による外貨準備の積み増しによる流動性確保などの取り組みが強化されてきた。[32]近年もコロナ・パンデミック期のドル流動性不足や昨今の中国の不動産バブル崩壊など金融システムの不安定化の火種はつきないが、大きな混乱に陥ることなく小康状態を保っている。[33]

開発分野でも状況の改善は著しい。第二次世界大戦後、貧困の撲滅を目指して、世界銀行、経済協力開発機構の開発援助委員会、国連開発計画（UNDP）、地域開発銀行などの援助機関が設立されていった。一九七〇年の国連総会で採択された第二次国連開発の一〇年における経済援助目標、すなわち国民総生産GNPの一％（政府開発援助については〇・七％）に到達することは先進国全体としては一度もなかったが、紐付き援助の撤廃や贈与を主体とするなどの目標は相当程度実現されていった。[34]UNDPは、一九九〇年から人間開発指数（HDI）のレポートを発表し始めた。HDIは平均寿命、教育年数、一人あたりの国民総所得に基づく総合的指標であり、〇〜一で表現される。このHDIは世界全体では一九九〇年に〇・六〇一であったが、その後連続的に上昇し、二〇一九年には〇・七三九に達している。二〇二〇年のコロナ・パンデミックの発生により、一時的に指数は悪化したが、二〇二二年には二〇一九年の数値を回復している。[35]一日二・一ドル以下で暮らす極度の貧困（extreme poverty）にある人口も、一九九〇年におよそ二〇億人いたものが、世界の人口増加にもかかわらず二〇二三年にはおよそ七億人に減少している。[36]決して少なくない割合の人たちが厳しい生活を迫られていることになるが、改善のトレンドが続いている。

二　地球環境ガバナンスの現状

上述の通り、第二次世界大戦後、グローバルな諸課題の多くは改善を見せてきた。これに対して、地球環境分野では一部のケースを例外に状況は悪化の一途をたどっている。二〇二四年に発表された国連によるSDGsの最新のレポートでは、期限までの目標達成が危機的状況にあることが報じられている。すなわち、一七の各目標のなかに設定された一六九の個別目標のなかで評価可能なデータが集まった一三五を分析したところ、二〇三〇年迄の達成に向かって進捗しているものはわずか一七%にすぎない。目標一二「持続可能な消費と生産」、目標一三「気候変動」、目標一四「海洋の保全」、目標一五「陸の生物多様性」などの主として地球環境に関する目標を見ると、進捗状況は非常によくない。例えば、目標一三は「順調または達成」、「適度に改善」がともに〇で、「軽微な進展」と「後退」で一〇割となっている。目標一五は「順調または達成」が二割に対して、「軽微な進展」が四割、「停滞」と「後退」がそれぞれ二割、という状況である。[37] 以下、地球環境問題の二つの大きな課題、すなわち気候変動と生物多様性の保全についてガバナンスの現状を簡潔にレビューする。

(1) 気候変動ガバナンスの現状

気候変動問題では一九九七年に開催された国連気候変動枠組条約の第三回の締約国会議（COP：conference of parties）で京都議定書が採択され、先進国平均で一九九〇年を基準年として五・二%の温室効果ガスの削減義務（二〇〇八年〜二〇一二年の約束期間）が設定された。しかしながら、削減義務は先進国に限られていたこともあり、仮に完全な遵守が達成されたとしても二一〇〇年の時点での気温上昇を何も実施しなかった場合と比べて〇・一%押し下げる効果しか持たない規制であった。[38] アメリカの京都議定書からの離脱は大きな打撃となったが、もとより低い削減目標で始まった京都議定書の効果は次期約束期間からの規制の強化に依存するものであった。しかしながら、二〇〇一年のCOP7で採択されたマラケシュ合意により導入された未達成の削減量の一・三倍を次期約束期間（二〇一三年から）の削減量に加える不遵守措置は、アメリカの不参加と途上国の排出量の増大も相まって、次期約束期間で高い目標値を設定するインセンティブを失わせてしまった。[39] こうして京都議定書の第二約束期間の交渉は停滞していくことになる。

二〇一五年のCOP21で採択されたパリ協定では、先進国だけでなく途上国も温室効果ガスの削減に取り組むことになったが、同協定ではボトムアップの新しいアプローチが取られることになった。すなわち、産業革命前からの世界の平均気温の上昇を二・〇度を十分に下回るよう抑制すること、また一・五度までに抑える努力を追求することが規定され、この目標を達成するために「国が決定する貢献」（NDC：nationally determined contribution）の仕組みが導入された。これは、各国が自主的に温室効果ガスの排出削減目標を五年ごとに設定し、その達成に取り組むものであり、罰則が伴わない目標ベースのガバナンスの取り組みの一つと言える。[40] この柔軟な仕組みにより、途上国やアメリカを含む幅広い国々が参加することが可能になった。

しかしながら、二〇二五年でパリ協定採択から一〇年となるが、パリ協定の目標達成の見込みは極めて悲観的である。すなわち、温室効果ガスの年間排出量は一九九〇年の約三八GtCO2eq（GT炭素換算）から、二〇〇〇年に約四二GtCO2eq、二〇一〇年に約五三GtCO2eqへと増加した。[41] 二〇二三年には過去最大の約五七GtCO2eqを記録している。[42] 排出量の上昇スピードは鈍くなっているものの、温度上昇を一・五度ないし二・〇度にとどめるために必要とされる排出量の大きな削減トレンドには全く入れていない。世界気象機関（WMO：World Metrological Organization）によると、史上最高の世界平均気温を記録した二〇二三年は産業革命前と比べて一・四五度の上昇を記録している。[43] 日本の周辺海域でも海水温の上昇が著しく、シロザケの回帰が激減し、[44] 沖縄でサンゴ礁の白化が進むなか東京湾でサンゴの分布が急速に広がっている。WMOの二〇二四年の最新の報告によると、五年以内に一・五度を超える可能性が非常に高い。[45] そもそも気候変動に関する政府間パネル（IPCC）の第六次評価報告書では、二〇二一年時点での各国のNDCが加盟国により完全に実施されたとしても、二一〇〇年時点の気温上昇は二・四〜三・五度になると予想されていた。[46] NDCは五年に一度更新されるものの、野心的でないNDCや野心的であっても実現のための政策が伴なわないNDCが少なくなく、その有効性に疑義が投げかけられている。[47] UNEPの二〇二四年の最新の *Emissions Gap Report* では、二一〇〇年時点での気温上昇の予測は三・一度に上振れしている。[48] 政府間で構築された国際制度が十分に機能しないなか、気候変動分野でも民間アクターによるプライベート・レジームやPPPの取り組みが広がっているが、[49] 現状ではグローバル・カーボン・シンクのキャパシティ内に温室効果ガスの排出量を抑制することに失敗し続けている。

(2) 生物多様性ガバナンスの現状

　生物多様性の保全については、特に水鳥の生息地として国際的に重要な湿地に関する条約、絶滅のおそれのある野生動植物の種の国際取引に関する条約、移動性野生動物種の保全に関する条約、国際熱帯木材協定、漁業については海域毎に設立されている地域漁業管理機関など個別の枠組みが分立していた。[50] 一九九二年に生物多様性条約が締結されたことで、より包括的なアプローチをとることができるようになったが、生息地や生態系の破壊、過剰な採取など生物多様性の減少の中核的な要因に対処するメカニズムの構築は遅れていた。二〇一〇年に開催されたCOP10でようやく生物資源へのアクセスと利益配分（ABS：access and benefit-sharing）を規定した名古屋議定書が採択された。これにより、途上国に豊富に存在する遺伝資源の外部経済による「市場の失敗」への対処が図られ、豊かな生物多様性を保護することに対するインセンティブを提供する枠組みが構築された。[51] もっとも、名古屋議定書も生物多様性保全の部分的アプローチに過ぎない。

　より本質的に生物多様性の保全を推進するために、生物多様性条約でも目標ベースのガバナンスが活発に取り入れられてきた。二〇〇二年のCOP6で生物多様性条約戦略計画が採択され、生物多様性の損失速度を二〇一〇年までに顕著に減少させる「二〇一〇年目標」を実現するために、世界の各エコリージョンの一〇%の効果的な保護（目標一・一）、絶滅危惧種の現状の改善（目標二・二）、生物資源の非持続的な消費または生物多様性に影響を与える消費の減少（目標四・二）、生息地の劣化と損失速度の減少（目標五・一）など二一の個別の目標が設定され、各国が取り組むことになった。しかしながら、二〇一〇年に発表された「生物多様性及び生態系サービスに関する政府間科学政策プラットフォーム」（ＩＰＢＥＳ：Intergovernmental Science-Policy Platform on Biodiversity and Ecosystem Services）による *Global Biodiversity Outlook 3*（*GBO-3*）にて、どの個別目標も達成できず、生物多様性の損失速度を顕著に減少させることに失敗したことが報告された[52]。

　これを受けて、ＣＯＰ10では二〇二〇年までの目標「生物多様性の損失を止めるための効果的かつ緊急な行動を実施する」を達成するために愛知目標が採択された。愛知目標は、持続可能な消費・生産計画の達成のための行動と実施（目標四）、森林を含む自然生息地の損失速度を少なくとも半減させ、可能な場合にはゼロに近づけ、劣化・分断を顕著に減少させる（目標五）、水産動植物の過剰漁獲の回避と枯渇した種の回復（目標六）、陸域及び内陸水域の一七％、海域の一〇％が保護地域などにより保全される（目標一一）などの二〇の個別目標からなる。しかしながら、二〇二〇年に発表された *GBO-5* での達成度評価によると、二〇の目標のなかで達成されたものはゼロであること、二〇の目標を分解した六〇の要素のうち、達成されたものは七要素にすぎないことが報告されている[53]。

　愛知目標が全く不十分な結果に終わったため、二〇二二年のＣＯＰ16にて二〇三〇年までの目標を定めた昆明・モントリオール生物多様性枠組みが採択された。同枠組みでは、二〇三〇年までにネイチャー・ポジティブ（nature positive）を実現するために、劣化した生態系の三〇％の地域を効果的な回復下に置く、陸と海の三〇％を保護地域および「その他の効果的な地域をベースとする手段」（ＯＥＣＭｓ：other effective area-based conservation measures）により保全するなど二三の個別目標が設定された[54]。昆明・モントリオール生物多様性枠組の目標達成については現段階では評価できないが、*Science* 誌に掲載された最新の論文によると、二〇世紀の一〇〇年間で世界の生物多様性は一〇年ごとに〇・二二～一・一％減少しており、これまでのような土地の開発と気候変動が続くと減少速度は一〇年毎に〇・九二～五・一％に加速することが推定されている[55]。生物多様性が置かれている状況も危機的である。

　生物多様性分野の公的な国際制度の取り組みの遅れに対応して、持続可能な林産物や水産物の認証制度が広まっていった。さらに、熱帯雨林の破壊の主要因となっている農地転換の問題に対応するために、パームオイル、大豆、シュガーの認証制度など、プライベート・レジームも数多く設立されている[56]。しかしながら、生物多様性の効果的な保全には国全体の土地の利用計画や経済計画による裏付けが必要になるため、プライベート・レジームによる補完の効果は限定的にならざるを得ない。

三　本特集号の論文の概要と意義

　ここまで、他のグローバルな諸課題では多くの改善が見られるのに対して、地球環境問題では公私のガバナンスの数多の、多様な取り組みにも係わらず、状況が悪化し続けていることを指摘してきた。地球環境問題で状況の悪化が続くのは、グローバルな開発や貿易の進展の結果でもある。ＳＤＧｓでは、目標ベースのアプローチで経済成長と環境の劣化のデカップリングを図ったが、現在のところ進捗状況は非常に芳しくない。本特集号では、このような現状に対して停滞の打破や積極的な展望を示すことを共通の問題意識として、七本の論文を集めた。気候変動問題に関する論文が四本を占めたのは、この問題の重大さと深刻な状況を表象している。また、農業・木材に関するものが二本、地球環境分野のビッグデータに関するものが一本となっている。

まず、渡邉理絵論文は、地理的立地に恵まれているわけでもないドイツが再生可能電力一択の野心的なエナジーヴェンデ（脱炭素社会への移行）を選択できた要因について、触媒事象に着目して分析し、長期的なパラダイム転換のメカニズムを明らかにしようとした。分析によると、同国のエナジーヴェンデには、一群の触媒事象である政権交代は必要ではなく、二群の他の層や他政策分野における決定の波及効果（欧州排出権取引市場など）、三群のエネルギー政策システム内の危機（福島第一原子力発電所事故、気候危機の深刻化など）の触媒事象により大きな流れが生じ、アクターの理念が変わらないなか、石炭廃止に伴う労働者や炭鉱地域への補償などによる多数派の負担最小化により政策転換が促された。ドイツで起きたパラダイムシフトの事例を日本、アメリカ、中国などに適用すると、どういった展望が見いだせるのかは、次に取り組む課題となろう。

近藤・山田論文は、化石燃料の生産そのものをビジネスとする石油・ガス業界が、温室効果ガスの排出量を正味ゼロにする「ネットゼロ」の方針を決定したのはなぜかという重要な問いに対して、自律的な機能と他律的な機能が混在して形成されるガバナンス構造の共律化により説明を試みる野心的な論文である。業界の自律的な取り組みとして二〇一四年に発足した石油・ガス気候変動イニシアティブ（ＯＧＣＩ：Oil and Gas Climate Initiative）がネットゼロを目指す決定をしたのは、パリ協定から六年も経った二〇二一年のことである。これは、四五〇を超える金融機関が参加するネットゼロのためのグラスゴー連合（ＧＦＡＮＺ：Glasgow Financial Alliance for Net Zero）などの取り組みによる他律と共振して自律的な適応行動が「進化」した結果であった。こういった共律のプロセスが、非欧米の石油・ガス産業にも広く広がっていくのか、注視する必要があろう。

太田・佐藤論文は、第一に、再エネ転換に不可欠となるレアメタルやレアアースなどの重要鉱物資源の持続可能な開発と安定したサプライチェーンの構築の課題に切り込む。採取産業透明性イニシアティブ（ＥＩＴＩ：Extractive Industries Transparency Initiative）は、鉱物資源を巡る汚職、紛争、環境破壊などの問題に対応するために始まった責任ある資源開発を促進する多国間枠組みであったが、気候変動対応のために重要鉱物資源の持続的な供給にコミットするようになり、Ｇ７などを中心とした有志国連合による安定したサプライチェーンの構築が図られている。第二に、欧州グリーンディールのサステイナブル・ファイナンス普及の中核となるＥＵタクソノミー（EU taxonomy for sustainable activities）の制度について分析する。持続可能な経済活動を分類するＥＵタクソノミーの明確で厳格な定義を通じて、投資家の選択の支援とグリーン・ウォッシングの防止が期待できる。重要鉱物資源の安定供給がEITIの従来の取り組みを犠牲にせずに推進できるのか、またEUタクソノミーの取り組みが「ブリュッセル効果」を通じて域外にも波及しうるのか、注視が必要となる。

気候変動問題について最後に登場する山本論文は、ベースロード電力がほぼ水力により構成されているラオスに着目し、電力安全保障の観点から気候変動への適応問題を分析している。IPCCによると、ラオスでは二〇九〇年代までに平均気温が三・六度上昇すると予想されており、洪水の増加による取水施設や発電施設への被害が懸念されている。しかしながら、経済的に適応策をとる余力に乏しいため、電力安全保障に大きな懸念が残る。ダムの増強は一つの解決策であるが、生態系への悪影響や非自発的な住民移転などの問題が深刻化するおそれがある。近年は、ラオスの電力セクターへの中国企業の参入が相次いでいる。雨期の余剰電力の中国への供給は双方に大きな経済的便益をもたらすが、送電網の整備には多額の投資が必要となる。さらに、現在タイ電力公社がラオスの系統制御を担い、周波数の安定を図っている。外国企業に依存するラオスの電力安全保障は地域情勢への脆弱性が高い。本論文は、資金力、技術力に欠ける熱帯エリアの低開発途上国における適応策の課題を照らし出すものである。

米田論文は、途上国における飢餓撲滅を最優先事項とした国連食糧農業機関を中心とする食糧安全保障レジームが、表面的同調を示すに止まっていた地球環境保全規範を全面受容するようになったプロセスを分析したものである。農業は、農地転換のための森林破壊、農薬による生態系の撹乱、肥料による水質汚染に見られるように、環境負荷が大きい。地球環境保全規範の全面受容をもたらした要因として、途上国での育種のバイオテクノロジーの普及、スマホアプリによる効果的な生産管理と農薬・肥料の適量施用の農法の普及などの技術的要因、先進国との貿易協定での環境条項の広がりによるマーケット・アクセスの必要性、さらにSDGsの目標二「飢餓をゼロに」における環境の持続性と食糧増産の両立と一体化による理念的統合により、規範の受容がグローバルに進んだプロセスが明らかにされている。もっとも、公式文書における規範の受容と実際の農業生産の現場での慣行の変化は別の話しであり、「環境保全型農業」（conservation agriculture）や適正農業規範（GAP：good agricultural practice）の浸透のための取り組みが別途必要になろう。

渡邉智明論文は、EUを分析対象として、プライベート・ガバナンス・スキームへの公的関与のパターンの理論化を図る意欲的な論文である。公的アクターによるメタ・ガバナンス（meta-governance）には、直接的な介入により明確な義務や手続きを課す「授権・監督型」と、間接的な関与によりガバナンスの向上を図る「パフォーマンス設定型」（公共調達条件の厳格化などによる改善の促進）と「発展的合議プロセス型」（特定のアリーナへの参加を促すことによる学習の促進）がある。授権・監督型のメタ・ガバナンスは対象となるプライベート・ガバナンス・スキームが独占的で高い正統性を有する場合（欧州標準化システム）に発生し，間接型はスキームのパフォーマンスが低い場合や複数のスキームが競合している場合（森林認証制度におけるＦＳＣとＰＥＦＣの競合）に発生する。間接型については，さらに数値など客観的基準が設定しにくい場合（輸入産品の原産国での合法性など）は発展的合議プロセス型（ＥＵ違法木材規制）が選ばれることが実証されている。本論文ではＥＵ環境ガバナンスのブリュッセル効果の潜在力が提示されている。

王論文は，権威主義体制下にある中国が主導するビックサイエンス（ビッグデータや人工知能など）を分析したもので，地球環境ガバナンスにおける新しい時代を印象づけるものである。中国共産党が科学技術政策において最終的な決定権を持つ中国では，科学者は一定の自律性を有する専門家と政府の国益に仕える官僚の二つの地位を持ちながら政策提言を行っている。ビッグサイエンスの促進も国家主導で行われており，環境外交の手段ともなっている。二〇〇九年に中国科学院の主導で始まった「第三極計画」は，地球の第三極であるヒマラヤとその周辺地域をモニタリングし，生態系の変化とその影響（水資源の変動，氷河融解による水害，モンスーンなど）を把握する国際連携プロジェクトであるが，その研究成果は一路一体構想参加国の持続可能な開発に活用されるとともに，チベット高原生態環境保護法などの中国自身の環境法政策にも寄与している。他方で，収集されたデータが中国において軍事転用される恐れがあり，一帯一路に参加していないインドやブータンが除外されているなどの問題がある。権威主義国家も地球環境問題の解決において積極的な役割を果たすことが求められるなか，従来のリベラリズムを超えた地球環境ガバナンスの取り組みが必要となる。王論文はこの課題に取り組んだものである。

おわりに

本特集号では，気候変動分野の論文が四本と集中し，生物多様性，砂漠化防止，国際河川，海洋，化学物質・廃棄物などの多くの地球環境ガバナンスの重要分野に関する研究が含まれていない。これは学会における地球環境分野の層の薄さの裏返しでもある。若手研究者による研究の活発化を期待したい。最後に，本特集号に欠けている重要なパーツを指摘して終わりたい。それは，地球環境ガバナンスにおける日本の取り組みに関する分析である。全体的に日本の取り組みが消極的であることから，事例として選択されにくいのかもしれないが，日本が目立たないこと自体が重要な分析対象となるべきであろう。

日本は，国連気候変動枠組条約のＣＯＰ３のホスト国でありながら，京都議定書の第二約束期間の枠組みには参加せず，パリ協定の交渉でも非常に消極的な姿勢をとり続け，Climate Action Network（ＣＡＮ）の「化石賞」（fossil of the day）の常連となっている。政府は最近まで国内外で石炭火力発電を推進し，再生可能エネルギーの普及にも大きく後れを取った。また，日本は生物多様性条約会議ＣＯＰ10のホスト国であったが，省庁間の調整に手間取り，名古屋議定書の批准は大きく遅れ、国内実施法も制定できなかった(57)。日本は生物多様性のホットスポットの一つであるが、生物多様性の減少は著しい。河川や沿岸環境は激しく改変されており、生態系の破壊が進んでいる。財産権の尊重規定などの自然保護法制の制約から絶滅危惧種の生息地の保全も容易ではない(58)。絶滅のおそれのある野生動植物の種の保存に関する法律（種の保存法）で国内希少野生動植物種に指定されると、捕獲、譲渡、販売は禁止されるが、指定種が四四八種あるのに対して開発などの行為が制限される「生息地等保護区」の指定はわずか一〇に止まる(59)。また、日本の水産資源は長年にわたって総じて低位にある。そもそも、他の先進国では国連海洋法条約が規定する最大持続生産量（ＭＳＹ：maximum sustainable yield）を実現する漁獲可能量（ＴＡＣ：total allowable catch）管理に概ね成功しているなか(60)、日本では海洋生物資源の保存及び管理に関する法律（一九九六年法律第七七号）を制定しても、二〇一八年漁業法改正（平成三〇年法律第九五号）で資源管理規定を大きく強化しても、現場での資源管理の強化は一向に進まない状況が続いている(61)。公的ガバナンスの赤字を補完する民間の認証制度などのプライベート・レジームの普及も遅れている。国内での取り組みの停滞と困難から、日本の国際交渉でのリーダーシップは締約国会議の招致などのシンボリックな水準に終わることが多く、交渉の妨害者となることも珍しくない(62)。日本が今後地球環境ガバナンスにおいて積極的な役割を果たせるように、学会において日本の取り組みに関する研究の発展にも期待したい。

（1）Dimitris Stevis, "The Trajectory of the Study of International Environmental Politics," in Michele M. Bestill, et al., eds., *International Environmental Politics*, New York, N.Y.: Palgrave Macmillan, 2006, pp. 13–53.
（2）Oran R. Young, "International Environmental Regimes," *Nature Sustainability*, 1, 2018, pp. 461–465.
（3）International Environmental Agreements (IEA) Database Project, Université Laval, https://www.iea.ulaval.ca/en, accessed on: 4th October 2024.
（4）WTO, "Regional Trade Agreements," available at: https://www.wto.org/english/tratop_e/region_e/region_e.htm, accessed on: 4th October 2024.
（5）山田高敬「公共空間におけるプライベート・ガバナンスの可能性――多様化する国際秩序形成」『国際問題』第五八六号、二〇〇九年、四九―六一頁。
（6）阪口功「市民社会：プライベート・ソーシャル・レジームにおけるＮＧＯと企業の協働」大矢根聡編『コンストラクティヴィズムの国際関係論』有斐閣、二〇一三年、一六九―一九三頁。
（7）内記香子「増加する「指標」とグローバル・ガバナンス」『国際政治』一八八号、二〇一七年、一一八―一二八頁。
（8）World Benchmarking Alliance, "Seven Systems Transformations," available at: https://www.worldbenchmarkingalliance.org/seven-systems-transformations/, accessed on 16th October 2024.
（9）International Trade Centre, "Standards Map," available at: https://www.standardsmap.org/en/home, accessed on 15th October 2024.
（10）GSSI, "GSSI Recognized Certification," available at: https://ourgssi.org/gssi-recognized-certification/, accessed on 16th October 2024. Herman Wisse, "The C-1: An Introduction to

Global Seafood Certification Schemes," Tokyo Sustainable Seafood Symposium, Iino Hall and Conference Center, Tokyo, 1st November 2018, available at: https://sustainableseafoodnow.com/2018/en/2097/, accessed on 16th October 2024.

(11) PEFC, "Facts and Figures," available at: https://www.pefc.org/discover-pefc/facts-and-figures, accessed on 16th October 2024.

(12) 阪口功「21章 天然資源（森林、水産資源）」西谷真規子、山田高敬編『新時代のグローバル・ガバナンス論——制度・過程・行為主体』ミネルヴァ書房、二〇二一年、二二七—二九二頁。レジーム・コンプレックスの概念については、Kal Raustiala and David G. Victor, "The Regime Complex for Plant Genetic Resources," *International Organization*, 58-2, 2004, pp. 277–309.

(13) 毛利聡子「脱炭素社会を目指すプライベート・ガバナンス——NGOと機関投資家との相互作用に焦点を当てて」『国際政治』二〇六号、二〇二二年、一六五—一七九頁。

(14) 蟹江憲史「序論 SDGsとグローバル・ガバナンス」『国際政治』二〇八号、二〇二三年、一—一二頁。Norichika Kanie and Frank Biermann, *Governing through Goals: Sustainable Development Goals as Governance Innovation*, Cambridge, Mass.: MIT Press, 2017.

(15) Maria Ivanova, "The Contested Legacy of Rio 20," *Global Environmental Politics*, 13-4, 2013, pp. 1–11. UNEP, *Global Environmental Outlook (GEO-5)*, Nairobi: UNEP, 2012. UNEP, *Measuring Progress: Environmental Goals & Gaps*, Nairobi: UNEP, 2012.

(16) MDGsの目標七の「環境の持続可能性の確保」では、生活環境に関する目標の比重が高く、生物多様性に関する目標も漠然としており、地球温暖化問題に関する目標は設定されてすらいなかった。United Nations, *The Millennium Development Goals Report 2015*, New York, N.Y.: United Nations, 2015.

(17) Jeffrey D. Sachs, "From Millennium Development Goals to Sustainable Development Goals," *The Lancet*, 379-9832, 2012, pp. 2206–2211.

(18) Axel Marx, "Public-Private Partnerships for Sustainable Development: Exploring Their Design and Its Impact on Effectiveness," *Sustainability*, 11-4, 2019, pp. 1–9.

(19) Armen V. Papazian, *Hardwiring Sustainability into Financial Mathematics*, Cham, Switzerland: Palgrave Macmillan, 2023, pp. 29–67.

(20) ISA, 2024 Annual Convention Program, 3rd to 6th April 2024, San Francisco, California, available at: https://www.isanet.org/Conferences/ISA2024/Program, accessed on: 3rd October 2024.

(21) Susan Solomon, et al., "Antarctic Ozone Layer," *Science*, 353-6296, 2016, pp. 269–74. Ronald B. Mitchell, "Regime Design Matters: International Oil Pollution and Treaty Compliance," *International Organization*, 48-3, 1994, pp. 425–458.

(22) James N. Rosenau and Ernst-Otto Czempiel, eds., *Governance without Government: Order and Change in World Politics*, Cambridge: Cambridge University Press, 1992.

(23) The Commision on Our Global Neighborhood, *Our Global Neighborhood: The Report of the Commission on Global Governance*, Oxford: Oxford University Press, 1995. 西谷真規子「序章 現代グローバル・ガバナンスの特徴——多主体性、多争点性、多層性、多中心」西谷真規子、山田高敬編『新時代のグローバル・ガバナンス論——制度・過程・行為主体』ミネルヴァ書房、二〇二一年、一—二九頁。

(24) Håvard Hegre et al., "Trade Does Promote Peace: New Simultaneous Estimates of the Reciprocal Effects of Trade and

Conflict," *Journal of Peace Research*, 47-6, 2010, pp. 763–774. Dale C. Copeland, "Economic Interdependence: A Theory of Trade Expectations," *International Security*, 20-4, 2014, pp. 5–41. Erik Gartzke and Oliver Westerwinter, "The Complex Structure of Commercial Peace Contrasting Trade Interdependence, Asymmetry, and Multipolarity," *Journal of Peace Research*, 53-3, 2016, pp. 325–343.

(25) Our World in Data, "Deaths in State-based Conflicts by Region," Our World in Data, last updated on 26th August 2024, available at: https://ourworldindata.org/grapher/deaths-in-state-based-conflicts-by-region, accessed on 18th October 2024.

(26) UNHCR, "Refugees Data Finder," available at: https://www.unhcr.org/refugee-statistics, accessed on 18th October 2024.

(27) Our World in Data, "Deaths from Terrorist Attacks, by Method of Attack," Our World in Data, available at: https://ourworldindata.org/grapher/deaths-from-terrorist-attacks-by-method-of-attack-stacked-bar, accessed on 18th October 2024.

(28) 〇〜一で表現され、政府による拷問・政治的殺害・強制労働からの自由および移動・信教・表現・結社の自由による総合指数である。Our World in Data, "Human Rights Index," Our World in Data, available at: https://ourworldindata.org/grapher/human-rights-index-population-weighted, accessed on 5th November 2024.

(29) Bastian Herre, "Human Rights Have Improved in All World Regions over the Last Century," Our World in Data, available at: https://ourworldindata.org/data-insights/human-rights-have-improved-in-all-world-regions-over-the-last-century, accessed on 31st October 2024.

(30) Silvia Nenci, "Tariff Liberalisation and the Growth of World Trade: A Comparative Historical Analysis of the Multilateral Trading System," *World Economy*, 34-10, 2011, pp. 1809–1835.

(31) Our World in Data, "Trade as a Share of GDP, 1970 to 2022," Our World in Data, available at: https://ourworldindata.org/grapher/trade-as-share-of-gdp?tab=chart&country=~OWID_WRL, accessed on 31st October 2024.

(32) Mohammed Khair Alshaleel and Johanna Hoekstra, "A Decade after the Global Financial Crisis: New Regulatory Challenges to Financial Stability," *European Business Law Review* 32-1, 2021, pp. 117–156. 河合正弘「序文：21世紀の国際通貨システム」『フィナンシャル・レビュー』一五三号、二〇一三年、一―一八頁。河合正弘「２０２０年代の国際通貨システム」『フィナンシャル・レビュー』一五三号、二〇一三年、九―七五頁。杉之原真子「第９章 国際金融」『国際関係論入門』ミネルヴァ書房、二〇一三年、二三〇―二四四頁。

(33) IMF, *Global Financial Stability Report: Steadying the Course: Uncertainty, Artificial Intelligence, and Financial Stability*, Washington, DC.: IMF, 2024.

(34) David Halloran Lumsdaine, *Moral Vision in International Politics: The Foreign Aid Regime, 1949–1989*, Princeton, N.J.: Princeton University Press, 1993.

(35) UNDP, "Table 2: Trends in the Human Development Index, 1990–2022," https://hdr.undp.org/sites/default/files/2023-24_HDR/HDR23-24_Statistical_Annex_HDI_Trends_Table.xlsx, accessed on 8th October 2024.

(36) R. Andres Castaneda Aguilar, et al., "March 2024 Update to the Poverty and Inequality Platform (PIP): What's New," *Global Poverty Monitoring Technical Note* 36, available at: https://documents1.worldbank.org/curated/en/099839303252425642/

pdf/IDU1d67164661 6eef14bb31a2ba103042c40ae3c.pdf, accessed on 31st October 2024.

（37）UN DESA, *The Sustainable Development Goals Report 2024*, New York, N.Y.: UN DESA, 2024.

（38）Jon Hovi, et al., "The Persistence of the Kyoto Protocol: Why Other Annex I Countries Move on Without the United States," *Global Environmental Politics*, 3-4, 2003, pp. 1–23.

（39）Scott Barrett, *Environment and Statecraft: The Strategy of Environmental Treaty-making*, Oxford: Oxford University Press, 2003.

（40）蟹江、前掲論文、三頁。

（41）IPCC, *Climate Change 2022: Mitigation of Climate Change - Full Report*, Cambridge: Cambridge University Press, 2022.

（42）UNEP, *Nature Emissions Gap Report 2024: No More Hot Air ... Please! With a Massive Gap between Rhetoric and Reality, Countries Draft New Climate Commitments*, Nairobi: UNEP, 2024.

（43）WMO, *State of the Global Climate 2023*, Geneva: WMO, 2024.

（44）Masahide Kaeriyama and Isao Sakaguchi, "Ecosystem-Based Sustainable Management of Chum Salmon in Japan's Warming Climate," *Marine Policy*, 157, 2023, 105842.

（45）WMO, *WMO Global Annual to Decadal Climate Update*, Geneva: WMO, 2024.

（46）IPCC, *Climate Change 2022 - Mitigation of Climate Change: Technical Summary*, Geneva: IPCC, 2022.

（47）Tatjana Stankovic, et al., "The Paris Agreement's Inherent Tension between Ambition and Compliance," *Humanities and Social Sciences Communications*, 10-1, 2023, pp. 1–6.

（48）UNEP, Emissions Gap Report 2024, Nairobi: UNEP, 2024.

（49）Michael P. Vandenbergh and Jonathan M. Gilligan, *Beyond Politics: The Private Governance Response to Climate Change*, Cambridge: Cambridge University Press, 2017. Jonathan M. Gilligan and Michael P. Vandenbergh, "A Framework for Assessing the Impact of Private Climate Governance," *Energy Research and Social Science*, 60, 2020, pp. 1–6. 毛利、前掲論文、一六五―一七九頁。

（50）阪口功「野生生物の保全と国際制度形成」池谷和信、林良博編『野生と環境』岩波書店、二〇〇八年、二四三―二六八頁。

（51）高橋雄一「生物多様性をめぐる国際条約の動向―ワシントン条約、生物多様性条約に見る論点など」『國學院大學経済学研究』四八巻、二〇二三年、一―二九頁。

（52）Secretariat of the Convention on Biological Diversity, *Global Biodiversity Outlook 3*, Montréal: Secretariat of the Convention on Biological Diversity, 2010.

（53）Secretariat of the Convention on Biological Diversity, *Global Biodiversity Outlook 5 - FULL REPORT*, Montreal: Secretariat of the Convention on Biological Diversity, 2020.

（54）大澤隆文、香坂玲「昆明・モントリオール生物多様性枠組及びその議論過程」『日本生態学会誌』七四巻一号、二〇二四年、七一―八三頁。池上真木彦ほか「昆明・モントリオール生物多様性枠組の目標・ターゲット・指標：その内容と有用性の解説」『日本生態学会誌』七四巻一号、二〇二四年、八五―一〇九頁。

（55）Henrique M. Pereira, et al., "Global Trends and Scenarios for Terrestrial Biodiversity and Ecosystem Services from 1900 to 2050," *Science*, 384, 2024, pp. 458–465.

（56）阪口・前掲注（12）、二二七―二九二頁。

（57）Isao Sakaguchi, et al., "Japan's Environmental Diplomacy and the Future of Asia-Pacific Environmental Cooperation,"

International Relations of the Asia-Pacific, 21-1, 2021, pp. 121–156.

（58）大塚直『環境法（第四版）』二〇二〇年、有斐閣。

（59）環境省「国内希少野生動植物種一覧」https://www.env.go.jp/nature/kisho/domestic/list.html、二〇二四年一一月二六日アクセス。環境省「生息地等保護区一覧」https://www.env.go.jp/nature/kisho/hogoku/list.html、二〇二四年一一月二六日。

（60）Ray Hilborn, et al., "Effective Fisheries Management Instrumental in Improving Fish Stock Status," *Proceedings of the National Academy of Sciences*, 117-4, 2020, pp. 2218–2224.

（61）Isao Sakaguchi, "Japan's Fisheries Management Policy," in Ohta Hiroshi (ed.), *Handbook of Japan's Environmental Law, Policy, and Politics*, Tokyo: MHM Ltd., 2025, pp. 129–150.

（62）Sakaguchi, et al., *supra* note 57.

〔付記〕本稿の執筆にあたっては、小川裕子（東海大学）、神山智美（富山大学）、杉之原真子（フェリス女学院）、内記香子（名古屋大学）の諸先生方から大変有益な知見を頂いた。また、各投稿論文の査読に協力してくださった匿名の多くの方々に深く謝意を申し上げる。

（さかぐち　いさお　学習院大学）

日本国際政治学会編『国際政治』第214号「地球環境ガバナンス研究の最先端」（二〇二五年一月）

ドイツのエネルギーガバナンス（一九八三年―二〇二一年）

――政権交代、重層的ガバナンス、危機――

渡邉理絵

はじめに

エナギーヴェンデ（Energiewende）というドイツ語の起源は、一九八〇年にエコインスティテュート（Öko Institut）が、大規模で、放射能・大気汚染を引き起こす可能性がある原子力と石油依存からの脱却を呼びかけた「エナギーヴェンデ――石油とウランなき成長と繁栄」(1)に遡る。当時は、日本と同様に、ドイツも電力供給を大規模電源に頼っていたため、エナギーヴェンデは左派知識人の夢物語に過ぎなかった。この夢物語は、社会民主党（Sozialdemokratische Partei Deutschlands、以下ＳＰＤ）と同盟・緑の党（Bündnis 90/Die Grünen、以下緑の党）の連立政権下での原子力発電所の段階的廃止決定、そして福島第一原子力発電所事故後の段階的廃止加速化決定によって現実になった。これを機にエナギーヴェンデというドイツ語は世界に広まった。こうした歴史的経緯を踏まえると、ドイツのエナギーヴェンデにおいては、脱石油と共に脱原発が要だったことが窺える。しかし気候危機に直面する現代では、エナギーヴェンデは、再生可能エネルギーの普及とエネルギー効率性の向上を主軸とし、国によっては原子力推進も含む、化石燃料依存型社会から脱炭素社会への移行を意味する言葉として用いられている。

エナギーヴェンデ発祥の地であるドイツは、二〇二三年時点で、電力供給の四〇％強を再生可能電力で賄い（図1参照）、全ての原子力発電所を二〇二三年四月に停止し、さらに二〇三〇年までに再生可能電力が総発電量に占める割合を八〇％まで拡大、石炭火力発電所の早期廃止、二〇四五年までの脱炭素社会への移行という目標を掲げている。他の先進工業国やEUが脱炭素社会への移行目標年を二〇五〇年に設定していることに鑑みると、ドイツの目標は極めて野心的である。ドイツは、日本よりも高緯度に位置し日照時間が短く、また北海とバルト海に面するのはシューレスヴィヒ・ホルシュタイン（Schleswig-Holstein、以下SH）、ニーダーザクセン（Niedersachsen）、メクレンブルク・フォアポンメルン（Mechlenburg Vorpommern）の三州のみで風力適地も多くない。すなわち決して地理的に恵まれているわけではないにもかかわらず、なぜドイツは、再生可能電力一択の、野心的なエナギーヴェンデの道筋を選択するのだろうか。

本稿では、上記の実証研究上の問いに、フォーカシング・イベント（focusing event）と呼ばれる触媒事象に着目し、触媒がアクターの立ち位置と政策転換に及ぼす影響に焦点をあてて答えることを試みる。前述のように、エナギーヴェンデを化石燃料依存型社会から脱炭素社会への移行と定義づければ、この大転換は数十年単位ではなく、百年単位の長期にわたるプロセスである。この長期的転換の実現には、電力供給サイドでは、①太陽光、陸上風力、洋上風力、バイオマス等の再生可能電源の拡大、②化石電源の廃止、さらにドイツの場合は③原子力廃止、需要サイドでは④エネルギー効率性向上、そして⑤系統整備、と少なくとも五つの要素で構成される複雑な、おそらく国によって解が異なる方程式を解く必要がある。政策決定者は、各電源のコスト効率性、エネルギー安全保障、環境、安

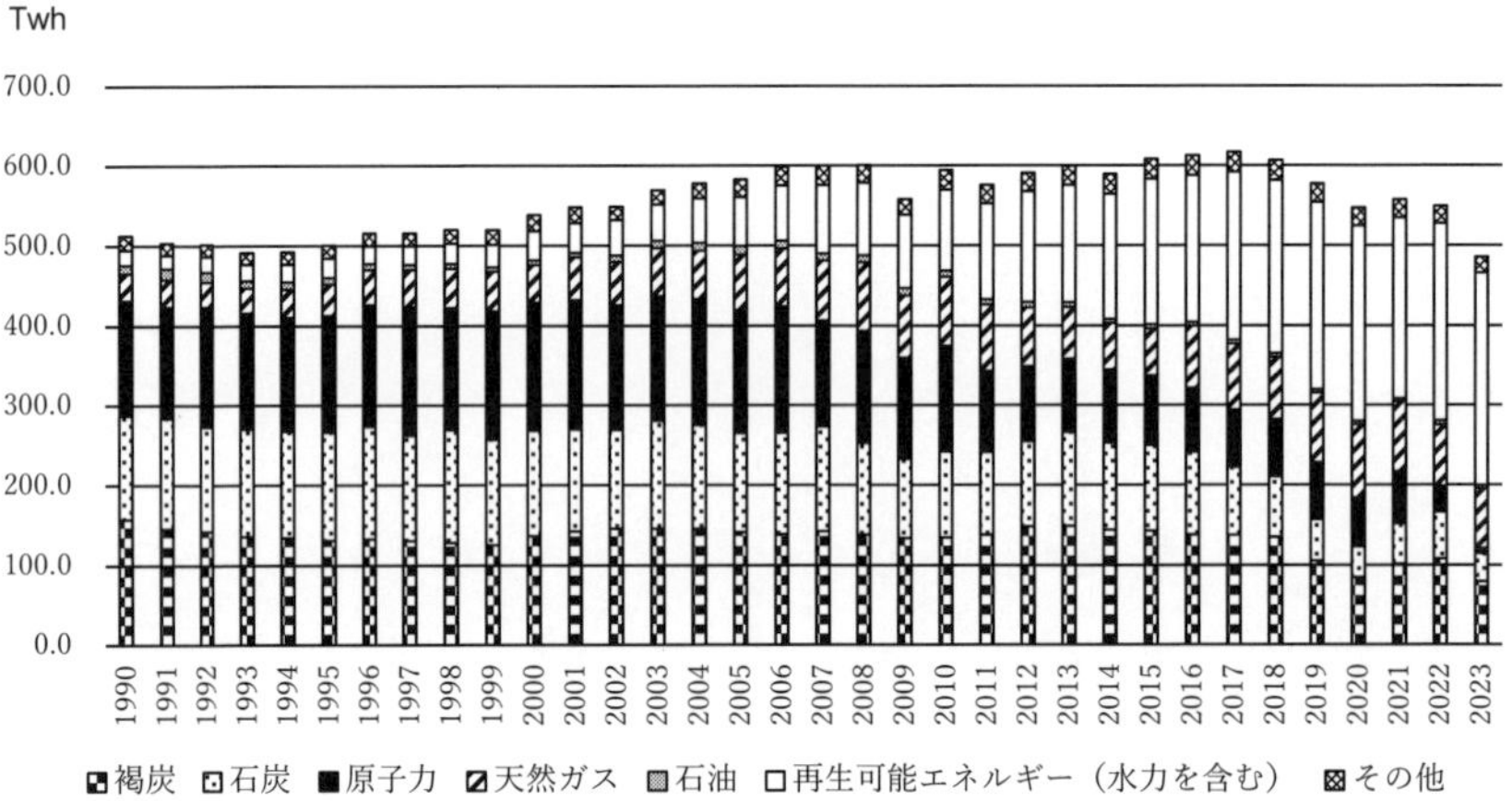

図1　ドイツの電源別発電電力量（ネット）推移（1990–2023）

出典：AG Energiebilanzen e.V. のデータ（https://ag-energiebilanzen.de/wp-content/uploads/2024/11/Strerz-12-2024.pdf）に基づいて筆者作成。

注　AG Energiebilanzen のデータは、1990年から2002年までの発電時自己消費電力量について推定値を用いて、ネット電力量を算出している。また家庭廃棄物による発電量は再生可能エネルギーとその他に50％ずつ振り分けている。

全、さらには国民や国内産業の経済的繁栄等の同時実現が困難な価値の最大化を目指して、解を模索している。果たして、大転換を構成する個々の政策転換は特定の触媒事象に起因するのか、それとも幾つかの触媒の組み合せによって実現したのか。エナギーヴェンデは個々の政策転換の単純な積み重ねなのか、それとも触媒以外の要因が加わって進むのだろうか。

図2は、エネルギー政策関連の学術雑誌を数多く刊行するエルゼヴィア（Elsevier）社が運営するデータベースであるScience Directで、ドイツのエネルギー政策転換に関連する論文をキーワード検索した結果を示している。二〇一一年までは、renewable energy policyを除くといずれもヒット件数は一桁であるが、二〇一五年前後からenergy transitionとrenewable energy policyのヒット件数が飛躍的に伸びている。先行研究は、①エネルギー政策全般を概観する文献[2]、②個別電源に関する政策形成過程を分析した文献[3]、③再生可能エネルギー技術開発・普及に焦点をあてた文献[4]、④エネルギー大転換により負の影響を被る産業や地域への影響とその緩和策を分析した文献[5]等、少なくとも四つに分類され、各分類ともに研究上の問い、分析枠組、方法論でバラエティに富む。しかし先行研究の中で、本稿のように長期的な大転換を構成する複数の個別電源政策転換を射程とするものは数少ない[6]。本稿は、豊富な先行研究の恩恵に預かりながら、第一に、なぜドイツは、再生可能電源一択とも見える野心的なエナギーヴェンデの道を進むことができるのか、という実証研究上の問いに答えるために、エナギーヴェンデを構成する三つの主要電源政策（再生可能電力推進、原子力廃止、石炭火力廃止）の転換に焦点をあてて個別電源政策の転換の要因だけではな

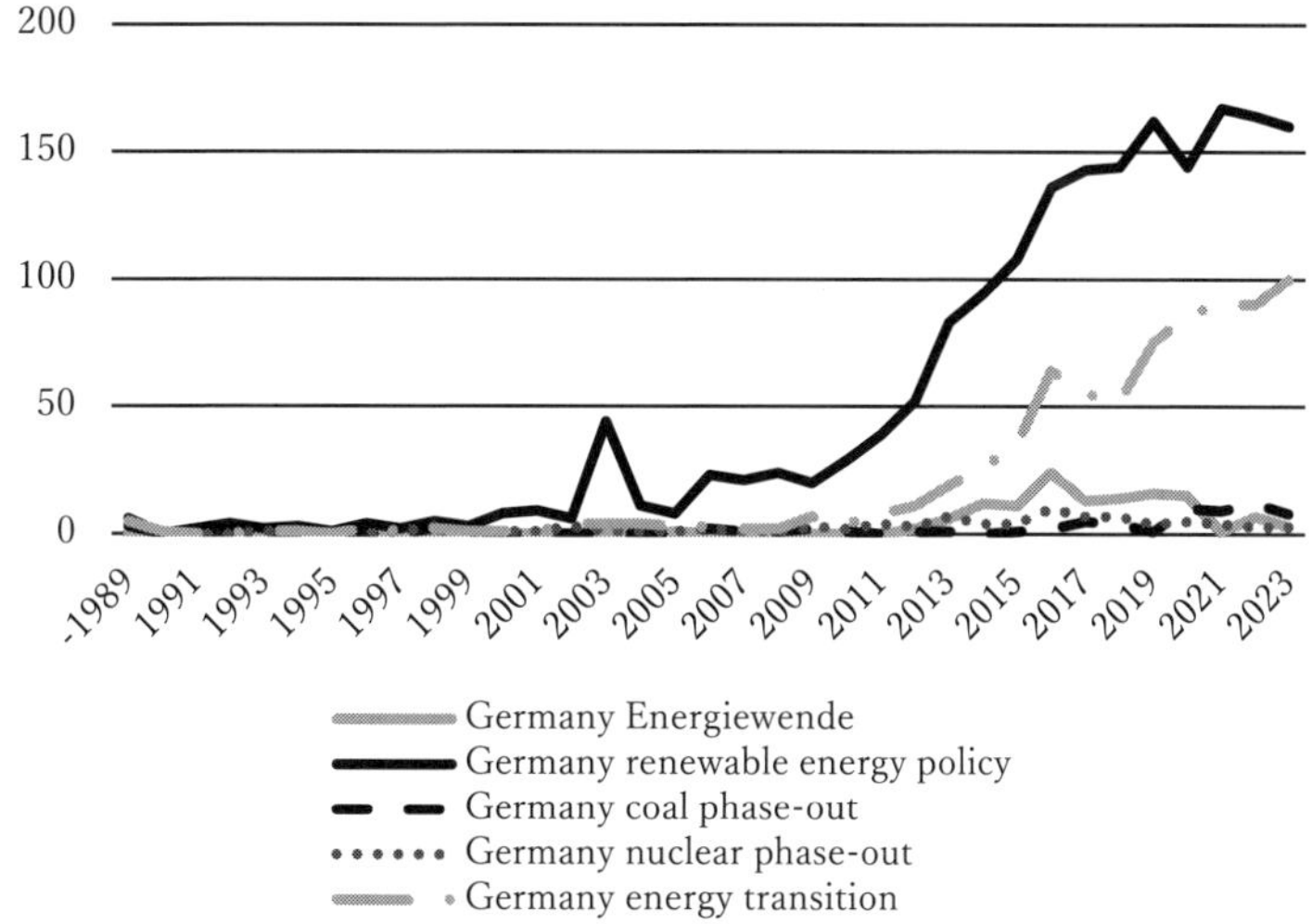

図2　Science-Directでキーワードまたはタイトルでヒットした論文数
出典：Science-Directでのヒット件数に基づいて筆者作成。

く、長期的なエナギーヴェンデの推進要因を探る。第二に、ドイツのエナギーヴェンデ事例に基づいて、未だ解明されていない長期的なパラダイム転換のメカニズムを説明する一般理論への含意を考察する。

一　分析枠組

(1)　非漸進的政策転換と触媒

政策転換は、当該政策領域で活動する複数アクターの相互作用を通じて起こる。アクターは、理念や利害に基づいて選好する政策を導入・実施するために、グループあるいは連合を形成する。[7][8]あらゆる政策システムには、現状維持の多数派と変革志向の少数派という、少なくとも二つのグループが存在する。理念や利害を政策に反映し、政策転換を起こそうとする少数派による画策は、既存システム内で人的・財政的資源に恵まれた多数派の抵抗に遭い、その結果、システムは長期にわたって均衡を維持し、転換は漸進的なものにとどまる。触媒は、多数派の理念の欠陥を炙り出して、多数派の少なくとも一部の立ち位置に影響を及ぼし、政策システム内の均衡を破ることで、非漸進的政策転換の引き金となる。[9]

(2)　アクターの理念と利害

先行研究によれば、理念は、深層、政策核心、表層の三層で構成され、[10]このうち個別の政策システム内のアクターを結びつけるのは政策核心理念の規範的部分である。エネルギー政策でいえば、コスト効率性、経済的繁栄、環境（気候）保全、エネルギー安全保障、安全等の同時実現が難しい複数の価値の重みづけが規範的な政策核心理念にあたる。先行研究は、規範的な政策核心理念は、既存の制度、手続、規則や政治・経済・宗教そして教育システムによって常に補強されるため、多数派アクターは、災害等の触媒に直面しても、当該事象を例外として位置づけ、受け入れることに諍い、政策核心理念を変えることは滅多にないと主張する。[11]

その上で、先行研究は、触媒が多数派の理念を変えずとも、利害に影響を及ぼすことによって、立ち位置の変化をもたらす可能性があると指摘する。[12]先行研究では、アクターは、立ち位置の変更が短期的な利害の実現にはなっても長期的には理念の放棄になりかねないことを認識しつつ、やむなく立ち位置を変えた場合もあれば、立ち位置の変更が利害と理念双方の実現に役立つと信じて立ち位置を変えた場合もある。[13]

(3)　触媒の分類と転換の効果

非漸進的政策転換において触媒が重要な役割を果たすことは疑いないとして、そもそも触媒とは何を意味するのだろうか。先行研究は、触媒を自然および人為的災害と捉える文献[14]と、より広義に捉える文献に大別される。[15]後者は、社会経済状況の変化、世論の変化、政権交代、さらには他の層や政策分野の決定の波及効果も触媒に含めた上で、これら以外の要因も含める可能性を示唆する。本稿は、触媒を広義に捉えつつ、政策転換に及ぼす影響を精緻に捉えるために、多数派アクターの立ち位置の変化との関係で三つに分類する。[16]表1に示すように、政策転換の実現において多数派アクターの立ち

表1　触媒事象と政策転換の関係

	転換のプロセス	多数派アクターの立ち位置の変化	多数派アクターの理念、利害の変化
一群：政権交代	当該政策分野の少数派が政権党になり、パワーバランスが覆る	不要	不要
二群：他の層（垂直）や他の政策分野（水平）の決定の影響	当該政策に関心がなかった新アクターが、もともと活動していた層あるいは政策分野での転換実現を目指して、当該政策分野の少数派に与する	不要	不要
三群：エネルギー政策システム内の危機	当該政策分野の多数派の一部が立ち位置を変える	必要	理念または利害（あるいは両方）の変化が必要

出典：Watanabe（2021）を筆者修正。

位置の変化を要するのは三群のみである。ドイツは、定期的に政権交代を経験しており、特に緑の党が政権入りすると、多数派の立ち位置の変化がなくても、環境という価値の優先順位が上昇する。はたして個別電源政策の転換は、一群の政権交代によって実現したのだろうか、それとも二群、三群の触媒を要したのだろうか。

(4) 方法論

本稿では、豊富な二次文献のみならず、連邦議会議事録、連立協定、新聞報道等の一次文献に依拠して、アクターの立ち位置を同定し、政策転換の軌跡を辿る。アクターの立ち位置の変化の背後にある理念や利害については、資料から解釈できる限りで触れる。

ドイツのエネルギー政策形成にはさまざまなアクターが関与するが、本稿は、政党、主要政治家、政策転換の影響を直接受けるエネルギー企業に注目する。まず政党は、連立政権で主導権を握るキリスト教民主同盟・社会同盟（Christlich-Demokratische Union Deutschlands/Christlich-Soziale Union in Bayern, e.V.、以下CDU[17]／CSU）とSPDを主対象とし、これらと連立を組む緑の党、そして自由民主党（Freie Demokratische Partei Deutschlands、以下FDP）にも必要に応じて触れる[18]。エネルギー企業は、一九九六年にコスト効率の向上と域内市場の統合を目指して採択された欧州電力市場自由化指令の国内実施のために一九九八年にドイツ電気事業法が改正された後、電力会社が再編された結果、RWE、E.on、EnBW、スエーデン企業のヴァッテンファール（Vattenfall）[19]の四社による市場の寡占化が進んだため、これら四社を主対象とする。この他、石炭発電所を保有する中堅のSTEAG、石炭事業者（LEAG、RWEの子会社のRAG等）、鉱業・化学・エネルギー労働組合（IG Berbau, Chemie, und Energi、以下IGBCE）、環境NGOの立ち位置にも必要に応じて触れる。

ドイツは連邦制を採用しているため、州は、連邦参議院を通じて連邦の政策形成に直接関与するが、本稿では州については他層の政策形成の影響、すなわち二群の事象として扱う。また同じく二群に分類されるEU政策の影響については、二〇〇五年の欧州排出量取引制度導入後、産業エネルギー部門のCO_2削減対策は欧州委員会に委ねられるところが大きく、また二〇一五年のエネルギー同盟戦略、二〇二一年の欧州気候法、二〇二二年のリパワー計画等により、エネルギー政策でもEUの影響が拡大する傾向にあることを認識しつつも、エネルギー政策をEUと構成国の共管とすることを定めたリスボン条約（二〇〇九年）が、再エネ推進を謳いつつも、エネルギー源の選択は各国に委ねるとしており、さらにドイツは他のEU諸国に先んじて再生可能電力を拡大してきたため、本稿では、既に言及した欧州電力市場自由化指令[20]に加えて、CO_2排出に価格をつける欧州排出量取引制度に関連箇所で触れるのみとする。

二　ドイツのエナギーヴェンデ

本稿では、一群の政権交代が個別政策転換に及ぼした影響を分析するために、一九八三年から二〇二一年までの時期を政権党で五期に分け、その中で二群（他の層や他政策分野における決定の波及効果）、三群（エネルギー政策システム内の危機）が、三つの電源政策転換に及ぼした影響を見てゆく。射程期間は、緑の党が初めて連邦議会で議席を得た第一〇会期が開始した一九八三年から、資料を十分に検討して分析するために現行の第二〇会期が開始する直前の二〇二一年までとした。

(1)　一九八三年—一九九八年（CDU／CSU—FDP政権）

戦後のドイツで最初に政権党となったのはCDU／CSUとFDPだった。その後、一九六九年から一四年間続いたSPDとFDPの連立政権は、一九八二年にシュミット（Helmut Schmidt）首相への不信任決議が可決されたため終焉を迎え、一九八三年にコール（Helmut Kohl）を首相とするCDU／CSUとFDPの連立政権が成立した。一九八三年の連邦選挙では、ドイツ人の精神的支柱ともいえる森林の枯死をもたらした酸性雨問題が重要アジェンダとなり、緑の党が初めて連邦議会で議席を獲得した。

a　チェルノブイリ事故

一九五〇年代に入り、戦後禁止された原子力研究の再開が認められた連邦政府は、当初、原子力研究開発と実用化を産業界主導で進めようとした。しかし産業界が巨額の投資を要する原子力研究開発を自ら主導することに慎重な姿勢を示したため、政府は補助金を支給して原子力開発を牽引することとなった。以降は、CDU／CSU、FDPのみならずSPDも原子力発電を推進した[21]。オイルショックは、エネルギー自給率の向上の必要性を喚起し、原子力推進を後押しした。一方で、一九七九年のスリーマイル島原子力発電所事故を契機に、SPD内で原子力の民生利用に反対を唱える議員が出現し、一九八三年の連邦選挙で国政に進出した緑の党は原発の即時廃止を訴えた。しかしSPD以上に大企業と緊密な関係にあったCDU／CSU—FDP政権は、原子力推進の方針を崩さなかった。

磐石の原子力推進体制が揺らぐきっかけとなったのが、一九八六年四月に起きたチェルノブイリ原発事故である。事故後の降雨により、放射能汚染はドイツの南部にも及び、同地域で産出された新鮮な牛乳、キノコ類や猛禽類の飲食の禁止を受けて、世論は一気に原発反対へと傾いた[22]。党内で揺れていたSPDは、世論の変化に反応し、同年八月に開催されたニュルンベルグ党大会で、「原子力発電なき安全なエネルギー供給（Sichere Energieversorgung ohne Atomkraft）」を党政策として採択し、原子力推進から段階的廃止へ立ち位置を変えた。[23]

b　気候変動問題の台頭と議会諮問委員会の設置

連邦議会第一一会期は、気候変動問題、オゾン層破壊問題の台頭を受けて、一九八七年一〇月一六日、「地球の大気を保護する予防的手段に関する諮問委員会（*Enquête-Kommission Vorsorge zum Schutz der Erdatmosphäre*）」を設置した。GHG排出削減とエネルギーの安定供給の両立を模索する委員会の議論は、各党のエネルギー供給源の選好を浮き彫りにした。CDU／CSUとFDPは、国内褐炭よりも安価にCO_2排出量を削減できるとして、原子力の利用を支持し、安全性の問題は技術開発により解消されると主張した。一方、緑の党と、一九八六年の党大会で原発の段階的廃止の方針を採択したSPDは原子力利用に反対し、エネルギー消費の削減と原子力の段階的廃止を選好した。[24] 委員会は、委員間の意見の相違を踏まえて、エネルギー政策に関する電力会社との合意成立まで、原子力利用に関する決定を先送りすると決定した。[25]

c　グローヴィアン（*GROssWIndANlage*）

オイルショック、チェルノブイリ事故を受けて、石油や原子力に対する市民の不信感が高まり、エナギーヴェンデを提唱するエコインスティテュート等が地域に根ざした小規模電源の可能性を指摘する中で、北海に面するSH州の農民が休耕地を活用する市民風車を建設し始めた。さらに一九八三年には、連邦教育研究省の主導の下、九千万ドイツマルクを投じて、当時は三〇kWが容量上限だった陸上風力発電を三MWで試行するグローヴィアン・プロジェクトが、SH州で始まった。しかし当時の技術の限界に迫ったグローヴィアンは失敗に終わり、わずか四二〇時間の操業後、一九九七年に解体された。[26] グローヴィアンに他二社と共に参加したRWE社の社長クレッテ（Günter Klätte）は、参加の目的について、「大規模風力発電が上手くいかないことを証明するためである」と発言している。[27] この当時は日本と同じく、経済大国ドイツの産業を再生可能電力で支えるというアイデアは夢物語に過ぎなかったことが窺える。

d　ドイツ再統一と電力引取法（Stromeinspaisungsgesetz、以下StrEG）制定

グローヴィアンは解体されたものの、原発反対の世論が高まる中で、再生可能電源推進の動きが生まれつつあった。政策の窓をこじ開けたのは、意外にも、ドイツで最も保守的とされるバイエルン州（Bayern、以下BY）のCSUのエンゲルスベルガー（Joahim Engelsberger）と緑の党のダニエルズ（Wolfgang Daniels）だった。[28] 水力発電協会の理事長だったエンゲルスベルガーは、送電網を所有する大手電力会社の妨害により、拡大を阻まれていた小規模水力の引取義務の法制化を目指していた。緑の党のダニエルズは、この機会を活用し、小規模水力だけでなく風力等の他の再生可能電源も引取対象に加え、大規模電源重視のエネルギー政策に風穴を開けようとした。

CDU／CSUはこの法案に必ずしも好意的ではなかったが、

二〇年以上にわたり議員を務めたエンゲルスベルガーの引退の花道として法案提出を支持する意向を示したため、エンゲルスベルガーとダニエルズは、議員立法として提出するために支持議員の署名を集めた。[29] しかし最終段階で、CDU／CSU執行部が緑の党と共同での法案提出に難色を示し、CDU／CSU議員が署名を取り下げた。[30] 連邦議会に提出された法案はCDU／CSUとFDPの与党案として提出されており、[31] 緑の党が再生可能電力推進という理念を優先し、自らの名での法案提出という利害を断念したことが窺える。

折しも、連邦議会も連邦参議院も予想外に早く進んだ再統一のための協定締結で手一杯であり、また西独の電力会社も東独の電力会社の統合に注力していたため、StrEGは大きな議論を呼ぶことなく成立した。電力会社は、平均的な電力料金の九〇％で再生可能電力を買取る義務を設定した同法がエネルギー政策転換の端緒となると予想だにしていなかった。予想に反し、同法は、一九九〇年代、北部州、特にSH州で風力発電の拡大をもたらした。他の政策分野の波及効果というにはあまりに大きいドイツの歴史を変えた再統一は、既存勢力の関心をエネルギー政策から逸らすことによって、エネルギー政策転換のきっかけとなった。

(2) 一九九八年―二〇〇五年（赤緑政権の誕生と継続）

一九九八年の連邦議会選挙では、SPDが四〇・九％という歴史的な得票率を記録し、一六年続いたコール政権は終焉を迎えた。前例に従えば、SPDはFDPと連立政権を組んだだろう。しかしSPD党首だったラ・フォンテーヌ（Oscar La Fontane）は、連立のパートナーとして、盟友フィッシャー（Joschka Fischer）が率いる緑の党を選んだ。

a 原子力発電所の段階的廃止

原子力利用反対路線をとるSPDと、反原発を党是として設立された緑の党の連立政権は、脱原発を政権成立後百日間で採択する政策の一つに掲げた。しかし原子力発電所が大手電力会社の所有に属する以上、その協力が得られなければ脱原発は実現しない。主な争点は、原子力発電所の稼働期間と原子力発電所の停止に伴う損失補償だった。電力会社は、三五年以上の稼働期間と早期廃炉の損害補償を求めたが、連邦政府は三〇年以下の稼働期間と損害補償なき廃止を目指した。さらに連邦政府内で、脱原発志向の緑の党出身の連邦環境大臣トリッティン（Jürgen Trittin）と、RWE等の電力会社の幹部を歴任後、連邦経済大臣に就任し、古巣の利益を優先するSPDのミュラー（Werner Müller）が対立したため、電力会社との交渉は難航し、政権成立後百日どころか一年半余が経過した二〇〇〇年六月にようやく合意が整った。しかしこの合意は、①原子力発電所の新設を禁止し、②既存原子力発電所の稼働期間を三二年に設定する一方で、③早期廃止を選択した原子力発電所の残存容量の別の発電所の容量への加算を認める、という妥協の産物だった。それでもエナギーヴェンデ概念が誕生してから二〇年を経て、ドイツ版ヴェンデの最重要要素である原子力発電所の廃止が決定された意義は大きい。但しこの合意を反映して改正された二〇〇二年原子力法では、③により全原子力発電所の停止時期は未定であり、いつ、そして本当にヴェンデが実現するのか、予断を許さなかった。

b　EEG制定

国民生活や経済活動を支える電力の安定供給に支障を来すことなく、原子力発電所を廃止するには、原子力から供給される電力を埋め合わせる他電源があることが大前提である。一九九一年制定のStrEGは北部州での風力発電拡大に貢献したが、風力発電の一層の拡大、他の再生可能電源の促進には問題があった。

まずStrEGでは、電力買取価格が平均電気料金に連動していたため、電力自由化で電気料金が下がると買取価格も下がり、初期費用が高い再生可能電力への投資を促進する効果がなかった。そこでEEGでは、買取価格を電気料金と連動させず、電源ごとに二〇年間固定した。またStrEGでは、買取義務の上限を各電力供給業者ごとに発電量の五％に設定したため、早期に五％の上限に達した北部州における風力発電の一層の拡大の足枷となった。そこでEEGでは、負担を平準化し、全ドイツの電力供給業者、ひいては電力消費者が買取額を公平に負担することを定めた。EEGにより、二〇〇〇年以降、初期費用が高かった太陽光を中心に再生可能電力がドイツ全土で飛躍的に拡大した（図1参照）。

(3)　二〇〇五年—二〇〇九年（大連立政権）

二〇〇二年の連邦選挙では、直前に旧東独州を襲った洪水が気候危機を連想させたこともあり、緑の党が八・六％の得票率を記録し、CDU／CSUと同率だったSPDと再度、連立を組んだ。シュレーダー（Gerhard Schröder）首相は、二〇〇五年に、一年早く連邦議会選挙を実施したが、僅差でCDU／CSUに敗れ、緑の党も得票率八・一％と奮わず、メルケル（Angela Merkel）を首相とするCDU／CSUとSPDによる大連立政権が誕生した。

a　気候変動枠組条約コペンハーゲン会合と原子力発電所の稼働期間延長へ向けた議論開始

電力会社は、欧州電力市場の自由化により、投資額が大きく、建設期間が長い原子力発電所の新設には食指が動かなくなっていたが、既存の原子力発電所の稼働期間の延長を目論み、CDU／CSUが政権に回帰するのを待ち侘びていた。(32) 折しも、京都議定書が定める第一約束期間（二〇〇八—二〇一二年）以降の気候変動への取組を規律する枠組を二〇〇九年開催のコペンハーゲン会合で採択するための準備が始まり、ドイツは、二〇〇七年に、二〇二〇年GHG四〇％削減（一九九〇年比）という目標を採択した。しかし日本経済団体連合会に相当するドイツ産業連盟（Bundesverband der Deutschen Industrie, e.V.、以下BDI）が依頼したマッキンゼー(33)だけではなく、連邦環境省の試算でも、現行政策措置では四〇％削減の達成は難しいことが示された。(34) そのため、産業界を中心に、法外な費用がかかる政策手段の追加的導入ではなく、原子力発電所の稼働期間延長による排出削減を望む声が大きくなった。それでもSPDが政権に留まっているうちは、脱原発決定が覆ることはなかった。

b　石炭補助金の廃止決定

石炭および褐炭は、ドイツ国内で採掘可能な唯一のエネルギー資源であるが、価格面で輸入炭に劣っていた。ベルリン封鎖後の東西ドイツ分断、そしてオイルショックにより、エネルギー自給率向上を重視した西独は、多額の補助金[35]を支給して、国内炭を保護した。石炭補助金については、経済合理性を疑問視する声はあったものの、導入の経緯を踏まえて、その廃止が本格的に議論されることはなかった。ところが二〇〇五年、一九六六年からSPDの牙城だった石炭州ノートライン・ヴェストファーレン（Nordrhein-Westfalen、以下NRW）で、四〇年ぶりに政権を奪回したCDUが、石炭補助金のうち同州負担分の支払いについて二〇〇八年での打ち切りを決定したことを契機に、石炭補助金廃止が現実味を帯びてきた。連邦政府、石炭州NRWとザールラント（Saarland）、石炭事業者RAG、そして石炭労働者が所属する組合IGBCEは、協議を重ねた結果、二〇一八年までの石炭補助金廃止に合意し、この合意は二〇〇七年一一月に法制化された。

国内炭補助金の廃止は国内炭鉱の廃止に直結するが、より安価な輸入炭で稼働することができる石炭火力発電所の廃止に直結するとは限らない。二〇〇五年にEU全域で開始した排出量取引制度はCO_2排出価格を明示し、石炭・褐炭発電所の隠れたコストと気候保全への悪影響を可視化したが、電力の安定供給に資する石炭・褐炭火力廃止が、国内炭の補助金廃止決定後すぐに議論の俎上に載せられることはなかった。石炭・褐炭火力維持の方針は、「当面の間は、石炭なくして、安定的な電力供給を行うことはできない。非効率発電所を高効率石炭火力発電所で置き換えれば、CO_2削減につながる。」という経済エネルギー大臣ガブリエル（Zigmar Gabriel、SPD）の連邦議会での発言[36]からも窺える。この当時、大手電力会社は二酸化炭素貯留・隔離（Carbon Capture and Storage、以下CCS）の実証を進めており、CCSにより、石炭・褐炭火力を維持することを目論んでいた。しかし、隔離した炭素の地中埋立てを不安視する市民による反対運動が高まり、CCS法案が流れたため、石炭・褐炭火力継続に黄信号が灯った[37]。

(4) 二〇〇九年—二〇一三年（CDU／CSU—FDP連立政権）

二〇〇九年の連邦選挙では、SPDが大敗を喫したため、CDU／CSUが連立パートナーをFDPに変更し、保守中道政権が一一年ぶりに返り咲いた。こうして大手電力会社が待ちに待った原子力発電巻き返しの機会が訪れた。

a　エネルギーコンセプトにおける原子力発電所の稼働期間延長

大手電力四社は、満を辞して稼働期間延長のロビイングを活発に行い、ドイツ銀行、ドイツ最大の製鉄会社であるティッセンクルップ（Thyssenkruppe）等の大企業のトップも同様の立ち位置を表明した[38]。また電力供給を原子力に依存する南のBW、BY、ヘッセン（Hessen: HE）の三州も少なくとも一五年の延長を望んだ[39]。しかし連邦政権は、二〇一〇年五月のNRW州選挙で敗北し、連邦参議院[40]で過半数を失ったため、妥協案を模索しなければならなかった。二〇一〇年九月二八日に採択されたエネルギー・コンセプト（Energiekonzept für eine umweltschonende, zuverlässige und bezahlbare Energieversorgung）では、ドイツが二〇〇七年に採択した二〇二〇年GHG四〇%削減目標の達成等を表向きの理由に、一七の原子力発電所について、平均一二年間の稼働期間延長が盛り込まれ、原子力発電所の段階的廃止の完成は二〇三六年以降に先送りされた。

b　福島原発事故、エネルギー倫理委員会の設置、原子力発電所廃止の加速化

原子力発電廃止の政策転換は、エネルギーコンセプトの採択によって失速するかに見えたが、福島原子力発電所事故の勃発によって再び勢いを得た。メルケル首相は、事故から三日後の三月一四日に、「日本で起きた信じがたい出来事は、あらゆる科学的基準に基づいて起こり得ないとされたことが起こることを、我々に教えてくれた。」と述べ、稼働期間の延長について三カ月の猶予期間を設定し、この間、安全性を検証するために、一九八〇年以前に操業を開始した原子力発電所の暫定的停止を発表した(41)。さらに、この事故の影響により、CDUは、五八年にわたり政権を独占してきたバーデン・ヴュルテンベルグ（Baden-Württemberg、以下BW）州選挙（三月二七日実施）で敗北を喫し、党の牙城ともいえる同州で連邦史上初の緑の党出身の首相の誕生を許した。事故によって原子力発電の安全性への信頼（理念）が揺らいだだけではなく、州選挙の結果を受けて、国民のCDU／CSU離れを防ぐという利害も相俟って、メルケル首相は、四月初めに、首相諮問委員会として、「安全なエネルギー供給に関する倫理委員会（Ethik-Kommission Sichere Energieversorgung、以下倫理委員会）」の設置を決定した。倫理委員会は、リスク専門家、政治学者、宗教家らにより構成され、最大の利害関係者である電力会社の代表を招聘せず、二カ月にわたり集中的にエネルギー政策を検討した。倫理委員会の勧告にしたがって、二〇一一年六月、全原子力発電所を二〇二二年末までに停止することを明記した改正原子力法が成立した。

(5)　二〇一三年―二〇二一年（大連立政権）

二〇一三年の連邦選挙では、CDU／CSUが根強い支持を得て、SPDと大連立政権を形成した。しかし二〇一五年以降、中東での紛争から逃れた難民の受け入れを契機として、ナショナリズムの機運が高まり、二〇一七年の連邦議会選挙では、難民受け入れに反対するドイツのための選択肢（Alternative für Deutschland、以下AfD）が大躍進を遂げ、CDU／CSUは、関係が悪化していたSPDと共に大敗を喫した。同党は、既存政党の存在危機を乗り切るために、再びSPDと大連立を組んだ。

a　パリ協定採択と成長、構造転換、雇用委員会の設置

二〇一五年一二月開催の気候変動枠組条約パリ会合で、気候危機に立ち向かうための新たな枠組を採択するための交渉が進む中、ドイツは二〇三〇年までにGHG五五%削減という目標を採択したが、現実には二〇二〇年四〇%削減目標達成も危ぶまれていた。同年に始まった「気候行動計画二〇五〇（KAP二〇五〇）」の採択に向けた議論では、緑の党と環境NGOが、GHGの一層の削減のために石炭・褐炭火力廃止を声高に求めた。二〇一六年一一月に採択された計画には、石炭火力廃止自体は盛り込まれなかったものの、気候目標の達成には石炭火力の段階的削減を要し、二〇一七年の連

邦議会選挙後に議論の場を設けることが明記された。

二〇一七年の大連立政権の連立協定には、「成長・構造転換・雇用委員会」（Der Kommission „Wachstum, Strukturwandel und Beschäftigung“, 以下石炭委員会）の設置が盛り込まれ、石炭火力廃止に関する議論が本格的に始まった。石炭委員会は、連邦経済エネルギー省、連邦環境省、連邦内務省、連邦労働社会省の四省が共管し、与党三党の議員、電力会社、労働組合、産業団体、石炭・褐炭鉱山を抱える州の他、学者や環境NGOも加わり、エネルギー経済と気候変動対策だけではなく、経済成長と地域での雇用についても議論した。

石炭委員会の議論は、長期的な転換の過程で、エネルギー政策における多数派アクターの一部が立ち位置を変えたことを浮き彫りにした。立ち位置の変化は特に四大電力会社で顕著で、二〇〇九年にCCS法案が流れた後、褐炭発電所をLEAGに売却したヴァッテンファール、石炭火力を保有しないE.onは議論に関心を示さず、石炭発電所を保有するものの、緑の党が州首相を務めるBW州に拠点を置くEnBWも原則として廃止を受け入れた。四大電力会社の中では唯一RWEが、LEAG、STEAG等の中堅電力会社、IGBCEに代表される労働組合、BDI等の業界団体、そして褐炭州であるブランデンブルグ、ザクセン、ザクセン・アンハルト州と共に、石炭・褐炭火力の維持を主張した。一方で、グリーンピースらは、委員枠を持たない緑の党に変わり、二〇三〇年までの迅速な石炭・褐炭火力廃止を求め、都市の電力供給公社の支持を得た。アルトマイヤー（Peter Altmaier）連邦環境大臣をはじめとするCDU／CSUは、電力会社や組合の立ち位置を支持したが[42]、二〇〇七年の石炭補助金廃止決定後、石炭産業雇用者の数は約三万人（二〇一六年）と、風力産業雇用者の五分の一以下まで減少し、IGBCEは、年金の積増し等の既存雇用者に手厚い補償支給案に懐柔されていった。最大の石炭州であるNRWも、炭鉱地域の再生支援の約束を取りつけると、石炭火力の維持に固執しなくなった。さらに石炭労働者を票田としていたSPDさえも、二〇一二年の選挙でNRW州の政権党に返り咲いたものの、二〇一七年の同州選挙で歴史的敗北を喫したこともあり、石炭・褐炭火力の廃止について、CDUよりも柔軟な姿勢を示した[43]。

委員会は、二〇一九年、「石炭火力の段階的廃止とこれにより影響を受ける地域の持続可能で未来志向の構造転換に関する提案」に合意し、二〇二〇年一月末、二〇三八年を期限とする石炭火力の段階的廃止と石炭採掘地域の構造転換に関する法律が成立した。奇しくもコロナ禍によって、ドイツは奇跡的に二〇二〇年GHG四〇%削減目標を達成したが、二〇三〇年目標（六五%に上乗せされている）の達成については、今後の再生可能電力政策、石炭・褐炭火力政策の展開が鍵を握る。

終わりに

本稿では、ドイツのエナギーヴェンデを構成する三つの電源政策（①再生可能電力推進、②原子力廃止、③石炭火力廃止）の転換の要

表 2　触媒事象と三つの電源政策転換の関係

触媒群	具体的な事象	再生可能電力推進	原子力廃止	石炭・褐炭火力廃止
一群：政権交代	1998 年の赤緑政権誕生 2009 年の CDU/CSU-FDP 政権成立	EEG 制定	2002 年原子力法改正（段階的廃止決定） エネルギーコンセプト採択：稼働期間の延長決定	
二群：他の層や分野の政策決定の影響	他政策（水平）：再統一	目眩し効果による StrEG の制定		
	EU：電力市場自由化指令採択		原子力発電所新設が困難	
	EU：排出量取引指令採択（気候政策）			石炭火力のコスト可視化
	州：NRW 州選挙			NRW 州による石炭補助金への貢献打ち切り決定
	国際：コペンハーゲン会合		GHG 削減のために原子力稼働期間延長	
	州：BW 州選挙		CDU 敗北と緑の党の州首相誕生によるメルケル首相の方針転換（原発廃止の加速化）	
	国際：パリ協定			GHG 排出削減のために石炭火力廃止へ
三群：エネルギー政策システム内の危機	チェルノブイリ事故		SPD が原発推進から反対へ立ち位置変更	
	福島第 1 発電所事故	再エネのさらなる拡大	メルケル首相の方針転換による 2011 年原子力法改正（原発廃止の加速化）	
	気候危機	再エネのさらなる拡大		GHG 削減のために石炭火力廃止へ

出典：筆者作成。

因を、三つの触媒群に着目して、探った。

ドイツの事例をみる限り、大規模電源に取って代わるとは期待されていなかった再生可能電源の推進では、既存の抵抗勢力の関心を惹きつけて、StrEG制定を可能にした再統一（二群）、再生可能電力の飛躍的な拡大をもたらしたEEGを制定した赤緑政権の誕生（一群）[44]が重要だった。一方で既存の大規模電源である原子力の廃止では、チェルノブイリ原発事故（三群）がSPDの方針変更をもたらし、後の赤緑政権誕生（一群）と相まって段階的廃止決定を導いたこと、この転換はCDU／CSUとFDP政権への交代（一群）によって失速しかけたものの、福島第一原子力発電所事故（三群）と、その影響下でのCDUの牙城BW州二〇一一年選挙での敗北（二群）によって加速化したことが明らかになった。もう一つの大規模電源である石炭火力の廃止は、気候変動問題に対処するための国際交渉やEUにおけるカーボンプライシング制度の成立、SPDの牙城NRW州二〇〇七年選挙での敗北（国際、EU、州の政策の影響、二群）、そして気候変動問題の危機化（二群事象の三群化）によってヴェンデの過程で既存勢力の一部の立ち位置が徐々に変化したことが重要だった一方で、政権交代（一群）の影響は同定されなかった。新電源の推進は、既存勢力の抵抗に遭うため、システム外の二群の要因が必要であり、また既存電源廃止は、その難点を浮き彫りにし、多数派の立ち位置を変える三群の要因がきっかけとなるが、それだけでは足りず、一群や二群との結合を要するという解釈が成り立つ。また本稿ではEU政策の影響を射程外としたにもかかわらず、三電源政策全てにおいて二群の影響が同定され、二郡の事象が新アクターの少数派への参加を促すだけでなく、当該分野の多数派アクターの関心を惹きつけたり（再統一）、その利害を変える（州選挙結果の影響）ことによって、政策転換のきっかけとなることが明らかになった。本研究を踏まえて、触媒が政策転換に及ぼす影響を、EU政策の影響も含めてさらに精緻に捉えるために、今後の研究で二群の細分化の可能性を検討する。

さらに本事例では、理念の変化によって立ち位置を変更したと解釈できるアクターは、チェルノブイリ事故後のSPD、福島原発事故後のメルケル首相のみで、理念はなかなか変わらないという一般理論の仮説が確認された。さらにこれらアクターについても、緑の党が台頭する中で、原子力発電に不安を抱く国民の票獲得という政党の利害のために立ち位置を変えた可能性もある。本稿では、ドイツの政府アクターが、理念はなかなか変わらないことを認識しているためか、多数派の負担最小化（例：石炭火力廃止に伴う労働者や炭鉱地域への補償）や新市場創出支援（例：再生可能電力買取）等、多数派アクターの利害に働きかけて、転換を促したことも明らかになった。再生可能電力推進と既存電源廃止について、本稿が同定した要因が一般化できるのか、今後の研究で他国の事例を分析して考察する。

最後に個別電源政策を超えて、長期にわたるエナギーヴェンデを俯瞰してみよう。本研究では、ヴェンデにおいて、大規模電源の廃止と再生可能電源の推進、さらにはカーボンプライシング等の気候政策が入れ子になっていることが浮き彫りになった。ヴェンデを主導するアクターは、二つの大規模電源の廃止を同時に争う余裕はなく、したがって石炭火力の廃止決定は、間接的には、福島原発事故によって原子力廃止が決定的となり、環境NGOや緑の党が石炭・褐炭火力廃止の議論に注力することができる状況が整ったことにも起因するのではないか。本事例を敷衍すると、個別政策転換の順番によって長期的なパラダイム転換のスピードや実現の可否さえも変わるのか、さらに長期的なパラダイム転換には、既存の抵抗勢力の間隙をつき、個別政策転換の議論の順序等のプロセスをコントロールし、多数派アクターの利害に働きかける、強かなアントレプレナーの存在が不可欠なのか、長期の過程で、どのような属性のアクターがその役割を担い、引き継いでいくのか、といったパラダイム転換のメカニズムに関する新たな問いが浮かぶ。

二〇二一年、一六年続いたメルケル政権が終焉を迎え、ショルツ（Olaf Scholz）を首班とする、ドイツ史上初のSPD、緑の党、FDPの連立政権が誕生した。ショルツ政権は誕生直後に二群の触媒に見舞われた。二〇二二年にウクライナに侵攻したロシアに対するドイツの制裁への対抗手段として、ロシアが天然ガス供給を止めたため、エネルギー安全保障の危機に瀕したショルツ政権は、最後の三基の原子力発電所の稼働を二〇二三年四月まで延長することを決定した。脱原発は、この決定を契機に失速すると予想する向きもあったが、二〇二三年四月一五日に完了した。さらにショルツ政権は、石炭火力の早期廃止を呼びかけ、既にNRW州はRWEと二〇三〇年までの廃止協定を締結している。二〇一一年の原子力法改正後ほどなくして、ドイツにおける唯一の原子炉製造企業であるジーメンスが原子力事業からの撤退と風力事業への注力を決定し、産業界に原子力推進に大きな利害を持つアクターがいなくなった状況では、ヴェンデの動きは止まらないように見える。さらに鉄鋼や化学といった産業プロセスからの排出削減のため、ドイツは、水素技術の推進に注力しており、二〇二三年七月、鉄鋼の水素還元製鉄施設設置のために連邦政府とNRW州政府が共同でティッセンクルップに二〇億ユーロの補助金を拠出することを発表した。

　多くの投資を伴うエネルギー政策を、自国産業の発展のために用いたいのは、どの国も同じであろう。ドイツは、石油、原子力、石炭という既存大規模電源を手放しつつ、元来のエナギーヴェンデが意図した小規模再生可能電源での自給を目指すのではなく、競争激しい国際経済社会での生き残りを賭けて、洋上風力、水素など新たな大規模電源による経済拡大の道を模索しているように見える。翻って、政権交代という触媒に期待できず、旧来の大規模電源を手放さずに各種電源のベストミックスを目指す日本は、ドイツとは異なるヴェンデの道を歩むのだろうか。果たしてエナギーヴェンデの先にある脱炭素社会とはどのような社会なのだろうか。今後も、ドイツや日本を含む各国の転換を注視し、触媒と政策転換の関係、パラダイム転換のメカニズム、そして転換の先に辿り着く社会について考察を続ける。

（1）Krause, F., H. Bossel, & K. F. Müller-Reißmann, 1980, *Energiwende: Wachstum und Wohlstand ohne Erdöl und Uran*, S. Fischer-Verlag.

（2）一九五〇年代以降のエネルギー政策を概観した Renn, O., & J. P. Marshall (2016) "Coal, nuclear and renewable energy policies in Germany: From the 1950s to the Energiewende," *Energy Policy*, 99: 224–232 や、一九七〇年代以降のエネルギー政策を詳述した Morris, C., & A. Jungjohann (2016) *Energy Democracy: Germany's ENERGIEWENDE to Renewables*, Palgrave Macmillan.

（3）石炭をめぐる議会の議論の変遷を議事録のトピックモデリングによって示した Müller-Hansen, F., M. W. Callaghan, Y. T. Lee, A. Leipprand, C. Flachsland, & J. C. Minx (2021) "Who cares about coal? Analysing 70 years of German parliamentary debates on coal with dynamic topic modeling," *Energy Research & Social Science, 72*: 101869、石炭委員会の議論を collaborative governance の枠組を用いて分析した Hauenstein, C., I. Braunger, A. Krumm, & P. Y. Oei (2023) "Overcoming political stalemates: The German stakeholder commission on phasing out coal", *Energy Research & Social Science*, 103: 103203、石炭委員会の議論をディスコース・ネットワークモデルを用いて分析した Markard, J., A. Rinscheid, & L. Widdel (2021) "Analyzing transitions through the lens of discourse networks: Coal Phase-out in Germany", *Environmental Innovation and Societal Transitions*, 40: 315–331、石炭・褐炭火力廃止について regime destabilization の観点から分析した Leipprand, A., & C. Flachsland (2018) "Regime destabilization in energy transitions: The German debate on the future of coal", *Energy Research & Social Science, 40*: 190–204、原子力発電ホスト州から風力発電推進州となったSH州の再生可能電力政策形成過程における役割の変化を、change agent 概念に基づいて

分析したWatanabe, R. (2023) “Change Agents in Germany’s Energy Transition: Role of the state of Schleswig-Holstein in wind electricity development from the 1970s to 2009,” *Journal of European Policy Analysis*, (9)3: 244–270 等。

（4）再生可能エネルギー技術開発促進要因を同定したBruns, E., D. Ohlhorst, B. Wenzel & J. Köppel (2010) *Renewable Energies in Germany’s Electricity Market: A Biography of the Innovation Process*. Springer VS.、原子力段階的廃止政策が再生可能エネルギーの技術革新に及ぼした影響を分析したRogge, K. S., & P. Johnstone (2017) “Exploring the role of phase-out policies for low-carbon energy transitions: The case of the German Energiwende”, *Energy Research & Social Science*, 33: 128–137 等。

（5）電力会社への影響を分析したKungl, G., & F. W. Geels (2018) “Sequence and alignment of external pressures in industry destabilization: Understanding the downfall of incumbent utilites in the German energy transition (1998–2015)”, *Environmental Innovation and Societal Transitions*, 26: 78–100 等。

（6）Renn & Marshall, Morris & Jungjohan, *op.cit.* の他、気候エネルギー政策を事例にパラダイム転換を論じた研究として、Watanabe, R. (2011) *Climate Policy Changes in Germany and Japan: A Path to Paradigmatic Policy Change*, Routledge.、渡邉理絵『日本とドイツの気候エネルギー政策転換』、二〇一五年、有信堂等。

（7）Jenkins-Smith, C. H., D. Nohrstedt, C. M. Weible & P. Sabatier (2015) “The Advocacy Coalition Framework: Foundations, Evolution, and Ongoing Research”, in: Third Edition, *Theories of the Policy Process* (Sabatier, P., & C. M. Weible (eds.)), Westview Press.

（8）March, G. J., & J. P. Olsen (1998) “The Institutional dynamics of international political orders”, *International Organization*, 48(2): 943–969., Baumgartner, D. F, & B. Jones. 2007. *Agendas and Instability in American Politics*, University of Chicago Press.

（9）Kingdon, J. (1995, originally 1984) *Agendas, Alternatives, and Public Policies*. 2nd edn. Addison-Wesley Educational Publishers Inc.

（10）Jenkins-Smith et al., *op.cit.*, p. 191.

（11）Ibid., pp. 201–2.

（12）Nohrsted, D. (2005) “External Schocks and Policy Change: Three Mile Island and Swedish Nuclear Energy Policy,” *Journal of European Public Policy*, 12(6): 1041–59.

（13）Watanabe, 2011, *op.cit.*, pp. 17–8.

（14）Birkland, T. (2006) *Lessons of Disaster, Policy change after Catastrophic Events*. Georgetown University Press., pp. 2–3.

（15）Jenkins-Smith et al., *op.cit.*, p. 194.

（16）Watanabe, R. (2021) “Breaking Iron Triangles: Beliefs and Interests in Japanese Renewable Energy Policy”, *Social Science Japan Journal*, 24(1): 9–44.

（17）ＣＳＵはバイエルン州で活動するＣＤＵの姉妹党である。

（18）左派党（Die Linke）およびＡｆＤも連邦議会で議席を有する。

（19）四大電力会社は、地域電力会社と共に八百を超える各都市の電力供給公社（Stadtwerke）を通じて、消費者に電力を供給する。

（20）欧州電力市場の自由化進展のために、一九九六年以降も指令が採択されている。

（21）Rucht, D. (2008) “Kapital 11, Anti-Atomkraftbewegung,” in: Roth R., & D. Rucht (eds.), *Die Sozialen Bewegungen in Deutschland seit 1945*, p. 248.

（22）Renn & Marshall, *op.cit.*, p. 228.

（23）Rucht, *op.cit.*, p. 254.

（24）Bundestag (1991) *Protecting the Earth: A Status Report with*

Recommendations for a New Energy Policy. Third Report of the Enquete Commission of the 11th German Bundestag "Preventive Measures to Protect the Earth's Atmosphere", Vol. 2, pp. 318–19, 325.

（25）Ibid, p. 496.

（26）Tacke, F. (2004) *Windenergie: Die Herausforderung, Gestern, Heute, Morgen*. VDMA Verlag GmbH., p. 147.

（27）Die Welt, 1982.12.13 (Tacke, F., p. 143 参照)。

（28）Die Zeit, 2006.09.25.

（29）Watanabe 2023, *op.cit.*, p. 259.

（30）Ibid.

（31）Bundestag (1990) *Drucksache, 11/7816.*

（32）Renn and Marshall, *op.cit.*, p. 229.

（33）McKinsey (2007) *Costs and Potentials of Greenhouse Gas Abatement in Germany, on behalf of BDI Initiative – Business for Climate.*

（34）Bundesministerium für Umwelt, Naturschutz und Reaktorsicherheit (2007) *The Integrated Energy and Climate Programme of the German Government.*

（35）連邦政府とＮＲＷで年間二四億ユーロ（二〇〇七年）を支給した。

（36）Bundestag (2008) *Plenarprotokol*, 16/169.

（37）Kungl & Geels, *op.cit.*, p. 89.

（38）Die Zeit, 2010.09.07.

（39）ＢＹ州の経済大臣の発言。Süddeutsche Zeitung, 2010.07.27.

（40）Süddeutsche Zeitung, 2010.08.14.

（41）同様の内容を二〇一一年三月一七日の連邦議会でも発言した。Bundestag (2011) Plenarprotokol, 17/96, pp. 10884–10889.

（42）Leipprand & Flachland, *op.cit.*, p. 197.

（43）Ibid.

（44）Rogge, K. S., & P. Johnstone, *op.cit.*, p. 134.

〔付記〕本稿の初稿に対し、二名の査読者から、有益なコメントを頂いた。査読者と編集者の阪口功先生に感謝する。本稿はＪＳＰＳ科研費 18K11757 の研究成果の一部である。

（わたなべ　りえ　　青山学院大学）

日本国際政治学会編『国際政治』第214号「地球環境ガバナンス研究の最先端」（二〇二五年一月）

グローバルな気候変動ガバナンスの「共律化」

――石油・ガス業界の低炭素化における金融セクターの役割――

近藤悠生
山田高敬

はじめに

気候変動問題はいまや人類共通の脅威であり、政府か非政府かを問わず国境を越えたグローバルな対応が求められている。とりわけ温室効果ガス排出の多くを占める産業界による協力は欠かせない。このような状況下で、二〇一五年に締結されたパリ協定を機に各国の産業界は一・五度または二度目標の達成に向けた脱炭素化の取組みを進めている。特に脱炭素化の鍵を握るのが、主たる温室効果ガスの排出源である化石燃料に依存する産業、とりわけその生産元となる石油・ガス業界の動向である。ある試算によれば、同業界は一・五度目標を達成するために毎年約三％の減産を実施しなければならない(1)。そのような状況にある石油・ガス業界は、主に欧米系の企業によって構成される「石油・ガス気候変動イニシアティブ」（OGCI：Oil and Gas Climate Initiative）等を通じ、排出量を正味ゼロにする目標の実現に向け自発的なコミットメントを打ち出している。

しかし、石油・ガス業界はなぜネットゼロの方針を決定したのだろうか。特に、欧米を中心として、グローバルな規模でこのような動きが発生したのはなぜだろうか。当該業界は、単に原料や製造過程の一つとして化石燃料に依存する産業と異なり、化石燃料の生産そのものを主たるビジネスとしている。そのため、脱炭素化はそのビジネスモデルの生存を脅かすものであり、それに抵抗する強いインセンティブが想定される(2)。実際にも、欧米の事例において当初は気候変動問題への対応に否定的な動きがみられてきた。そこで本稿は、この石油・ガス業界における姿勢転換の要因について、気候変動を巡るグローバルな次元におけるガバナンス構造の「共律化」という視点から、当該業界への資金フローをコントロールする金融セクターの影響力に注目して考察を試みるものである。なお、ここでいう「金融セクター」とは、実体経済に対して資金を供給する主たるアクターとしての民間の金融機関および投資家を指している。(3)

そこで、まず次節では低炭素化を特に推進する欧米の石油・ガス業界に着目し、同業界が近年どのような姿勢で気候変動問題に取組んできたかを示す。次いで、それを先行研究がどのように説明してきたかをレビューしたうえで、それらを補完する「共律化」されたガバナンスという視点を提起する。続いて石油・ガス業界およびその他の実体経済主体に対する金融セクターによる関与の取組みを示し、最後にその影響力とガバナンス構造の変容に関する考察を行う。

一　欧米の石油・ガス業界による気候変動への取組み

一九八〇年代から気候変動に関する政府間パネル（ＩＰＣＣ）などによって気候変動の現実が科学的に解明され始めた一方で、石油・ガス業界に属する企業群は気候変動に対して長らく否定的な姿勢を取ってきた。その代表例が、国際的な圧力団体であるグローバル気候連合（ＧＣＣ）の形成と、それを通じたロビー活動である。一九八九年に創設されたＧＣＣには自動車、鉄鋼業界などの企業も参加していたが、同組織を通じて石油・ガス業界は気候変動を巡る科学的知見への懐疑論や気候政策を否定するキャンペーンを展開してきた。(4)しかし、この状況は二〇〇〇年代ごろから徐々に変化し始める。これまでＧＣＣの主要なメンバーであったオイルメジャー、すなわち欧米系の最大手石油・ガス企業群であるエクソンモービル（Exxon Mobil）、シェブロン（Chevron）、シェル（Shell）、トタルエナジーズ（Total Energies）およびＢＰの中でも、欧州の石油・ガス企業を中心に、気候変動を巡る科学的な知見を受け入れて気候政策を容認する動きが生まれたからである。その一例として、英国に本社を置くシェルは一九九八年にＧＣＣから脱退して注目を集めた。(5)このような動きはＥＵにおける社会・経済環境の変化や排出量規制の強化を一因としており、(6)結果として事業内容の転換や石油・ガス生産量の減少にはつながらなかったが、それまで反気候政策の立場で一枚岩であった石油・ガス業界に分断をもたらした。(7)

ただし、欧米の石油・ガス業界全体に変化が生じたのはより近年になってからである。オイルメジャーはパリ協定の締結後も依然として、一億ドル以上の資金を気候変動に関して誤解を生じさせるネガティブ・キャンペーンに費やしてきた。(8)しかし、その一方でオイルメジャーの気候変動に対する政治的な言動は、米国系であるエクソンモービルやシェブロンも含め、二〇一四年から二〇一九年にかけて気候政策により親和的な立場へと変化していった。(9)これと時を同じくして、石油・ガス業界はＯＧＣＩやクリーン・スカイズ・フォー・トゥモロー・コアリションなど温室効果ガスの排出削減に寄与するための、業界内または関連する業界に跨ったイニシアティブを多数形成してきた。その中でも石油・ガス業界のみから構成されるＯＧＣＩは二〇一四年に発足し、その加盟企業である同業界の最大手企業群一二社は、世界における石油・ガス生産の三分の一を担っている。[10]また、加盟企業のうち九社は、オイルメジャーを含む欧米系の企業である。ＯＧＣＩは「気候変動に関する懸念に対処し、業界内のベストプラクティスを共有し、技術的な解決策を前進させ、気候変動に関する有意義な行動ならびに協調を促進するためのプラットフォーム」として機能することを目的としており、[11]パリ協定に合わせて二度目標を支持する声明を発表した。[12]また、シェル、ＢＰ、トタルエナジーズを含む多数の石油・ガス企業が、気候関連財務情報開示タスクフォース（ＴＣＦＤ）により作成された情報開示の枠組みに賛同し、その基準に従って温室効果ガスの排出状況等について開示し始めている。特にＯＧＣＩに所属する企業は、概ね二〇一八年前後にＴＣＦＤへの賛同を表明している。[13]

さらに注目すべきは、「ネットゼロ」、すなわち温室効果ガスの排出量を実質ゼロにすることをＯＧＣＩ全体で目指す決定が二〇二一年に下されたことである。[14]ネットゼロを達成するには、ＣＯ２を回収する新技術の大規模導入やビジネスモデルの転換を要するため、この目標は、石油・ガス業界にとって大きな困難を伴うと予想される。それにも関わらず、この方針決定の後、二〇二二年にはＯＧＣＩに参加する企業のすべてが二〇五〇年までのネットゼロ達成を目指すコミットメントを表明した。[15]

二　石油・ガス業界の取り組み動機に関する先行研究のレビュー

(1)　トランスナショナル・ガバナンスによる説明

それでは、石油・ガス業界におけるこのような取り組み姿勢の変化について、先行研究ではどのような視点から分析されてきたのだろうか。これに関して先行研究の多くは企業やＮＧＯなどの非国家主体が参加する自主的なトランスナショナル・ガバナンスに注目してきた。[16]アンドノバらによれば、トランスナショナル・ガバナンスは「トランスナショナルな領域において活動するネットワークがその構成員を公共的な目標に向けて権威的に方向づけるときに生じる」[17]ものと定義され、山田によれば、このような非国家主体の私的権威に基づく自主的なガバナンスは、気候変動をはじめとして地球環境・社会問題を巡る分野において国家の規制に基づくガバナンスが実行されにくい状況下で台頭してきた。[18]科学的知見に適合した削減目標の設定を求める「科学に基づく目標設定イニシアティブ」（ＳＢＴｉ）や、企業の気候変動に関する取り組み情報を収集して評価・開示するＣＤＰは、このガバナンス形態の最たる例である。[19]このような非国家主体によるトランスナショナル・ガバナンスは、国家による規制型から多元的な協力型へと転換したパリ協定のガバナンス・アーキテクチャによって、その存在感を増している。[20]

石油・ガス業界においても、このパリ協定のボトムアップ的な性格がオイルメジャー各社における政治姿勢の変化につながったと指摘されている。[21] また、パリ協定を含む政策目標の高まりと規制強化に加え、技術革新による安価な代替エネルギーの出現、石油・ガス価格の長期的な下落予測が石油・ガス業界の脅威となっており、[22] このような状況がＯＧＣＩに代表される同業界の変化につながったとされる。[23] したがって、トランスナショナル・ガバナンスの視点から分析すると、ＯＧＣＩの取り組みも、業界の内外に対してリーダーシップを発揮しようとする動きとして捉えることができよう。

(2)　トランスナショナル・ガバナンスの限界

しかし、自律的なアクターの行動を前提とするトランスナショナル・ガバナンスの視点だけでは、石油・ガス業界のネットゼロへの方針転換およびコミットメントを理解することはできない。その理由として次の三点を挙げることができる。

第一に、民間主体を中心としたパートナーシップやイニシアティブの多くは、脱炭素化に向けた目標設定や実行が十分とは言えない。たとえば、パットバーグらによれば、マルチステークホルダーによるパートナーシップの七割以上は自らが表明した目標に合致する実績を残していないとされる。[24] また、民間イニシアティブの気候変動の緩和への有効性を調査したミカエロワらによれば、①目標の水準、②緩和行動に対するインセンティブ、③排出削減を計算する際の基準となるベースライン設定、④排出量のモニタリング・報告および検証方法の計四項目を評価した結果、三項目以上について適切だと判断されたイニシアティブは二割にも満たなかった。[25]

このような状況は石油・ガス業界においても当てはまると言える。企業ごとのＥＳＧパフォーマンスを評価するワールド・ベンチマーキング・アライアンスは、二〇二三年時点における同業界の気候リスクへの対応は不十分だと評価している。調査対象となった企業群のうち二〇三〇年までに化石燃料を廃止すると表明した企業は一つもなく、また、低炭素技術に関する投資額を公表している企業は全体の二五％に留まっていた。[26] またグリーンらも同様に、二〇〇〇年代初頭から二〇一九年にかけての同業界の脱炭素化の取組みにおいて大きな進展は見られないと評価している。[27] したがって、自主的なガバナンスの仕組みは、見せかけだけの気候変動対策（グリーンウォッシュ）として用いられている可能性があると言えよう。しかし、石油・ガス業界の姿勢転換において、各企業は従来の曖昧な目標に代えてネットゼロという明確な目標とそれに向けた計画等も含めたコミットメントを提供している。公約した目標を達成しない企業に評判リスクが生じることを考慮すれば、[28] これらネットゼロ誓約が見せかけだけの気候変動対策と同質のものとは考え難い。

第二に、石油・ガス業界によるネットゼロが打ち出される以前において化石燃料からの脱却を阻む強固な構造が存在したことも、この業界の方針転換を困難にしている。ニューウェルによれば、国内レベルと国際レベルの双方において、再生可能エネルギーへの転換を支持するグループと化石燃料の継続的な利用を支持するグループとの間に「重要な力の不均衡」[29] が存在し、後者が圧倒的に優位な立場にあるとされる。たとえば、国内レベルでは、政治過程において経済や産業を管轄する省庁や石油・ガス産業の既得権益を擁護する勢力の方が、政府が経済成長を志向する限りにおいて、環境関連の省庁や再生可能エネルギー産業を推進する勢力よりも大きな発言力を持つ傾向にある。また国際レベルにおいても、経済成長を目標に掲げる多くの途上国が化石燃料の輸入や開発融資に依存していることから、石油輸出国機構（ＯＰＥＣ）や、石油および天然ガスの採掘事業に融資する世界銀行など[30]は、再生可能エネルギーの利用を推進する国際再生可能エネルギー機関（ＩＲＥＮＡ）などよりも大きな発言力を持つ。化石燃料を基盤とする資本主義の構造がこのように再生産され、長期的に固定化される状況においては、石油・ガス企業の自律的な行動による脱炭素化への移行は容易でないと考えるのが自然であろう。

第三に、パリ協定と石油・ガス業界によるネットゼロへのコミットメントにはタイムラグがある。もしＯＧＣＩのメンバー企業がはじめから気候変動に積極的に取り組むつもりであったのならば、二度目標を達成することが国際レベルにおいて合意されたパリ協定の直後に大幅な排出削減の提案が打ち出されても良かったはずである。しかし、同組織は二〇一四年に発足したものの、方針として初めてネットゼロが打ち出されたのは二〇二一年であった。企業単位で見ても、オイルメジャー各社においてネットゼロを目指すことが初めて宣言されたのは二〇二〇年から二〇二二年にかけてである[31]。それゆえ、ＯＧＣＩの発足がネットゼロへのコミットメントと直接的に結びついている可能性は低いと考えられよう。

以上の理由から、自主的なガバナンス・ネットワークの形成が直接の契機となり、石油・ガス業界がネットゼロに方針転換したと考えるには無理がある。

三　共律化されたガバナンス

(1) 気候ガバナンスの複雑性

それでは、この現象を説明するには、アクターの自律性のみに着目する従来の理論枠組みに代えてどのような視点が必要なのだろうか。本稿では、各産業界への資金供給を担い、投融資活動を通じてそれらに影響を与えうる金融セクターに注目し、実体経済の脱炭素化に対する同セクターの具体的な取り組みと、それが石油・ガス業界の姿勢転換に作用した可能性を検討する。

そのため、まずはその出発点として、グローバル・ガバナンスに関する多くの理論が前提とするアクターの主体性（agency）について簡単に考察しておきたい。アクターはどのような場合に周辺環境の変化に主体的に適応したり、自らの行動の結果から学習したりするのだろうか。この問いに正面から答えようとしたのが「複雑系理論（complex system theory）」である。複雑系とは、文字通り世界を「複雑」なシステムとして捉える見方である。複雑なシステムではシステムを制御する一元的な権威主体が存在せず、システムは相互に作用する多種多様なアクターから構成される。そのため、一見するとシステムは無秩序あるいはカオスな状態であるかのように見える。しかし、アクター間の相互作用が繰り返される中でアクターが適応や学習を行う帰結として、システム自体がこれまでとは異なる性質を持つものへ変態する。これを複雑系理論は自己組織化（self-organization）と呼ぶ[32]。アクター間に断片的な知識しか存在せず、アクターの行動選択がもたらす結果についての予測が困難であるためにレジーム要素間の関係性が不確定で流動的であるとするレジーム・コンプレックス論や[33]、異なる権威主体が連関しつつ相互補完的にガバナンス目標の実現条件を模索すると仮定する多中心的ガバナンス論は[34]、この複雑系の議論と重なる点が多い。このような理論研究から、ガバナンス・システムが複雑化すればするほど、個々のアクターの主体性、すなわち自身の適応や学習に基づくアクターの自発的な行動変容がシステムの創造的破壊を可能にするという命題が導出される。個々のアクターによる自発的な行動の連鎖によりボトムアップで新たな秩序が創発され、システムが変態するからである。

それでは、気候変動を巡るガバナンス・システムもこのような意味で複雑性を有すると言えるだろうか。これについては、気候変動をもたらす「地球システム」自体がそもそも複雑である。たとえば、地球温暖化がどの程度地表の凍土を溶解し、それがどれほど地球温暖化を加速させるかなど、科学的に未解明な問題が多く存在する。また、気候変動の社会や経済への影響についても、気候変動をもたらす人為的な原因が極めて多様であり、様々なアクターがこの問題の発生に関与していることから、個々のアクターは自らの行動がシステム全体にもたらす効果を正確に予測することができない。仮に特定の業界による温室効果ガスの排出量削減が気温上昇をどの程度抑制できるのかを予測できたとしても、その削減を可能にする革新的な技術が、いつから、またどの程度のコストで利用可能になるのかは未知数である。政府の政策や規制に関しても、何の政策が気候変動の緩和に効果的であるかは必ずしも明らかでない。このように気候ガバナンスは極めて複雑であるため、複雑系理論によれば、問題解決のために特定の制御中枢がトップダウンで統一的かつ包括的な青写真を提供することはできない。

したがって、各アクターの自省的な行動とアクター間の相互作用を通してのみ、システムの破局を回避する状態転移が可能となる[35]。パリ協定が温度上昇を抑制する目標のみを掲げ、その実現のために各国に国内措置の実施を義務づけ、企業などの非政府主体に対しても排出量削減への協力を求めたのは[36]、まさにそのためだと考えられる。

(2)　気候変動ガバナンスにおける「共律的」な構造

しかし、石油・ガス業界の対応を巡る実際の事例は、第二節において示した通り、自律的な行動に基づくトランスナショナル・ガバナンスのみによって説明できるものではなかった。この理論的な挑戦について山田は、複雑系の範疇に入る問題であっても、その緊急性の程度によっては、システム内において一定の影響力を有するアクターによる働きかけが重要度を増すガバナンス構造が現出する可能性を指摘している。このガバナンス構造について山田は、同一ガバナンス・システム内に自律的な機能と他律的な機能が混在し、後者が共通の評価基準や評価方法などから構成されるフィードバック・メカニズムを提供し、それに基づいて前者をコントロールする「共律的な構造」（hetero-autonomous structure）として概念化した[37]。つまり「共律的な」構造とは、ガバナンス目標の実現に向けてそれぞれのアクターが主体的に自らの行動を変化させる「自律」と、その主体的な行動を共通の基準に基づき評価することによって当該アクターの行動を公益の実現へと誘導する「他律」から構成されるガバナンス構造のことを指す。なお、この他律的な機能を果たすアクターもまた、自ら学習や適応を通して自律的に行動を変化させる側面と、他者から評価されて他律的に行動を変化させる側面の両方を持ち合わせる。

本稿の事例では、石油・ガス企業の視点から見ると、金融機関は、これらの企業が開示する気候リスク関連の情報に基づいて企業価値を評価し、投融資やエンゲージメントを通して企業行動をコントロールする他律的な存在といえる。しかし金融機関自体は、政府機関やNGOなどによりネットゼロ実現への貢献度を評価される存在、すなわち他者の期待に応えながら自らの行動を変化させる自律的な存在でもある。つまり、あるアクターにとって他律的な存在となるアクター自身も、それ以外のアクターとの関係では他律の対象となる自律的な存在なのである。それでは、より具体的に金融セクターは、石油・ガス企業などの実体経済主体に対して、どのように他律的な機能を果たしてきたのだろうか。

四　金融セクターによる他律とその影響

(1)　金融セクターによる実体経済への関与形態

金融セクターによる石油・ガス業界への働きかけには、主に二つの方法がある。一つは投融資先の選択という方法であり、もう一方は条件付きの投融資によるエンゲージメントという方法である。

前者にはグリーン投資や化石燃料投資からのダイベストメントなどが含まれる。グリーン投資は、再生可能エネルギーなど低炭素技術への投資や気候変動対策をリードする企業や科学的知見に基づく堅固なネットゼロ移行計画を提示した企業への投資を指す。そしてこのグリーン投資が投資ポートフォリオ全体に占める割合が大きくなればなるほど、逆に温室効果ガスの排出量が多い石油・ガス企業などにとっては資金調達が難しくなる。つまりこれらの企業が投資先に選定されないおそれが生じるのである。このことは石油・ガス企業に対して、温室効果ガスの排出削減に取り組むインセンティブを与えることになる。

ダイベストメントはその極端なケースである。ダイベストメントは、既に投融資されている金融資産を投融資先の企業から引き揚げることになるからである。気候変動の影響による災害の激甚化などを背景として、二〇一二年ごろから350. Orgなどの市民組織が化石燃料産業からのダイベストメントを求める運動を展開するようになった[38]。そのような状況下で多くの大手金融機関や機関投資家は石炭に関する投資を中心に化石燃料関連の資産を引き揚げる方針を固めた[39]。つまり石油・ガス企業は、新規の投融資を獲得する場面のみならず、既存の投融資を維持する場面においても、金融セクターの厳しい眼差しに配慮しなければならなくなったのである。

もう一つの方法はエンゲージメントである。エンゲージメントとは、「顧客や投資先企業に対して、積極的かつ建設的にフィードバックやサポートを行い、ネットゼロに整合した移行戦略、計画、および実施を促進する」[40]活動を意味する。したがって、エンゲージメントは、金融機関が企業に対して一定の条件を付して敢えて投融資を行い、対話を通じてその条件に適合する行動変容を企業に促すアプローチである。具体的な対話の手法として「株主総会における議決権の行使」などがあり、実際にこの手法が石油・ガス企業に影響を与えた例としてエクソンモービル社の事例が挙げられる[41]。この事例では、同社の推薦した取締役の一部が就任を拒否され、代わりに気候変動問題を重視する株主により推薦された取締役が選任された。この事態が発生したのは、株主である資産運用会社や公的年金基金らの大手投資家が議決権を行使したからであった。近年ではダイベストメントよりも、このようなエンゲージメントが支持を集める傾向にある[42]。

(2)　金融セクターの連携

金融セクターは、企業に対するエンゲージメントを行うに際し、その効果を高めるためにセクター内部で多数の自発的なイニシアティブを形成してきた[43]。

ここでは、これらイニシアティブのうち金融セクター全体を束ねる「ネットゼロのためのグラスゴー金融連合」（ＧＦＡＮＺ：Glasgow Financial Alliance for Net Zero）に注目し、その形成・拡大過程を振り返ることにする。ＧＦＡＮＺの特徴は、その目的と規模にある。同連合は、主に実体経済による気候変動の緩和に向けた企業や政府への働きかけを担い、複数の業種を含む金融セクター全体をグローバルなレベルで調整する大規模なイニシアティブとなっている。ＧＦＡＮＺは、イングランド中央銀行の総裁を務めたマーク・カーニー（Mark Carney）らが主導して二〇二一年一一月のＣＯＰ26において発足した金融機関・投資家の連合体であり、金融セクターが業種を越えて協力し合うことで、実体経済におけるネットゼロ実現への貢献を標榜している[44]。

ネットゼロを志向する金融セクター内のイニシアティブとしては、ＧＦＡＮＺ以前にもネットゼロ・アセットオーナー連合（ＮＺＡＯＡ）やパリ協定に適合したアセットオーナー連合（ＰＡＡＯ）、ネットゼロ・アセットマネージャーズ・イニシアティブ（ＮＺＡＭ）が存在したが、これらは単一の業種による組織に留まっていた。またこれらのイニシアティブ以外にも国連気候変動枠組条約（ＵＮＦＣＣＣ）が主導し、地方自治体や企業、投資家、大学などが参加する地球規模のキャンペーンとして知られる「ゼロへのレース」（Race to Zero）が組織されたが、これに参加する金融機関は一部の業種に限られていた。これに対してＧＦＡＮＺは、それまでネットゼロを目指す業種別イニシアティブが存在しなかった保険会社、銀行、サービスプロバイダーや投資コンサルタントにまで対象範囲を広げて業種別イニシアティブを組織させ、これらを傘下に置いたのである。その結果、実体経済に対する影響力の増大につながっただけでなく、ネットゼロに向けた金融セクター全体の調整や同セクター内の業種間においてベストプラクティスの共有が可能になった。(46)

GFANZがこのように金融セクターのすべての業種を包含する連携を目指した理由としては、次の三つが考えられる。第一は、既存の枠組みではネットゼロに必要な業種の全てを取り込めていなかったからである。つまり、実体経済においてネットゼロへの移行を実現するには「金融システム全般にわたって調整された野心的なコミットメントを必要とする」(47)にもかかわらず、従来の業種別イニシアティブやゼロへのレースでは、企業の脱炭素化への期待値が業種ごとに異なったり、ネットゼロへの移行を具体的に示すガイドラインがなかったりしたため、いずれも企業にネットゼロへの移行を促すには十分でないと考えられたからである。

第二に、資産規模に関する配慮があったと考えられる。そもそも金融セクターが産業界に対して影響力を持つのはその資本力のためである。それゆえ、銀行や保険会社など多額の保有資産を有する業種を含む全業種が参加するネットワークを構築することにより、総資産額の規模を拡大することが重要であった。(48)このことは、GFANZおよびその傘下の各イニシアティブがプレスリリース記事や年次報告書において、加盟機関数の増大や現状の総資産規模に注意を払ってきたことからも窺える。(49)また、世界全体での脱炭素化を推し進めるには莫大な費用を要し、「公共資本や譲許的資本だけでは、世界が必要とする脱炭素化の規模を満たすことはできな（く）……規模の拡大には、政府や他のステークホルダーを巻き込み、ネットゼロに適合した形での民間セクターの参加を必要とする」のである。(50)したがって、GFANZがネットゼロの目標を達成するために、規模の拡大は不可欠であった。

第三には、金融セクターが脱炭素へ移行するにあたって異なる業種間の調整と共通した枠組みの設定を必要としたことが挙げられよう。GFANZが設立される前の金融セクターにおいては、ネットゼロに関して様々な情報開示基準や移行計画が調整されないまま乱立していた。(51)GFANZを率いたカーニーは同組織の設立後に開かれたG20会合において「アラインメントがGFANZの本来の目的である。アラインメントとは、企業や金融機関にとってベストプラクティスなネットゼロ移行計画を定義することだ」(52)と述べている。つまり、ネットゼロに向けた基準や計画の調整がGFANZにとって重大な任務だったのである。

こうしてGFANZは、七つの業種別イニシアティブと四五〇を超える署名機関が参加するネットワークとして発足し、署名機関全体の保有資産額は一三〇兆ドルに上った。(53)GFANZの組織は、①各業種別イニシアティブを代表する金融機関が参加してGFANZ全体の意思決定を行うプリンシパル・グループ、②それを補佐するステアリング・グループ、③個別のプロジェクトを遂行する作業部会（Workstream）、および④技術的・科学的な側面からこれらの活動をサポートするアドバイザリー・パネルによって構成されている。(54)

これらのうち作業部会が、ネットゼロへの移行に向けた金融セクターのための指針や投融資先の企業が移行計画を設定する際のガイダンスなどを策定・発行してきた。[55][56] また、特に石油・ガス業界に関わるものとして、化石燃料に関する施設等の「管理された段階的廃止」に注目したガイダンスも存在する。[57] 以上のように、金融セクターはGFANZ等を通じて石油・ガス業界をはじめとする産業界に対して、資金力を背景に影響力を行使しようとしてきた。

(3) 金融セクターが石油・ガス業界に与えた影響

それでは、金融セクターによる働きかけは、他律の機能として欧米の石油・ガス業界による姿勢転換に影響を及ぼしたのだろうか。ここでは、テキストマイニングによる分析を通じてその影響を推察する。

分析の手法は次の通りである。まず二〇一三年から二〇二二年までの一〇年間にオイルメジャーであるエクソンモービル、シェブロン、シェル、BP、およびトタルエナジーズが作成した投資家向けの統合報告書に相当する資料を用意し、それぞれの文字データを抽出する。なお、オイルメジャーの資料を分析対象としたのは、欧米の石油・ガス業界の中で最も生産量や企業時価総額が大きい企業群であり、同業界を牽引する存在とみなせるためである。これら資料は投資家の評価対象となることから、各社の金融セクターの働きかけに対する反響を示すものと考えられる。続いて、企業がコミットする脱炭素化の目標や具体的施策・取り組み、また排出量の増減に関する意識を示す指標となる語群を、表1に示す三つのグループに分類し、同表に示すように選定する。続いて、KH coder のクロス統計機能を用いて、[58] これら語群の出現頻度に関する経年変化を企業ごとに計測する。最後に各社における出現頻度の平均を計算し、グラフに示す。その結果は図1の通りである。

特に注目すべきは、排出への意識を示す「温室効果ガス」「排出」、目標を示す「低炭素」や手段を示す「再生可能（エネルギー）」に関する出現頻度の変化である。これらの語群は、オイルメジャー各社がネットゼロにコミットする数年前の二〇一八年ないし二〇一九年頃から大幅に出現頻度が上昇し始めていることが読み取れる。また、この時期は、各社においてTCFDへの賛同が行われた時期でもある。TCFDは、気候リスクが世界的な金融システムの安定化に与える悪影響を考慮して金融セクターが設置したタスクフォース、およびそのタスクフォースによって設定された情報開示に関する枠組みを指す。この枠組み作りは、GFANZを統率するカーニーやマイケル・ブルームバーグ（Michael Bloomberg）らによって主導され、企業の情報開示に関する事実上のスタンダードとなっている。このような文脈において上記の分析結果を解釈すれば、オイルメジャーがネットゼロを約束した背景に金融セクターへの応答という側面があったことが窺える。以上の分析は因果関係の精密な検証ではないが、欧米の石油・ガス業界が自発的にネットゼロを打ち出したのではなく、金融セクターによる働きかけを受けてネットゼロへの本格的な移行を決断した可能性が示唆されよう。

表 1　テキストマイニングに使用した語群

指標グループ	語群名	語群のコーディングルール
排出への意識	炭素	carbon
	排出	emissions or emission
排出削減目標	低炭素	'low carbon' or low-carbon or 'lower carbon' or lower-carbon
	2°C 以下	'1.5°C' or '2°C' or 'Paris agreement'
排出削減の手段	再生可能	renewable
	炭素回収・貯留	CCS or 'Carbon Dioxide Capture and Strage' or CCUS or 'Carbon Dioxide Capture, Utilization and Strage'

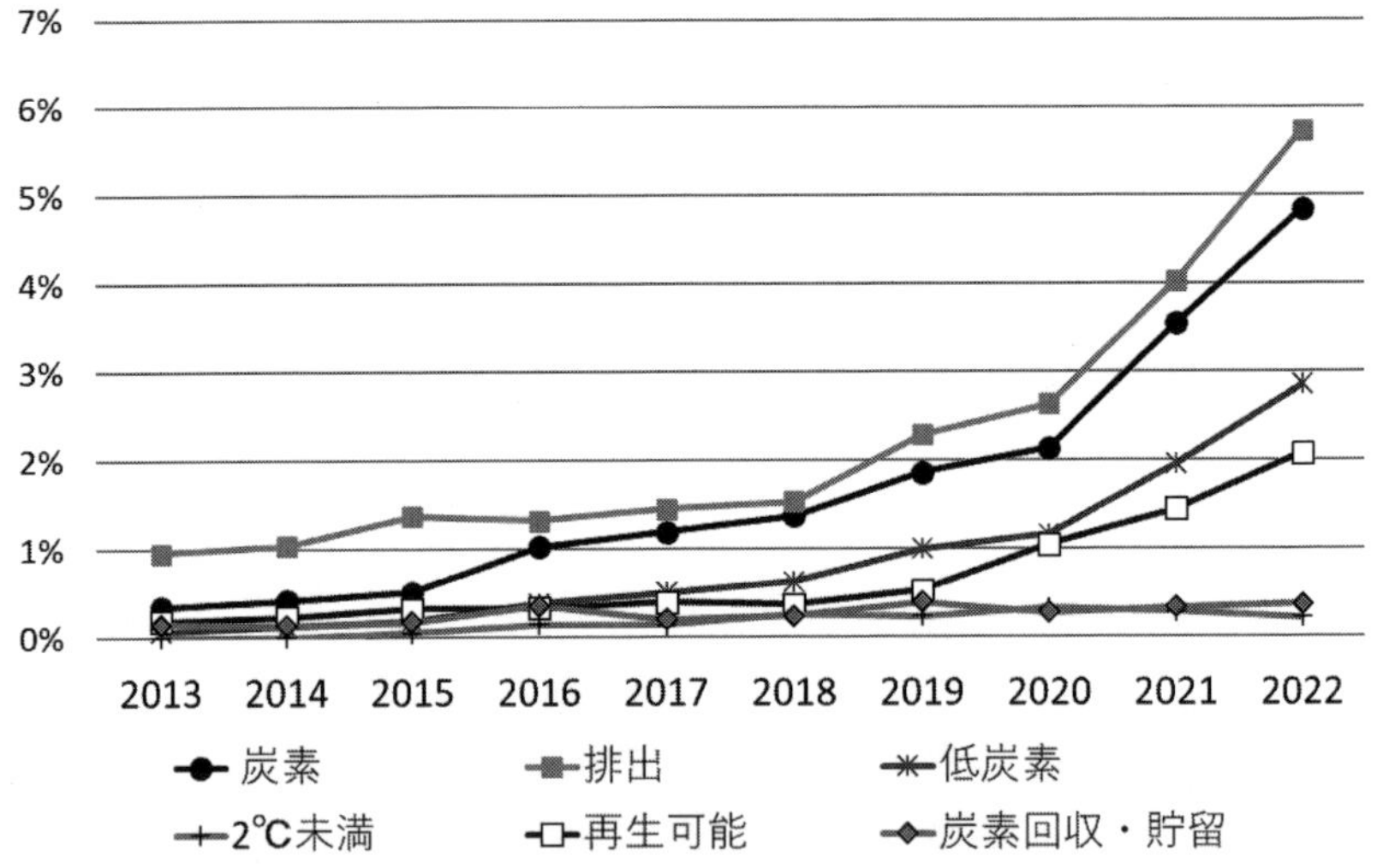

図 1　各語群の出現頻度に関する経年変化

おわりに

本稿は、もともと気候変動対策に否定的であった欧米の石油・ガス業界が、同業界にとって実現が困難なネットゼロ目標を策定した背景を定性的および定量的に検討してきた。具体的には、金融セクターが果たした役割の重要性を指摘し、その背景として共律的なガバナンス構造が出現していることを示唆した。最後に、この共律構造の展望と課題に言及して本稿の結びとしたい。

第三節において述べた通り、共律的なガバナンスの前提には複雑系が存在する。気候変動を巡る複雑なガバナンス・システムの下では、そのシステムの崩壊を防ぐために、石油・ガス企業をはじめとする個々のアクターが自律的な適応行動をとることが期待される。気候危機に対する危機感を背景とした金融セクターによる他律的な介入は存在するが、それは企業アクターの自律性に取って代わるような、単なる規範の強制ではない。むしろ、企業アクターが自らに課した目標に対し、その進捗状況を客観的に測定できるベンチマークとしての情報開示枠組みを提供することによって、企業アクターの自律性を強化するものである。したがって、気候変動ガバナンスはアクターの自律性を基軸とし、それが他律性と共存したまま今後も展開されていくことが予想されよう。

ただし、金融セクターによる有効な他律が展開されるには、同セクターの努力に加えて政府機関による法政策的な支援が欠かせない。その最たる例が、特定の基準に基づく情報開示の義務化である。情報開示の枠組み自体が浸透しても、開示が任意である以上、企業がその中の項目全てを開示するとは限らず、投融資の判断やエンゲージメントに必要な情報が比較可能な形で揃えられないおそれがある。そのため、法令等を通じた情報開示の義務化が重要であり、実際に世界最大級の金融センターである英国やEUなどにおいてそのような動きがみられている(59)。また、直接的に企業アクターの自律的な行動を促す点においても、脱炭素化を予測可能で信用できるものとする政府の役割は重要である。具体的な政策としては、カーボンプライシングの導入、削減目標の設定、先端技術の開発および事業化に対する資金提供を通じた投資リスクの軽減などが挙げられよう。

以上見てきたように、この共律的なガバナンス形態をさらに有効なものとするため、各国政府による支援が多分に期待されるところである。

（1）Dan Welsby, James Price, Steve Pye & Paul Ekins, "Unextractable Fossil Fuels in a 1.5°C World," *Nature*, 597 (2021), pp. 231–232.

（2）Jeff D. Colgan, Jessica F. Green, & Thomas N. Hale, "Asset Revaluation and the Existential Politics of Climate Change," *International Organization*, 75-2 (2021), pp. 592–596.

（3）ただし、公的年金基金は本稿における議論の対象に含まれる。

（4）Peter Newell, & Matthew Paterson, *Climate Capitalism: Global Warming and the Transformation of the Global Economy* (Cambridge: Cambridge University Press, 2010), pp. 37–41; Robert J. Brulle, "Advocating Inaction: a Historical Analysis of the Global Climate Coalition," *Environmental Politics*, 32-2 (2023), pp. 199–201.

（5）Washington Post, "Shell Leaves Coalition That Opposes Global Warming Treaty," April 22, 1998 (https://www.washingtonpost.com/archive/business/1998/04/22/shell-leaves-coalition-that-opposes-global-warming-treaty/1619fbe0-7f60-45ff-8842-0187b99174b5/), [最終閲覧日：二〇二四年三月四日。以下のリンクについても全て同日である。].

（6）Ingvild A. Sæverud & Jon B. Skjærseth, "Oil Companies and Climate Change: Inconsistencies between Strategy Formulation and Implementation?," *Global Environmental Politics*, 7-3 (2007), pp. 46–50; Leticia C. Vieira, Mariolina Longo & Matteo Mura, "Will the Regime ever Break? Assessing Socio-Political and Economic Pressures to Climate Action and European Oil Majors' Response (2005–2019)," *Climate Policy*, 22-4 (2022), pp. 496–497.

（7）Matthew Bach, "The Oil and Gas Sector: From Climate Laggard to Climate Leader?," *Environmental Politics*, 28-1 (2019), p. 87.

(8) InfluenceMap, "Big Oil's Real Agenda on Climate Change," March, 2019, (https://influencemap.org/report/How-Big-Oil-Continues-to-Oppose-the-Paris-Agreement-38212275958aa21196dae3b76220bddc).

(9) Jessica Green, Jennifer Hadden, Thomas Hale and Paasha Mahdavi, "Transition, Hedge, or Resist? Understanding Political and Economic Behavior Toward Decarbonization in the Oil and Gas Industry," *Review of International Political Economy*, 29-6 (2022), pp. 2048–2052.

(10) Oil and Gas Climate Initiative, "About OGCI" (https://www.ogci.com/about).

(11) Oil and Gas Climate Initiative, "Oil & Gas Climate Initiative Announcement – Action Statement," September 23, 2014 (http://web.archive.org/web/20160509143822/http://www.un.org/climatechange/summit/wp-content/uploads/sites/2/2014/07/INDUSTRY-oil-and-gas-climate-initiative_REV.pdf) [ただし、Wayback Machine (http://web.archive.org/) よりアーカイブデータとして参照した。].

(12) Oil and Gas Climate Initiative, "OGCI CEOs Jointly Declare Action on Climate Change," October 16, 2015 (https://www.ogci.com/news/ogci-ceos-jointly-declare-action-on-climate-change).

(13) Task Force on Climate-Related Financial Disclosures, "Supporters" (https://www.fsb-tcfd.org/supporters/).

(14) Oil and Gas Climate Initiative, "Leadership to Accelerate the Energy Transition– OGCI Releases Its Strategy," September 20, 2021 (https://www.ogci.com/news/leadership-to-accelerate-the-energy-transition-ogci-releases-its-strategy).

(15) Oil and Gas Climate Initiative, "All OGCI Member Companies Have Announced Net Zero Ambitions," February 3, 2022 (https://www.ogci.com/news/all-ogci-member-companies-have-announced-net-zero-ambitions).

(16) Philipp Pattberg & Johannes Stripple, "Beyond the Public and Private Divide: Remapping Transnational Climate Governance in the 21st Century," International Environmental Agreements: Politics, *Law and Economics*, 8-4 (2008), pp. 367–388; Liliana B. Andonova, Michele M. Betsill, & Harriet Bulkeley, "Transnational Climate Governance," *Global Environmental Politics* 9-2 (2009), pp. 52–73; Yuhao Ba, "Corporate-Led Environmental Governance: A Theoretical Model," *Administration & Society*, 53-1 (2021), pp. 97–122.

(17) Andonova et al., op.cit., p. 56.

(18) 山田高敬「多国間制度の不均等な法化と私的権威の台頭」『国際法外交雑誌』一〇七—一、二〇〇八年、六二—七一頁。

(19) Pattberg & Stripple, op.cit., pp. 382–383; Anders Bjørn, Joachim P. Tilsted, Amr Addas & Shannon M. Lloyd, "Can Science-Based Targets Make the Private Sector Paris-Aligned? A Review of the Emerging Evidence," *Current Climate Change Report*, 8 (2022), pp. 61–65.

(20) Thomas Hale, "'All Hands on Deck': The Paris Agreement and Nonstate Climate Action," *Global Environmental Politics*, 16-3 (2016), pp. 12–18; Maria Jernnäs & Eva Lövbrand, "Accelerating Climate Action: The Politics of Nonstate Actor Engagement in the Paris Regime," *Global Environmental Politics*, 22-3 (2022), pp. 52–54.

(21) Green et al., op.cit., p. 2052.

(22) Frederick van der Ploeg, "Fossil fuel producers under threat," *Oxford Review of Economic Policy*, 32-2 (2016), pp. 210–215.

(23) Bach, op.cit., pp. 88–95.

(24) Philipp Pattberg & Oscar Widerberg, "Transnational Multistakeholder Partnerships for Sustainable Development: Conditions for Success," *Ambio*, 45-1 (2016), pp. 44–45.

(25) Katharina Michaelowa & Axel Michaelowa, "Transnational Climate Governance Initiatives: Designed for Effective Climate Change Mitigation?," International Interactions, 43-1 (2017), pp. 134–136.

(26) World Benchmarking Alliance, "2023 Oil and Gas Benchmark," June 29, 2023 (https://www.worldbenchmarkingalliance.org/publication/oil-and-gas/).

(27) Green et al., op.cit., pp. 2050–2052.

(28) Sæverud & Skjærseth, op.cit., p. 46.

(29) Peter Newell, *Power Shift: the Global Political Economy of Energy Transitions*, (Cambridge: Cambridge University Press, 2021), p. 164.

(30) Oil Change International, "Cross Purposes: After Paris, Multilateral Development Banks Still Funding Billions in Fossil Fuels," October, 2017 (https://oilchange.org/wp-content/uploads/2017/10/Cross_Purposes_MDB_Finance_Briefing.pdf).

(31) BP, "BP Sets Ambition for Net Zero by 2050, Fundamentally Changing Organisation to Deliver," February 12, 2020 (https://www.bp.com/en/global/corporate/news-and-insights/press-releases/bernard-looney-announces-new-ambition-for-bp.html); Totalenergies, "Total Adopts a New Climate Ambition to Get to Net Zero by 2050," May 5, 2020 (https://totalenergies.com/media/news/total-adopts-new-climate-ambition-get-net-zero-2050); Shell, "Responsible Investment Annual Briefing Updates," April 16, 2020 (https://www.shell.com/media/news-and-media-releases/2020/responsible-investment-annual-briefing-updates.html); Chevron, "Chevron Sets Net Zero Aspiration and New GHG Intensity Target," October 11, 2021 (https://www.chevron.com/newsroom/2021/q4/chevron-sets-net-zero-aspiration-and-new-ghg-intensity-target); ExxonMobil, "ExxonMobil Announces Ambition for Net Zero Greenhouse Gas Emissions by 2050," January 18, 2022 (https://corporate.exxonmobil.com/news/news-releases/2022/0118_exxonmobil-announces-ambition-for-net-zero-greenhouse-gas-emissions-by-2050).

(32) 今田高俊「自己組織性と社会のメタモルフォーゼ」遠藤薫・佐藤嘉倫・今田高俊編著『社会理論の再興：社会システム論と再帰的自己組織性を超えて』ミネルヴァ書房、二〇一六年、一八六―一九六頁；Amandine Orsini, Philippe Le Prestre, Peter M Haas, Malte Brosig, Philipp Pattberg, Oscar Widerberg, Laura Gomez-Mera, Jean-Frédéric Morin, Neil E Harrison, Robert Geyer, David Chandler, "Forum: Complex Systems and International Governance," *International Studies Review*, 22-4 (2020), pp. 1010–1011.

(33) Robert O. Keohane & David G. Victor, "The Regime Complex for Climate Change," *Perspectives on Politics*, 9-1 (2011), pp. 8–9.

(34) Elinor Ostrom, "Polycentric Systems for Coping with Collective Action and Global Environmental Change," *Global Environmental Change*, 20-4 (2010), pp. 552–553; Michael D. McGinnis, "Polycentric Governance in Theory and Practice: Dimensions of Aspiration and Practical Limitations," *paper for the Polycentricity Workshop*, (2016), pp. 5–6.

(35) Julia Kreienkamp & Tom Pegram, "Governing Complexity: Design Principles for the Governance of Complex Global Catastrophic Risks," *International Studies Review*, 23-3 (2021), pp. 7–11.

(36) パリ協定第二条（ａ）（二度目標）、第三条（自国が決定する貢献に基づく国内措置の実施）、第六条四項（ｂ）および同条八項（ｂ）（民間主体による協力の推奨）。

(37) Takahiro Yamada, “The Rise of a Hetero-Autonomous Structure in Climate Governance,” presented at *Global Governance in Complex Systems: Case of Yuragi-led Transformations*, March 17-18, 2022, Nagoya University. なお、「共律」については、社会学分野において正村が「評価をつうじて各主体が自律的に振る舞うことを促進するとともに、評価の基準や方法を社会的に組織化することによって、各主体の自律的な振る舞いを間接的にコントロール」することと定義している。正村俊之「自己組織化の普遍性と歴史性：自律・他律・共律」遠藤薫・佐藤嘉倫・今田高俊編著『社会理論の再興：社会システム論と再帰的自己組織性を超えて』ミネルヴァ書房、二〇一六年、二八一—二八四頁。

(38) 350.org, “2009–2019: 350 Celebrates: a Decade of Action,” (https://350.org/10-years/); Newell (2021), op.cit., pp. 178–183.

(39) The Guardian, “Axa to Divest From High-Risk Coal Funds Due to Threat of Climate Change,” May 22, 2015 (https://www.theguardian.com/environment/2015/may/22/axa-divest-high-risk-coal-funds-due-threat-climate-change); The Guardian, “Norway Confirms $900BN Sovereign Wealth Fund’s Major Coal Divestment Norway confirms $900bn sovereign wealth fund’s major coal divestment,” June 5, 2015 (https://www.theguardian.com/environment/2015/jun/05/norways-pension-fund-to-divest-8bn-from-coal-a-new-analysis-shows); The Guardian, “Allianz to Cut Investments in Companies Using Coal in Favour of Renewable Energy,” November 24, 2015 (https://www.theguardian.com/environment/2015/nov/24/allianz-to-cut-investments-in-companies-using-coal-in-favour-of-renewable-energy); Newell (2021), op.cit., pp. 179–180.

(40) Glasgow Financial Alliance for Net Zero「金融機関のネットゼロ移行計画：エグゼクティブサマリー」(Recommendations and Guidance on Financial Institution Net-Zero Transition Plans: Executive Summary 日本語仮訳)、二〇二二年一一月、xvii 頁。

(41) 御代田有希「ＥＳＧ投資を通じた機関投資家のＳＤＧｓへの貢献」『国際政治』二〇八、二〇二三年、三五—三六頁。

(42) 林宏美「欧州公的年金基金の気候変動への対応：スウェーデンＡＰ基金、仏ＦＲＲ、ノルウェーＧＰＦＧの事例を中心に」『野村資本市場クォータリー』二〇二〇年冬号、二〇二〇年、一七六頁；Glasgow Financial Alliance for Net Zero, “Recommendations and Guidance on Financial Institution Net-zero Transition Plans,” November, 2022A, pp. 61–76; ウェブスター氏（Andrea Webster, ワールドベンチマーキングアライアンス・金融システムトランスフォーメーショングループリーダー）へのインタビュー、二〇二三年一二月六日、英国・ロンドン。

(43) Clara McDonnell, Arthur Rempel, Joyeeta Gupta, “Climate Action or Distraction? Exploring Investor Initiatives and Implications for Unextractable Fossil Fuels,” *Energy Research & Social Science*, 92 (2022), pp. 2–8.

(44) Glasgow Financial Alliance for Net Zero, “COP26 & The Glasgow Financial Alliance for Net Zero,” April, 2021, pp. 6–8.

(45) ここには証券取引所や監査法人、インデックスプロバイダーらが含まれる。

(46) Fiona Reynolds, “Shifting Horizons: From Net-Zero Ambitions to Near-Term Climate Action,” April 27, 2021 (https://www.unpri.org/pri-blog/shifting-horizons-from-net-zero-ambitions-to-near-term-climate-action/7554.article); United Nations-Convened Net-Zero Asset Owner Alliance, “Advancing Delivery

on Decarbonisation Targets: The Second Progress Report of the Net-Zero Asset Owner Alliance," September, 2022, p. 3.

(47) Glasgow Financial Alliance for Net Zero (April, 2021), op.cit., p 2.

(48) ウェブスター氏へのインタビュー。

(49) 一例として、ＮＺＡＯＡのプレスリリースやＧＦＡＮＺの年次報告書などが挙げられる。United Nations-Convened Net-Zero Asset Owner Alliance, "4 New Members Join the Alliance: AXA, Aviva, CNP and FRR Bringing Total AUM to US$ 3.9 Trillion," November 17, 2019 (https://www.unepfi.org/wordpress/wp-content/uploads/2019/11/Net-Zero-Asset-Owner-Alliance-Press-release-27.11.19.pdf); Glasgow Financial Alliance for Net Zero, "GFANZ 2022 Progress Report," November 2022B, pp. 10–11.

(50) Glasgow Financial Alliance for Net Zero, "The Managed Phaseout of High-Emitting Assets," June, 2022, p. 26. 譲許的資本とは、社会・環境的貢献のために投融資額に見合わないリスクや利益率等を受け入れ、民間資本を補完する資本を指す。

(51) Marco Migliorelli, "What Do We Mean by Sustainable Finance? Assessing Existing Frameworks and Policy Risks," *Sustainability*. 13-975 (2021), p. 14; Glasgow Financial Alliance for Net Zero, "Expectations for Real-economy Transition Plans," September, 2022, pp. 12–15; Glasgow Financial Alliance for Net Zero (November, 2022A), op.cit., pp. 14–21.

(52) Climate Champions, "Mark Carney: Now Is Not the Time for Half Measures," July 14, 2021 (https://racetozero.unfccc.int/mark-carney-now-is-not-the-time-for-half-measures/).

(53) United Nations, "New Financial Alliance for Net Zero Emissions Launches," April 21, 2021 (https://unfccc.int/news/new-financial-alliance-for-net-zero-emissions-launches).

(54) Glasgow Financial Alliance for Net Zero, "About us," (https://www.gfanzero.com/about/); 第一生命ホールディングス「気候変動課題に対応するグローバルな取組みへの貢献（ＧＦＡＮＺへの対応）」(https://www.dai-ichi-life-hd.com/sustainability/environment/gfanz.html)。

(55) Glasgow Financial Alliance for Net Zero (November, 2022A), op.cit., pp. i–99.

(56) Glasgow Financial Alliance for Net Zero (September, 2022), op.cit., pp. i–68.

(57) Glasgow Financial Alliance for Net Zero (June 2022), op.cit., pp. 1–37.

(58) 樋口耕一『社会調査のための計量テキスト分析：内容分析の継承と発展を目指して：第二版』ナカニシヤ出版、二〇二〇年、二〇七—二〇九頁。

(59) 英国は国際サステナビリティ基準審議会（ＩＳＳＢ）による基準を採用し、ＥＵは同基準と整合性を持ちつつも異なる欧州サステナビリティ報告基準（ＥＳＲＳ）を採用している。GOV.UK, "UK Sustainability Disclosure Standards," August 2, 2023 (https://www.gov.uk/guidance/uk-sustainability-disclosure-standards); European Commission, "The Commission adopts the European Sustainability Reporting Standards," July 31, 2023 (https://finance.ec.europa.eu/news/commission-adopts-european-sustainability-reporting-standards-2023-07-31_en).

（こんどう　はるき　名古屋大学大学院）
（やまだ　たかひろ　名古屋大学）

日本国際政治学会編『国際政治』第214号「地球環境ガバナンス研究の最先端」（二〇二五年一月）

パリ協定に貢献する鉱物資源及び金融・投資分野のガバナンスの現状と課題

――採取産業透明性イニシアティブとEUタクソノミー――

太田　宏
佐藤　勉

はじめに

パリ協定（二〇一五年採択、二〇一六年発効）は、世界全体の平均気温の上昇を工業化以前よりも二℃を十分に下回り、一・五℃とするための努力を継続することを目標（気温目標）に掲げ（第二条1(a)）、緩和に関して今世紀後半に温室効果ガス（GHG）の排出量と除去量との均衡の達成（GHG排出ネットゼロ）を掲げた（第四条1）。そのために全ての締約国に対して「国が決定する貢献」（NDC）の提出を課したが、具体的な取組みの野心度は各国の自主性に委ねられている。しかし、国連環境計画（UNEP）の『排出量ギャップ報告』（二〇二三年版）は、提出された各国のNDCが履行されたとしても、世界全体の平均気温は今世紀末には工業化以前より二・五～二・九℃の範囲（国内の法的措置等による政策の実効性を高めた場合とそうでない場合の違いの幅）で上昇するとの懸念を示している。[(1)]

パリ協定の気温目標の実現のためにはエネルギー転換（以下、エネ転換）を抜本的に進め、化石燃料依存から脱却する必要があり、とりわけ再生可能エネルギー（以下、再エネ）の飛躍的拡大が急務である。また、エネ転換には、工業国及び発展途上国ともに多額の資金が必要であり、例えば、一・五℃目標を達成するためのシナリオとして、国際エネルギー機関（IEA）は、二〇三〇年までに必要な世界全体でのクリーンエネルギー投資額を年間約五兆ドルと試算している。[2]これは二〇一六年～二〇二〇年の投資額平均の三倍以上の水準であるが、特に途上国では従来の開発資金も不足しており、こうした資金確保の見通しは極めて不透明とされる。さらに、再エネ転換を推進する風力・太陽光発電（PV）機器、電気自動車（EV）用のバッテリーや蓄電池の主材料として希少な鉱物も不可欠である。しかし、急拡大する再エネ機器の需要に対して主要な鉱物供給の逼迫が懸念されるのみならず、希少鉱物であるコバルト、リチウム、レアアース等の生産地は偏在し、多くの産地が政情不安に苛まれ、その採取に際して環境汚染や児童労働等の人権問題を引き起こしていて、深刻な諸課題を抱えている。

このように、気候変動緩和対策に不可欠な資金及び鉱物資源確保については課題が少なくない。しかしながら、資金を提供する金融・投資分野や鉱物資源分野では基本的には民間主体の役割が大きく、従来の主権国家中心で構成される国連中心の気候レジームだけでは十分に対応できない。また、鉱物資源の安定的確保に関して、二〇二二年以降のウクライナ戦争や中米対立によって国際的な緊張が高まる中、二〇二三年の先進国首脳会合（G7）では地政学的な課題も指摘され、その重要性が一層高まる。[3]

本稿は、パリ協定の気温目標実現のためには、気候変動緩和政策の基本をなすエネ転換を支える重要鉱物管理と金融・投資分野の取り組みが、エネ転換に不可欠なリソースを提供する重要な役割を担うという認識に基づき、これら二分野のガバナンスの実態を明らかにする。もっとも、両分野は従来の気候レジームの枠外において独自の活動を展開していて、いずれも統一的な国際レジームは存在しない。そこで、本稿では前者の重要事例として、再エネに必要とされるコバルト、リチウム、銅などの重要鉱物の管理に関して採取産業透明性イニシアティブ（EITI）を、また、後者の注目すべき事例として、金融・投資分野に関して欧州連合（EU）が導入した「持続可能な経済活動の分類システム（タクソノミー）」制度を取り上げ、この二つのガバナンスの形成過程及び現状と課題を考察する。それらを通じて、エネ転換を支えるこれら二分野が、パリ協定の気温目標実現のために果たす役割とその重要性、さらには課題について分析・検討する。

一　パリ協定に貢献する鉱物資源及び金融・投資分野の位置づけ

(1) パリ協定における非国家主体の位置付け

二〇〇九年にコペンハーゲンで開催された国連気候変動枠組条約（UNFCCC）第一五回締約国会議（COP15）において多国間交渉が行き詰まったことを契機に、G20などの国連以外のフォーラムでの気候変動対策の取り組みが盛んになった。また、非政府組織（NGOs）などの非国家主体の役割や影響力が一層高まり、気候レジームが、京都議定書に代表される条約に基づく国家主体のみのトップダウン型から、国内政策をより重視し、さらには多様な非国家主体が参画するボトムアップ型に変化が進んだという指摘がある。[4] 現にパリ協定では、全ての締約国が各国の個別実情に基づくＮＤＣの提出と事後レビューを受けるという、柔軟性の高い、ボトムアップ的な仕組みを採用すると同時に、グローバルに活動を展開する多様な非国家主体の役割に大きな期待を寄せる。[5] もっとも、パリ協定は、京都議定書にはなかった気温目標やＧＨＧ排出ネットゼロといったトップダウン的な側面も有しており、ボトムアップとトップダウンを兼ね備えるハイブリッド性も指摘される。[6]

パリ協定の気温目標及びＧＨＧ排出ネットゼロの達成の推進力は、各国のＮＤＣの中心をなす国内のエネ転換や産業構造変革に関する諸政策であり、そこでは民間主体を中心とする非国家主体の協力が欠かせない。各国のＮＤＣにおいて相当規模かつ継続的に再エネ転換を推進するには、各国政府の政策のほか、国際的な製造サプライチェーン、鉱物資源等の原材料確保、大規模な資金確保など多様な主体の関与が必要である。こうした実態からも、パリ協定の気温目標の達成には、ＵＮＦＣＣＣ内の政府間協力や基金メカニズム以外の諸活動も重要であり、再エネ転換にとってその真髄となる鉱物資源の確保と金融や企業投資は不可欠の要素であり、ことに金融・投資分野におけるパリ協定適合への試みが注目される。以下、これらの二分野について詳述する。

(2) 再エネ転換の重要性と課題

パリ協定の気温目標を達成するためには、政府や政府間機関に限らず、企業、投資家、研究機関、ＮＧＯｓ、一般市民を含めたあらゆるステークホルダーを総動員しなければならない。第二次世界大戦による破壊から復興を遂げるために世界各国で動員された物的・人的・財政的資源と同等、あるいはそれ以上の資源を投入して、産業革命以来の化石燃料を基盤に発展してきた産業構造の大変革が必要である。中でも、エネルギー関連部門からのCO_2の排出量が総ＧＨＧ排出量の七〇％以上を占めるので、この分野での脱炭素化が気候変動緩和の鍵を握っている。したがって、化石燃料依存から脱却して、太陽光や風力などの自然エネルギーへの転換が急務となっている。

ＰＶと風力発電による再エネの発電と蓄電、電力送配電網、スマートグリット、バッテリー、ＥＶ、ロボット等々の技術のほとんどは、銅、銀、黒鉛、リチウム・コバルト・ニッケルなどのレアメタル、スカンジウムやイットリウムなどのレアアースの複雑な組み合わせを必要とする。[7] 再エネを軸としたシステム開発分野で、特に、現在主流であるＰＶ、風力発電、ＥＶ、バッテリー（動力用・据置型）において（以下、クリーンテクノロジー）、これらの有限な資源の需要の急増が問題となっている。[8] ＩＥＡの重要鉱物に関する特別レポートでは、二〇四〇年までにクリーンテクノロジー用の鉱物が現在の四倍必要となる「持続可能な開発シナリオ（ＳＤＳ）」において、二〇二〇年を基準として、リチウムは四二倍、黒鉛二五倍、コバルト二一倍、ニッケル一九倍、レアアース七倍の量が必要になると見積もられている。[9] 二〇一九年～二〇二〇年時点で、リチウムの生産は、オーストラリアが世界の約五〇％、黒鉛は中国が六〇％以上、コバルトはコンゴ民主共和国が約七〇％、ニッケルはインドネシアが三〇％以上、レアアースは中国が六〇％を占めている一方、これらの重要鉱物の精錬・加工に関しては、中国がニッケルの約三五％、リチウムとコバルトの五〇―七〇％、レアアースの九〇％を占めている[10]。ただし、ＩＥＡ等も指摘しているように[11]、気候危機の回避のための再エネ需要の急拡大に対して、重要鉱物の生産と加工が追いつかない状況なので、資源の効率的利用、回収、リサイクルを通した循環型経済の確立と環境問題にも十分配慮した上で、最終的にはエネルギー需要そのものを減らしていく必要がある[12]。と同時に、気候変動緩和・再エネ拡大のために重要鉱物の持続可能な開発とその安定したサプライチェーンの確立が不可欠である。

(3) 金融・投資分野におけるＥＵの取り組み

パリ協定では、気温目標と並び、「温室効果ガスについて低排出型であり、及び気候に強靱な発展に向けた方針に資金の流れを適合させること」（第2条1（c））が目標に掲げられた。気温目標の実現には、経済構造の脱炭素化と気候変動に強靱なインフラ確保をグローバルに展開することが必要であり、そのための対策に必要な資金の確保や社会経済システム等の変革を目指す趣旨とされる[13]。

しかし、各国が脱炭素に必要な資金を十分に確保することは必ずしも容易ではなく、そのため民間資金の動員の必要性が繰り返し指摘されている。これに呼応して、グローバルに活動する金融機関や投資家の間では、パリ協定に適合する投融資活動を自主的に目指す動きが加速化しており、二〇二一年には「ネットゼロのためのグラスゴー金融連合（ＧＦＡＮＺ）」などのイニシアティブが発足した[14]。

環境と金融を巡るグローバル・ガバナンスにおいては、パリ協定以前から多様な取り組みが行われてきた。二〇〇〇年代には、国連のコフィー・アナン事務総長の呼びかけの下、ＵＮＥＰの主導による「責任投資原則」が多数の投資家の賛同を得て、現在の環境・社会・ガバナンス（ＥＳＧ）投資の源流となるなど成功を収めている[15]。また、バークリーらは、気候変動分野のトランスナショナル・ガバナンスとして六〇のイニシアティブに関して包括的な分析を行い、金融市場におけるカーボン・クレジット関連を主要分野と位置付けた[16]。

もっとも、自主的な取り組みに過ぎないトランスナショナル・ガバナンスでは、その効果について、野心度や厳格さなどが十分期待できないとの指摘もあり、とりわけ気候変動緩和対策に関してはグリーンウォッシュ（気候変動緩和の効果が十分でないにもかかわらず、効果があると偽ること）の懸念が存在する[17]。そこで、パリ協定への適合を目指す取り組みに関して厳格性を確保すべく議論が進んでおり、ＧＦＡＮＺなどでは、気候変動緩和に該当するか否かの区分基準を提示する「二分法」、原単位等の参照に基づく「ベンチマーク基準」、あるいは「推定気温目標基準」などの手法が提案されている[18]。

こうした中、ＥＵは、パリ協定採択直後から、サステナブルファイナンス関連施策の検討を進め、気候変動緩和や適応その他の持続可能な経済活動に該当するか否かを判断するシステムとしてタクソノミー制度を採用した。EUのタクソノミー制度は上記の二分法に該当するものであり、第三節で詳しく検討する。

二　採取産業透明性イニシアティブ（EITI）と重要鉱物管理

EITIは、石油・天然ガスといった化石燃料や金・銀・銅などの鉱物資源開発を行う採取産業から資源産出国政府への資源の流れの透明性を高めることによって、汚職問題や資源をめぐる紛争を予防し、責任ある資源開発を促進する多国間協力枠組みであり、二〇二一年現在、五五カ国が参加する。[19] この国際的な枠組みの目標は、①資源開発は持続可能な経済成長の基盤を提供するという考えを広めること、②採取産業の全ての関係者をまとめ、グッドガバナンスと透明性の向上を実現するために最適の方法を模索すること、③採取産業における資金の流れの透明性を確保する枠組みを確立することを掲げ、資源産出国が、その保有する資源ゆえに貧困を一層深刻化させるという、「資源の呪い」に対する有効な取り組みとなることが期待されている。[20]

透明性の規範が鉱物資源管理を律するようになったのは、鉱物資源をめぐる汚職や紛争問題あるいは環境破壊問題といった活動分野の異なるNGOs、国際機関、企業、投資家らの多様なアクターの関与による。[21] 石油やダイヤモンド等の資源が紛争の原因となり、豊富な資源があっても人々が貧困と武力紛争に苦しむ「資源の呪い」に苛まれた発展途上国における問題や、ルワンダで起こった大量殺戮事件に際して、いわゆる「破綻国家」に対する国際社会の人道的介入を求める声も高まった。[22] アムネスティ・インターナショナルやヒューマン・ライト・ウォッチに加えて、石油・ダイヤモンド・木材などの商品が暴力と殺戮に果たす役割を報告するグローバル・ウィットネスなどの新しいNGOsが一九九〇年代後半に活動を展開するようになった。また、オープン・ソサエティ・インスティチュート（OSI）を創設した投資家のジョージ・ソロスが、PWYP（Publish What You Pay）（「何を払ったか公表せよ」）キャンペーンへの財政支援を行なった。こうした背景の中で、二〇〇三年にフランスで開催されたG8では、採取産業と産出国政府は独立した第三者機関に収入の流れと支払に関する情報を開示することを要請し、トランスペアランス・インターナショナルは、二〇〇八年に自然資源開発予算の透明性にも焦点を当てるようになった。こうした鉱物資源収入に関する情報の公開が市民団体や市民に異議申しての根拠を与え、企業や為政者に説明責任を問う機会を与えることになり、政府、企業、国際機関、NGOsとの間の対話を助長して、より合理的で公正な資源管理への道を拓いた。

近年、ミレニアム開発目標（MDGs）から持続可能な開発目標（SDGs）への移行、さらに気候変動問題の深刻化に伴い、持続可能性と再エネ開発の促進という新たな国際的規範が鉱物資源ガバナンスにも影響を与え出した。ことに、再エネ開発に不可欠な重要鉱物の持続可能な供給が気候変動緩和の鍵を握るようになり、持続可能な鉱物資源開発と気候変動緩和・再エネ促進が、EITIレジームにおける主要なアクターの一つである国際金属・工業評議会（ＩＣＭＭ）の課題となった。持続可能な開発と環境問題において国際的に活動を展開している国際環境開発研究所（ＩＩＥＤ）とＩＣＭＭは、「採鉱業、鉱物、持続可能な開発」プロジェクトを通して協議を重ね、二〇〇二年のトロント宣言によって、ＩＣＭＭは持続可能な開発プラットフォームになると誓約した。それ以来、ＭＤＧｓやＳＤＧｓの目標をＩＣＭＭの行動規範に取り入れるようになった。例えば、「鉱山業と生物多様性に関する良き実践ガイド」（二〇〇六年）や「先住民と鉱山業に関する良き実践ガイド」（二〇一〇年）等があげられる。そして、気候変動への対応の重要性を認識して、二〇二一年に、ＩＣＭＭは、二〇五〇年あるいはそれ以前にスコープ１（直接的なＧＨＧ排出）とスコープ２（購入した電力等を通しての間接的なＧＨＧ排出）におけるＧＨＧ排出ネットゼロ目標を導入した。また、ＩＣＭＭは、資源開発国政府が署名した鉱物開発契約で既に実施されているもの、あるいは二〇二一年一月以降に有効となる契約の情報開示にコミットすることによって、鉱物資源ガバナンスの強化に踏み出した。(23)

　パリ協定の気温目標達成とそのための再エネ促進によって重要鉱物が果たす役割の重要性とともにその需要が増大していることを受け、ＩＣＭＭと同様に、ＥＩＴＩ自体も重要鉱物ガバナンスの強化を打ち出している。(24)ＥＩＴＩは、鉱物資源の持続可能な開発に資するとともに、気候変動緩和と再エネの拡大を下支えするために重要鉱物の安定した生産を確保するという目標を掲げ、透明性とマルチステークホルダーの対話の役割を重視し、重要鉱物管理が直面する課題や解決策の明確化、そして重要鉱物セクターにおける集団行動のプラットフォームを提供することを目指す。ＥＩＴＩの透明性の確保を通したガバナンスには以下のような効果がある。産出国の資源調査と採掘可能量に関するデータはマルチステークホルダーの対話に提示され、資源の持続可能な開発に資するように重要鉱物セクターへの歳入配分計画に影響を与える。契約と（採掘）許可に関する透明性は汚職のリスクを軽減し、採取活動の最終受益者の情報開示は匿名企業利用に伴うリスクを軽減するのに役立つ。また、環境情報開示は採取企業の事業活動へのステークホルダーの関心を高める一方、零細炭鉱者に関する情報と対話はインフォーマル採鉱に伴うリスク問題への取り組みを促す。さらに、透明性は、国有企業の事業が公共の利益に適っているかを確認するのに役立つ。言うまでもなく、ＥＩＴＩは直接的に気候変動緩和・再エネ拡大を目指すものではないが、情報開示に基づく透明性の確保を通したガバナンスによる重要鉱物の安定した生産を目指して、気候変動緩和に不可欠な再エネ拡大に寄与することを目指している。

　しかし、ＥＩＴＩが、重要鉱物の安定したグローバル・サプライチェーンの確立を主導しているわけではない。脱炭素社会構築に向けての再エネ拡大による気候変動緩和はグローバルな公共財であるが、重要鉱物の生産・加工・供給には各国政府及び採取産業等の利害が絡む。さらに、米・中の経済対立や重要鉱物の偏在は、再エネ設備製造の要である同資源の獲得競争を助長するおそれがある。現時点では、同じ考えを持った国あるいは有志連合によって重要鉱物の安定供給の確保を目指すクラブ財の管理アプローチが顕著である[25]。その一例が二〇二三年に札幌で開催されたG7の気候・エネルギー・環境大臣会合であり、そのコミュニケでは、「トレーサビリティを備えた重要鉱物のオープンで透明性のあるルール及び市場ベースの取引を支援し、重要鉱物に関する市場歪曲的な措置及び独占的政策に反対し、採掘国、生産国及び消費国間の対話を促進することにコミットする」と宣言している[26]。

二〇二四年六月のイタリアのG7サミットの宣言でも、前年の日本での重要鉱物管理に関する合意を継承した上で、IEA、鉱物安全保障パートナーシップ（Minerals Security Partnership：MSP）やサステイナブル重要鉱物連合（Sustainable Critical Minerals Alliance：SCMA）などと協力して安定した重要鉱物のサプライシェーンの構築を目指すと宣言している[27]。因みに、MSPはアメリカ主導で設立され、ヨーロッパ諸国、日本、韓国そしてインドを含む一四カ国が参加し、公的及び民間の投資を促して重要鉱物のグローバルなサプライチェーンの構築を支援するために二〇二二年六月に設立されたが、中国のレアアースなどの依存を軽減しようという目的もある[28]。他方、SCMAは二〇二二年一二月にカナダのモントリオールにてその設立が発表され、オーストラリア、カナダ、フランス、ドイツ、日本、アメリカが参加する連合である。その目的は、環境に配慮して、地域や先住民コミュニティを支援し、気候変動対策を助け、生態系の修復、循環型経済、企業倫理を促進して持続可能で包括的な鉱物採取活動と重要鉱物入手にコミットし、先住民コミュニティ、採取産業、NGOｓやその他の非国家主体と共にこうした目標の達成を目指す[29]、とする。

以上のように、重要鉱物管理では、鉱物採取の現場、いわば資源開発の上流であるEITIの透明性ガバナンスの追求を通して、公・私のアクターによる汚職防止、人権尊重、環境保護そして持続可能な生産を促進してきたEITIは、気候変動緩和のための再エネ需要の急拡大を受けて、その要である重要鉱物の安定供給にコミットしている。しかし、重要鉱物の安定したサプライチェーンを統括するグローバルなガバナンス体制は存在しない。重要鉱物管理の現状は、EITIの持続可能な採取活動の取り組みを強化しつつ、G7などを中心としたクラブ財管理のアプローチを可能な限り排他的にならないものにして、安定したサプライチェーン構築を目指しつつ、重要鉱物をめぐる地政学的な争いを回避することが試みられているに過ぎない。

三　EUにおけるタクソノミー制度の導入

(1)　パリ協定への対応を進める欧州グリーンディール

EUは、フォン・デア・ライエンが欧州委員長に就任した直後の二〇一九年一二月に、欧州グリーンディール[30]を発表した。欧州グリーンディールは、パリ協定とSDGｓに対応し、気候変動をはじめとする喫緊のグローバルな環境課題に対して、包括的な施策を通じたEUのエネ転換及び経済構造の変革を目指す野心的な気候変動政策であり、同時に成長戦略でもある。具体的には、二〇五〇年にＧＨＧの正味排出量をゼロとすること（気候中立）[31]や資源利用にかかわらず経済成長を確保すること（デカップリング）を通じ、ＥＵが効率的で競争力のある経済を実現し、公正かつ繁栄した社会へ変革していくことを目標に掲げる。また、環境関連リスクやその影響などからＥＵ市民を守るとともに、公正かつ包摂的な移行を目指すことや、ＥＵがグローバル・リーダーとして世界に向けて野心的に働きかけることも宣言する。[32]

欧州グリーンディールの柱は二つある。一つには、気候中立やデカップリングを目指したエネルギー及び産業構造の転換であり、その重点分野は、クリーンエネルギーの拡大をはじめとして、産業、インフラ、交通、農業・食料、税制など多岐にわたる。もう一つは、二〇一八年に決定されたサステナブルファイナンス関連施策である。同施策は、持続可能で低炭素な経済への移行が欧州の長期的な競争力を維持する鍵であり、雇用や投資機会を創出し、経済成長を高めるとの見地から、持続可能な経済への転換を実現する役割を金融システムが担うことを目指す。[33]その中核となるのがタクソノミー制度である。

(2) タクソノミー制度の概要

ＥＵのタクソノミー制度は、持続可能な経済への移行に必要な投資資金の不足を解決するために、民間の投資家等に対して持続可能な経済活動とはどのようなものかについて明確な基準を提示し、当該基準に基づく資金の流れに関する透明性を高めることを目的とする。[34]気候変動緩和や適応といった概念や具体的な基準を金融や投資などの企業活動に直接導入し、気候変動に関する企業の経済活動の透明性を高めることを通じて、域内の主体の自主的な行動を促す試みである。二〇二〇年六月に制定されたタクソノミー規則[35]により、タクソノミー制度はＥＵ域内で法制化され、気候変動緩和と適応については二〇二二年一月より運用が始まっている。以下若干ではあるがその概要を説明する。

ＥＵのタクソノミー制度の目的は、特定の経済活動が環境面で持続可能性を有するかの判断基準を定めることであり、対象主体はＥＵにおける金融市場参加者や資金調達企業のほか、非財務情報開示を行う企業である（規則第一条）。タクソノミーにおける「持続可能な環境分野」は、気候変動の緩和、気候変動への適応、水及び海洋資源の持続可能な利用と保全、循環経済への移行、汚染の予防と管理、生物多様性及び生態系の保全と回復からなる六分野である（同第九条）。共通の基本要件として、①六つの環境目標の一つ以上に実質的に貢献すること、②他の環境目標についても「著しい害を与えない」こと、③最低限のセーフガード基準（例えば、ＯＥＣＤ多国籍企業行動指針、国連のビジネスと人権に関する指導原則など）を順守して実施されること、④別途定められる技術スクリーニング基準の四要素を同時に満たす必要がある（同第三条）。右の①における実質的貢献については、六分野毎に基本概念が定められており、気候変動緩和（グリーンタクソノミー）の場合、ＧＨＧ排出量がセクター内で最低水準であることや、当該経済活動に伴う設備がＧＨＧ

排出を長期に固定することがない等の要件が定められている（同第一〇条第二項）。

ＥＵのタクソノミー制度では、二〇二一年の委任規則[36]における技術スクリーニング基準に基づき、個々の経済活動が満たすべき厳格な閾値が設定されている。グリーンタクソノミーでは、例えば再エネ発電の種類毎にきめ細かい技術条件等が定められており、ライフサイクル評価（当該経済活動における直接の排出量に加えて、製造時や輸送・廃棄時の排出量を加味する手法）に基づくＣＯ$_2$排出原単位の閾値が設定され、一〇〇ＣＯ$_2$グラム／ｋＷｈが原則的な閾値とされている。同時に、他の環境目標に「著しい害を与えない」基準等も厳格に設定されており、総合的な判断がなされることから、すべての再エネ発電事業がグリーンタクソノミーとして認められるとは限らない。一般的には太陽光や風力発電は持続可能性認定が推定されるものの、ダム式水力発電等の場合、ライフサイクル基準や他の環境影響要因を踏まえ、持続可能性認定されない場合もあり、従来の同様な国際基準より厳格であると考えられている[37]。なお、ＥＵタクソノミーの委任細則の議論の際に、原子力発電と天然ガス発電を気候変動緩和に含めるべきかについて大きな議論となり、最終的に条件付きで認められることとなったが、追加的に厳しい条件が付されたため、認められる事例は極めて稀となることが予想される[38]。

タクソノミー規則は情報開示義務も定めており、金融商品に関する情報開示（規則第五条ないし第七条）と、金融業及び非金融業の非財務情報開示（同第八条）に区分される。前者に関しては、ＥＵ域内の資産運用機関や投資アドバイザー業者等がサステナブルファイナンス開示規則（Sustainable Finance Disclosure Regulation）[39]に基づき投資家に情報提供を行う際、サステナビリティ投資商品におけるタクソノミー適合投資の比率などの情報開示が義務付けられた。後者に関しては、非金融業では売上高におけるタクソノミー適合製品・サービスの比率などの情報開示が義務付けられ[40]、今後、ＥＵにおいて新たに導入が決定された企業のサステナビリティ報告指令（Corporate Sustainability Reporting Directive）[41]に基づき、開示義務の対象企業を拡大することが決定されている[42]。

(3) タクソノミー制度の意義

ＥＵのタクソノミー制度は、ＧＨＧ排出を直接制限するものではないものの、持続可能な経済活動を選好する企業や投資家に対して、パリ協定に適合するグリーン分野等を明示し、それらに対する資金的支援を促進することを通じて、間接的にＧＨＧ排出を抑制する効果が期待される。ＥＵのタクソノミー制度の意義として以下の点を指摘したい。

第一に、ＥＵのタクソノミー制度は、気候変動緩和等の持続可能な経済活動に該当するか否かを区分する二分法を採用し、企業や投資家は、経済活動が気候変動緩和等に該当するか否かを日常的に認識することとなり、高い透明性の下、気候変動等の規範に基づく自主的行動の機会が確保される。すなわち、企業や投資家の幅広いボトムアップな活動を促すものであり、特に経済的行動として、ＧＨＧ排出の多い企業に代わって、排出の少ない企業を投資家が選定すること等を通じて、気候変動緩和政策のガバナンスに間接的に参画するメカニズムであるといえる。

第二に、ＥＵのタクソノミー制度における技術スクリーニング基準は、従来の国際的な基準、例えば、ＵＮＦＣＣＣにおける気候資金における緩和や適応の基準よりも、ライフサイクル評価や閾値の設定等の点から定量的・定性的に厳格性が高く、グリーンウォッシングの防止の効果が期待できる[43]。また、他の環境目標との総合的な判断もなされるなど、環境面での十全性も確保されている。世界の脱炭素化に必要な投資額は多額である一方、幅広い民間資金を動員する際のグリーンウォッシングのリスクが高まる中、持続可能性の質を担保する役割は非常に大きい。

第三に、一部批判もあるものの[44]、持続可能な経済活動に該当するか否かというタクソノミーの二分法の手法は、分かりやすさの利点もあって、グローバルに展開する余地が大きい。事実、ＥＵ市場の重要性から、既に欧州以外の企業活動にとってもＥＵのタクソノミー制度の影響は無視できないものになりつつある。また、ＥＵは、タクソノミー手法をＥＵ域外へ展開する目的から、サステナブルファイナンス国際プラットフォーム（International Platform on Sustainable Finance）を結成し、これには日本を含めた多数の国が参加し、既に一部の国では自国のタクソノミーを制定する動きが進んでいる[45]。国際標準機構（ＩＳＯ）一四〇三〇（金融機関等によるグリーン債券及び融資の標準）でもグリーン認証の要件としてタクソノミー手法が採用されている。

おわりに

本稿で筆者らは、パリ協定の気温目標実現のためには、気候変動緩和政策の基本をなすエネ転換を支える重要鉱物管理と金融・投資分野の取り組みが重要であると認識し、これら二分野の役割とその重要性、さらには課題について分析・検討した。

再エネ需要拡大を支える重要鉱物の供給に関しては、生産者の情報開示と生産者責任、オープンで透明性のある規則と市場など持続可能で安定した重要鉱物サプライチェーンの確立が求められ、公・私の様々なステークホルダーが関与している。しかし、重要鉱物生産において重要な位置を占めるＥＩＴＩは、気候変動緩和・再エネ拡大を目的としたものではなく、情報開示に基づく透明性の確保を通したガバナンスによる重要鉱物の安定供給を目指しているに過ぎない。とはいうものの、現時点ではクラブ財の管理的アプローチとして、Ｇ７の例でみたように、ＥＩＴＩを中心に展開してきた持続可能な生産を促進して、安定したサプライチェーン構築のために公・私による協力体制の形成が模索されている。

これに対して、ＥＵが進めるサステナブルファイナンス関連施策では、民間主体の経済活動を通じた新しいガバナンスの方向性が示されている。中核となるタクソノミー制度は、金融や投資分野の透明性を高める制度として、投資家等に対して持続可能な経済活動の明確な基準を提示し、民間主体が脱炭素規範等を選定する機会を確固たるものにする。

ＥＵのタクソノミー制度の特徴は、気候変動緩和等の持続可能な経済活動に該当するか否かを区分する二分法に基づき具体的な基準を提示しつつ、基準内容において定量的・定性的に厳格性を確保し、同時に他の環境目標との総合的な判断がなされる点である。ＥＵでは、タクソノミー制度を活用した情報開示制度によって、グリーンウォッシュの抑制に大きな効果が期待される。

（1）United Nations Environment Programme (UNEP), *Emissions Gap Report 2023: Broken Record—Temperatures hit new highs, yet world fails to cut emissions (again)*, Nairobi, 2023.

（2）International Energy Agency (IEA), Net Zero by 2050: A Roadmap for the Global Energy Sector, 2021, p. 22. https://iea.blob.core.windows.net/assets/deebef5d-0c34-4539-9d0c-10b13d840027/NetZeroby2050-ARoadmapfortheGlobalEnergySector_CORR.pdf（二〇二四年八月二五日検索）。

（3）G7 Clean Energy Economy Action Plan, May 20, 2023. https://www.mofa.go.jp/mofaj/gaiko/summit/hiroshima23/documents/pdf/session5_02_en.pdf?v20231006（二〇二四年八月二五日検索）。

（4）Thomas Hale and David Held et al., *Beyond Gridlock* (Cambridge: Polity Press, 2017), p. 185, pp. 191–195.

（5）パリ協定前文では国家以外の主体の関与の重要性が謳われ、現に、ＵＮＦＣＣＣ事務局を中心に、自治体や企業などの民間主体との相互協力を進めている。例えば、ＣＯＰ20（二〇一四年一二月開催）においてＵＮＦＣＣＣとペルー政府が推進した Non-State Actor Zone for Climate Action（ＮＡＺＣＡ）と呼ばれる自治体や企業などによる緩和や適応の活動の拡大について誓約を共有する仕組みが知られている。

（6）Karin Bäckstrand, Jonathan W. Kuyper, Björn-Ola Linnér and Eva Lövbrand, "Non-state Actors in Global Climate Governance: From Copenhagen to Paris and Beyond," *Environmental Politics* 26(4), 2017, p. 562; Robert Falkner, "The Paris Agreement and the new logic of international climate politics," *International Affairs*, 92(5), 2016, pp. 1120–1121.

（7）Elsa Dominish, Sven Teske, and Nick Florin, *Responsible Minerals Sourcing for Renewable Energy*. Report prepared for Earthworks by the Institute for Sustainable Futures, University of Technology Sydney, 2019; Guillaume Pitron, *The Rare Metals War: The Dark Side of Clean Energy and Digital Technologies* (London: Scribe, 2020).

（8）IEA. *The Role of Critical Minerals in Clean Energy Transitions*, World Energy Outlook Special Report (Paris: IEA, 2022), https://www.iea.org/reports/the-role-of-critical-minerals-in-clean-energy-transitions (License: CC BY 4.0), PDF version (Revised version in March 2022), pp. 8–9（二〇二四年九月五日検索）。

（9）IEA, *op. cit.*, pp. 8–9.

（10）IEA, *op. cit.*, pp. 30–32; European Commission, "Study on the EU's list of critical raw materials: Final Report," Luxembourg: Publications Office of the European Union, 2020, pp. 35–37.

（11）IEA, *op. cit.*, p. 18; Dominish et al., *op. cit.*, p. 52.

（12）この他に、重要鉱物の採掘とそれに伴う環境汚染や労働搾取といった人権問題もある。

（13）Halldor Thorgeirsson, "Objective (Article 2.1)", Daniel Klein, María Pía Carazo, Meinhard Doelle, Jane Bulmer and Andrew Higham, eds., *The Paris Agreement on Climate Change: Analysis and Commentary* (Oxford: Oxford University Press, 2017), p. 128.

（14）ＧＦＡＮＺは、ＣＯＰ26（二〇二一年一一月に開催）において、四五カ国から四五〇以上の金融機関（資産規模一三〇兆ドル以上）

が参加の上、二〇五〇年までにＧＨＧ排出ネットゼロを実現することと、そのため今後三〇年間に一〇〇兆ドルのファイナンスを行うことなどを表明した。https://www.un.org/en/climatechange/cop26-day-4-mobilizing-money（二〇二四年八月二五日検索）。

（15）Cornis van der Lugt and Klaus Dingwerth, "Governing where focality is low: UNEP and the Principles for Responsible Investment," in Kenneth W. Abbott, Phillipp Genschel, Duncan Snidal, and Bernhard Zangl eds., *International Organizations as Orchestrators* (Cambridge: Cambridge University Press, 2015), pp 237–261.

（16）Harriet Bulkeley, Liliana Andonova, Michele M. Betsill, Daniel Compagnon, Thomas Hale, Matthew J. Hoffmann, Peter Newell, Matthew Paterson, Roger Charles, and Stacy D. Vandeveer, *Transnational Climate Change Governance* (Cambridge: Cambridge University Press, 2014). 同書において、気候変動分野のトランスナショナル・ガバナンスとは、気候変動を対象とし、国境を跨ぎかつ非国家主体が参加し、特定の支持層を統治するものと定義される。

（17）Angel Hsu, Andrew S. Moffat, Amy J. Weinfurter and Jason D. Schwartz, "Towards a new climate diplomacy," *Nature Climate Change*, 5, 2015, pp. 501–503.

（18）ＧＦＡＮＺでは、金融資産を対象とするパリ協定の適合のための技術的検討が進んでいる。https://assets.bbhub.io/company/sites/63/2022/09/Measuring-Portfolio-Alignment-Enhancement-Convergence-and-Adoption-November-2022.pdf（二〇二四年八月二五日検索）。

（19）外務省、ＥＩＴＩ（採取産業透明性イニシアティブ）概要、二〇二一（令和三）年一〇月六日 https://www.mofa.go.jp/mofaj/gaiko/commodity/eiti.html（二〇二四年二月一六日検索）。

（20）外務省、ＥＩＴＩ概要。この国際的な取り組みはイギリス首相トニー・ブレアが、二〇〇二年九月にヨハネスブルクで開催された「持続可能な開発に関する世界首脳会議」で提唱したものであった。

（21）以下のＥＩＴＩの記述は、次の文献を参照。James V. Alstine, "Transparency in Energy Governance: The Extractive Industries Transparency Initiative and Publish What You Pay Campaign," in Arti Gupta and Michael Mason eds., *Transparency in Global Environmental Governance: Critical Perspectives* (Cambridge, MA: The MIT Press, 2014) pp. 249–270; Virginia Haufler, "Disclosure as governance: The extractive industries transparency initiative and resource management in developing world," *Global Environmental Politics*, 10, 3 (2010), pp. 53–73.

（22）Terry Lynn Karl, *The Paradox of Plenty: Oil Booms and Petro-State* (Berkeley: University of California Press, 1997; 吉田敦「アフリカ諸国におけるダイヤモンド産業の構造分析――コンゴ民主共和国の事例研究――」明治大学大学院商学研究科博士論文、二〇〇六年三月：International Commission on Intervention and State Sovereignty, "The Responsibility to Protect," Ottawa: International Development Research Center, 2001.

（23）The International Council on Mining and Metals (ICMM), "Transparency of Mineral Revenues: Position Statement," 9 December 2021, https://www.icmm.com/en-gb/our-principles/position-statements/mineral-revenues（二〇二四年二月一六日検索）。

（24）ＥＩＴＩの今後の取り組みに関しては、以下の文献を参照。EITI, "Mission Critical—Extractive Industries Transparency Initiative," November 2022. Eiti.orgeiti.org/sites/default/files/2022-10/EITI%20Mission%20Critical%20Report%202022.pdf（二〇二四年三月三〇日検索）。

（25）David G. Victor, *Global Warning Gridlock: Creating More Effective Strategies for Protecting the Planet* (Cambridge: Cambridge University Press, 2011).

（26）環境省、成果文書：「G7気候・エネルギー・環境大臣コミュニケ」（日本政府仮訳）、七二段落目（二四―二五ページ）、二〇二三年六月一六日、https://www.env.go.jp/earth/g7/2023_sapporo_emm/index.html（二〇二四年八月二七日検索）。

（27）Italian Government, Apulia G7 Leaders' Communiqué, June 17, 2024, p. 18, https://ambpechino.esteri.it/en/news/dall_ambasciata/2024/06/apulia-g7-leaders-communique/（二〇二四年八月二七日検索）。

（28）US Department of State, Minerals Security Partnership, n.d. https://www.state.gov/minerals-security-partnership/（二〇二四年八月二七日検索）。

（29）Government of Canada, "Sustainable Critical Minerals Alliance" in the section of "Our critical minerals strategic partnerships," n.d. https://www.canada.ca/en/campaign/critical-minerals-in-canada/our-critical-minerals-strategic-partnerships.html#scma（二〇二四年八月二七日検索）。

（30）Communication from the Commission to the European Parliament, the European Council, the Council, the European Economic and Social Committee and the Committee of the Regions, The European Green Deal, COM (2019) 640 final.

（31）二〇一八年一〇月にIPCCが一・五℃特別報告書を公表し、EUはこの見解に呼応して、同年一一月、気候中立経済に向けた欧州戦略長期展望（A Clean Planet for all）において二〇五〇年に向けた気候中立へのビジョンを打ち出した。

（32）なお、EUの気候変動に関する中期的な目標は、二〇三〇年までのGHG排出削減目標（一九九〇年比）を従来の四〇％削減から少なくとも五五％削減へと上方修正した。二〇五〇年気候中立及び二〇三〇年までのGHG排出量五五％削減は、欧州気候法（Regulation (EU) 2021/1119）で立法化がなされた。

（33）EUは、パリ協定発効直後の二〇一六年一二月に「持続可能な金融に係るハイレベル専門家グループ（HLEG）」を設置し、その後のHLEG提言書に基づき、二〇一八年三月に「持続的成長のための金融に関する行動計画（Action Plan: Financing Sustainable Growth）」を策定した。そこでは、①資金フローをより持続可能な経済に振り向けること、②金融のリスク管理において持続可能性を十分に考慮すること、③投資活動における透明性向上と長期志向化の三本柱にて制度整備等に取り組む方針を掲げる。なお、同行動計画は二〇二一年に改訂され、さらなる情報開示制度の拡張等が追加された。

（34）Chiu, Iris H-Y. "The EU Sustainable Finance Agenda: Developing Governance for Double Materiality in Sustainability Metrics," *European Business Organization Law Review*, 23, 2022, pp. 88–91.

（35）Regulation (EU) 2020/852.

（36）Commission Delegated Regulation (EU) 2021/2139. その内容は、二〇一八年七月にHLEGの下に設置された専門家グループ（Technical Expert on Sustainable Finance）が検討を進め、二〇二〇年に最終報告書としてまとめた。

（37）従来の気候変動緩和や適応に関する国際的な分類基準としては、先進国から途上国に対する供与の公約があった気候資金（climate finance）の集計のために用いられた共通原則（Common Principles for Climate Mitigation Finance Tracking）などがあるものの、原則としてライフサイクル評価や定量的な閾値の設定はされていないため、EUタクソノミーほどの厳格さは有していない。こうした従来の分類基準に関する動向については、佐藤勉「二〇五〇年の温室効果ガスの正味排出ゼロに向けたグリーンファイナンスの動向：国際気候変動政策の金融部門への影響と金融主体の対応の視点から」『環境法研究』一三号、二〇二一年、一一三―一三七頁を参照。

(38) 原子力発電では、高濃度放射性廃棄物の最終処分場が二〇五〇年までに稼働する計画があることなど、天然ガス焚き発電では、既存の排出量を大きく下げた上で、GHG排出量が二七〇CO_2グラム／kWh未満であるなどの追加条件が付された。

(39) Regulation (EU) 2019/2088.

(40) Commission Delegated Regulation (EU) 2021/2178.

(41) Directive (EU) 2022/2464.

(42) 総資産二〇〇〇万ユーロ、純売上高四〇〇〇万ユーロ、会計年度中の平均従業員数二五〇名の三つの条件のうち二つ以上に該当する企業が対象となる。

(43) EUの「持続的成長のための金融に関する行動計画」（注33参照）では、グリーンウォッシュを排除するための持続可能性ベンチマークの制定や機関投資家及び資産運用管理者の持続可能性に関する義務の明確化など多様な内容が含まれる。

(44) 日本経団連は二〇一九年にEUタクソノミーに対する反対の意図を表明している。https://www.keidanren.or.jp/policy/2019/069.html（二〇二四年八月二五日検索）。

(45) 中国、韓国、マレーシアなどの国でグリーンタクソノミーが制定されている。なお、日本では制定されていない。

〔付記〕本研究はJSPS科研費 JP21K01357の助成を受けたものである。

（おおた　ひろし　早稲田大学）
（さとう　つとむ　中曽根平和研究所／東北大学大学院）

日本国際政治学会編『国際政治』第214号「地球環境ガバナンス研究の最先端」(二〇二五年一月)

気候変動危機によって高まる電力安全保障の重要性

――メコンのバッテリー・ラオスを事例に――

山本　剛

はじめに

東南アジア諸国連合(ASEAN)の中核をなすメコン地域は著しい経済成長を遂げてきたが、その過程でアジア通貨危機や世界金融危機、新型コロナウイルス感染症危機など地域共通の脅威に直面してきた。本稿では地域共通の次なる危機として気候変動のもたらす脅威に着目し、気候変動の危機が高まれば高まるほど電力安全保障の確立が重要となることを論証していく。事例として取り上げるラオスはメコンのバッテリーと呼称されるように域内各国の電力安全保障上も重要な位置づけにある。ところが経済成長の鈍化、慢性的な財政赤字、内貨の下落、公的債務の増加に直面しており、ラオスが気候変動の影響を主体的に回避、軽減する策を講じることは容易ではない。

安全保障の文脈で気候変動を論じた研究は気候変動に対する国際社会の関心の高まりとともに増加し気候危機や気候安全保障と題した論文も積み上げられつつある。(1)それに対し本稿の意義を冒頭に示すとすれば、ラオスでは気候変動に加えて脆弱な電力事業実施体制、周辺国との国際政治という三つの要因が複雑に絡み合い電力安全保障と相互に作用していることを論証することにある。電力安全保障に対する気候変動の脅威を考察した結果、経済安全保障などその他の安全保障とも密接に影響することを明らかにしていく。

ラオス電力事業に関する先行研究は大規模開発に批判的な考察を基調としており、環境面および社会面の影響を適切に評価・管理せず開発が進められたという指摘や電力開発に起因する移転政策や補償政策は不十分だと指摘されている。[2] 開発投資は経済成長を牽引し貧困削減や農村開発に貢献するとうたわれていたが、調査研究の結果、計画どおりに成果は発現していないという論文も発表されている。[3] 本稿の問題意識に隣接する論考をあげればオサリバン（O'Sullivan）らは地政学と再生可能エネルギーの関連性について、曹らは水力発電所とメコン川の越境水資源管理をめぐる政治的対立について、マシューズ（Matthews）はラオス・タイ二国間での電力融通が促進される因果関係を提示した。[4] オサリバンらは電力安全保障に関する考察やラオスに関する分析はおこなっていないが、再生可能エネルギーの重要性が高まることで気候変動とエネルギーは国際秩序を揺るがす課題であることを提示しており本稿の問題意識に近い。

入江やサルハン（Sarhan）らによればエネルギー安全保障、電力安全保障どちらも明確な定義は整理されていないが、エネルギーは一次エネルギーと二次エネルギーに分類され、一次エネルギーを変換・加工して生み出される電力は二次エネルギーの一つに整理されている。[5] 電力はエネルギーを構成する一要素にすぎないもののその安全保障を抽出して論じる意義は、電力は食料や水と同様に生命の維持に欠くことができず、供給する際に安全や安定が揺らげば国家や国民の日常生活、経済活動に深刻な影響を与えるからである。本稿ではサルハンらの文献レビューをふまえ電力安全保障を「電力を適正な量と価格で安定供給すること」と定義する。そのうえで安定供給を脅かす気候変動の影響に着目することで、再生可能エネルギーの価値の高まりが適正な量と価格の提供を困難にすることを明らかにし、電力安全保障を国際政治の領域で考察する必要性を提示していく。

第一節の議論に入る前にエネルギー安全保障ではなく電力安全保障について論じる理由を三つ補強しておきたい。一つ目は事例にあげるラオスは一次エネルギーのうち石油と天然ガスは完全に輸入に依存し国際情勢の影響を免れず、主権国家として独力でエネルギー安全保障を確立することは極めて困難だからである。それにも関わらずラオスはメコンのバッテリーと呼称されるように国境を接する五カ国（タイ、ベトナム、カンボジア、ミャンマー、中国）全てとシンガポールに電力を輸出しておりラオスの電力安全保障を考察する意義は高いことが二つ目の理由である。三つ目の理由は気候変動の脅威が顕在化する現代社会において、ラオスから生み出される再生可能エネルギー由来の電力の価値は高まっていくと考えたからである。以上のような背景から第一節ではラオスを事例に気候変動の脅威を特定し電力安全保障との接点を手繰り寄せていく。第二節ではラオスの電力安全保障について課題と展望を概観し、電力安全保障が国際政治と密接に関係していることを浮かび上がらせ、最後に本稿から導き出せた考察を提示する。

一　気候変動危機と電力安全保障の結節点

(1) 気候変動の影響を受けるラオス水力発電

二〇二三年に開催された国連気候変動枠組条約締約国会議（CO

Ｐ28）の結論の一つが、エネルギーシステムからの化石燃料の脱却だったが、メコン地域の経済活動を牽引するタイやベトナムは火力発電所がベースロード電源のため電力由来の二酸化炭素（CO_2）排出量が高い。その一方でラオスはベースロード電源が水力発電で、さらなる再生可能エネルギーの導入と輸出拡大のポテンシャルが認められている。[6] メコン地域諸国の多くが二〇五〇年までのネットゼロを目標に掲げているが、経済成長とともに電力需要が高まる同地域でCO_2排出ゼロの電力系統を構築できるかラオスはその帰趨を左右する存在といえよう。

　ラオスの電力安全保障を気候変動危機の観点から考察するうえで最初に挙げるべき特徴は国内向け設備容量のうち九六％は水力発電所が占めているところだ。[7] つまり気候変動に起因する水資源の減少は飲料用水や農業用水の減少、そして水力発電量にも影響を与える。気温や気象パターンの長期的な変化は生活に不可欠な食料や水の生産に影響を与え、気候サイクルの変化で無降水日数や蒸発散量が増加すれば河川や貯水池、調整池の水位が低下し水力発電所の稼働率を低下させる。ラオスは電力を輸出するほど余剰が発生していると想像されるかもしれないが、気候変動の水資源への影響が大きくなればなるほど乾期の発電量は低下するのだ。必然的に電力の需給バランスを自国で保つことができず、電力系統が連系しているタイからの輸入量を増やすことになる。

　ところが水文学の見地からみれば、メコン川で進む水力発電所とダムの建設により生じる影響の方が気候変動よりも甚大だとＡＤＢらは指摘している。[8] メコン川の水資源管理は国際機関であるメコン川委員会がモニタリングしているが、メコン川の持続可能な発展と電力安全保障は両立しなければならない課題である。同委員会は流域各国と連絡・調整をおこないながら共通の利益を導く努力を続けている。メコン川流域に大型の貯水池式水力発電所が設置されることで水環境に変化が生じ、流量の変動にとどまらず河川の生態系や土砂の輸送、魚類の回遊にも一定程度の影響は避けられないだろう。メコン川で生計を営んできた住民をはじめすべての関係者に信頼できる正確なデータと分析結果を開示することで、流域各国の開発計画策定や民間投資への許認可が適正に執行されるよう働きかける必要がある。

　ラオスでは雨水を頼りに生計を立てている農家が多く、依然として農作業の機械化は浸透しておらず、温暖化が続き農繁期に猛暑が続けば健康を害することも必至である。降雨量と分布、日照時間や気温の変化は、それまでラオスの風土に適していた農作物の生産品種に変更を迫り、水温の上昇や流量の変化は漁業や養殖業に影響を与える。自然景観や動植物の生息地が損なわれればラオスの有望産業である観光産業への影響も必至である。約言すれば、ラオスの電力消費量の将来変化を気候変動の影響を織り込んで推計することは極めて難題なのだ。[9]

(2) 脅威化する気候変動とラオスの経済構造

　気候変動に関する政府間パネル（ＩＰＣＣ）が二〇二三年に発表した報告書によると人間の活動に起因する温室効果ガス排出と地球

温暖化の関係に疑う余地はなく、世界の平均気温は一九世紀後半から一・一℃すでに上昇し二一世紀中に一・五℃以上まで上昇する可能性が高まっている。ラオスはタイやベトナムと同じく二〇五〇年までに温室効果ガスの排出をネットゼロとする目標を掲げているが、経済成長と気候変動対策の両立を図りながら持続可能な開発を推進することは容易ではない[10]。ADBと世界銀行が二〇二一年に発表した将来予測によれば、IPCCのRCP8・5シナリオにあたる追加的な緩和策を取らなかった場合、二〇九〇年代までにラオスの平均気温は三・六℃上昇する可能性がある[11]。同シナリオは政策的な緩和策を取らない想定で実現可能性に疑問符はついているが、債務危機に陥っているラオスは財政余力に乏しく自発的な財政出動を通じた対策を講じる余地は極めて限られている。適応策を講じなければラオスで洪水被害者は倍増し二〇三〇年代までに八万人以上に達し、鉄砲水や地滑りによる損失や被害がさらに増加する可能性も指摘されている[12]。集中豪雨により発電機器が収められている発電所建屋への浸水等の危険性はもちろんのこと、堤防や水路の決壊、取水設備の破損も想定される。ラオスは山岳地帯が多いにもかかわらず山地災害対策は講じられておらず、送電線鉄塔付近で山崩れや地すべりが発生した場合は電力安全保障に甚大な影響が生じる。電力関連設備の被災を防止すべく、とりわけ発電所を建設・運営する独立系発電事業者（Independent Power Producer: IPP）は被災時の影響が軽減できるよう設備投資を求める制度整備が欠かせない。

ノートルダム大学は各国の気候変動適応力をND－GAIN（Notre Dame Global Adaptation Index）という指標で評価しており、二〇二一年のランキングでは一八五カ国の中でラオスは一二一位だった[13]。二〇〇三年には一五二位まで落ち込んでいた時期と比べれば、近年適応能力は上がりつつあると言えるが、電力安全保障で密接な関係にあるタイは同七一位、中国は三九位であることからもラオスの適応能力の低さをうかがい知ることができる。国連によればラオスでは毎年七月から九月の南西モンスーンの季節に、とくに中部と南部で大規模洪水が発生する傾向にあり洪水対策も念頭においた電力事業計画が必要になる[14]。

国連ハビタット事務所は二〇一九年にラオスの洪水、干ばつ、地滑り、暴風雨の発生状況を調査し予備的な気候変動脆弱性評価をおこなった。その結果、ラオスでは干ばつや洪水が多く、この二つの災害で被災地は四千村、被災者は二八五万人に達した。被災地の分布として干ばつや土砂崩れは主に北部で発生し、南部は上述の洪水に加えて暴風雨も多く[15]、気象パターンにくわえ地形など自然条件に由来していると考えられる。多くの調査研究機関や援助団体が気候変動に関する国別評価や政策点検を行なっているが、ラオスを高く評価する研究は見当たらず、さまざまな視角から課題を挙げられている。

ラオスの産業構造はGDPに対する割合でみるとサービス業が三六・九九％、農林水産業が一七・八三％、工業が三四・〇四％である[16]。エネルギー多消費産業である鉄鋼や化学、非鉄金属など素材系産業は発展していないが、相次いで設置される経済特区へ工場等の進出が進めばエネルギー消費量は増加するであろう。さらに二〇二二年頃から暗号資産（仮想通貨）を採掘する事業者が出現し膨大な電力を消費していると推定され、サービス業による電力消費は増加することが確実である。[17]家庭でのエネルギー消費に目を向ければ調理用エネルギーに薪を使う世帯が圧倒的に多く六六・九％、つぎに多いのは炭で二三・七％、それに対し電力はわずか三・一％である。[18]テレビ普及率は七二・九％、冷蔵庫普及率は六〇・三％まで上がってきたが、洗濯機普及率は一九・八％、エアコン普及率は八・四％にすぎず、経済成長のみならず地球温暖化によってエアコンや冷蔵庫など電気使用量が大きい家電製品の急速な普及が見込まれ電力消費量の増加は必至である。[19]

米国エネルギー情報局はラオスの一次エネルギー生産量と消費量の変化を暦年で示しており、総数は増加傾向といえるが最大の特徴は化石燃料の消費量の少なさである。[20]ラオスの石炭埋蔵量は約六億トンと試算され、ホンサ炭田は国内最大の埋蔵量をほこり約五億トンとみられる。[21]ホンサ炭田に隣接する石炭火力発電所は現在ラオス国内で稼働する唯一の火力発電所として二〇一五年に竣工し、発電容量一八七八MWのうち一七七八MWをタイへ売電している。排出量は施設の立地国に紐付くためラオス分に分類されるが、ホンサ石炭火力発電所の事業会社はタイ系企業が出資比率八割を占め、タイ国内の電力需要に対応して発電しているのだ。ラオスの経済的便益は小さく、温室効果ガスの排出は実態としてタイの経済活動に起因している。国家主体ばかりに責任を負わせる現行制度の問題点がここに露呈しており、越境する民間企業が数多ある現代社会では民間企業、換言すれば非国家主体による取り組みや削減を義務づける制度構築も必要であろう。

ラオス電力公社（Électricité du Laos: ＥＤＬ）によれば二〇二三年時点でラオスの総発電設備容量は一万一千六六一ＭＷ、電源の分類は水力発電所八一カ所、太陽光発電所八カ所、バイオマス発電所四カ所、火力発電所一カ所だ。[22]国内向け発電設備容量のうち火力発電所が占める割合はわずか二％にすぎず電源構成だけみればラオスは脱炭素先行国といえよう。[23]しかし水力発電所は火力発電所のように出力調整が容易ではないため、ラオス国内でも火力発電所、とりわけ自国内で産出される石炭を活用した発電所増設のニーズは高い。近隣諸国の電力需要は旺盛なため仮に石炭由来の電力であっても自国の発電単価より安価であれば買い手はあらわれるだろう。多くの金融機関が温室効果ガス排出量の多い石炭火力発電燃料への融資停止を表明するなか、そこに注目した中国はラオスで石炭火力発電所建設の検討を進めているようである。[24]

ラオス政府やＥＤＬは厳しい財政状況を背景に発電所を自己資金と資金調達で新設することは難しく、プロジェクトファイナンスを活用したＩＰＰによる投資意欲次第といっても過言ではない。投資を検討する側も許認可をおこなう側も電力を高値で購入する国に販売し利益を確保するという経済合理性のみならず、市民生活の安全と国内経済の安定に資するようにという電力安全保障の視点も欠かすことはできまい。

(3) 気候変動に起因する脆弱性

米国国際開発庁らが二〇二〇年に発表した脆弱性評価調査によれば、ラオス電力セクターで脆弱性が高いと認められた課題は電力システムの規則、規制、技術基準が現在および変化する環境条件に適合していないこと、ダム建設が設計仕様に従っていないこと、設計時に法令遵守がされていないことなどだった[25]。気候変動を考慮した基準作りの重要性はラオスでも早くから認識されてきた。なぜならば、二〇一八年に韓国ＳＫ建設（社名は当時）が中心となって工事中だったセピアン・セナムノイ水力発電所の貯水池の補助ダムが決壊し多数の死傷者が発生したからである。予測を大きく超える降雨量が原因だったと考えられるが、ラオス政府は同事故をうけてダム安全のための技術基準や制度づくりに着手し、二〇二二年にダム安全法が施行された。

気候変動の緩和策として化石燃料由来の電力を自然エネルギー由来の電力に転換することが世界の潮流になっているが、自然エネルギー由来の電力は必然的に気候変動に脆弱である。たとえば降雨量が減少したり温暖化で蒸発散量が増加すれば貯水池や調整池への流量は減少するのだ[26]。現状、各水力発電所はそれぞれが考える効率的な運用で運転され、タイ系ＩＰＰ、中国系ＩＰＰなどそれぞれの企業体が経済的便益の最大化を求め続け、流域全体での最適運用という視点は欠如しているようである。流域全体を見渡した運用を行うことで貴重な水資源の有効活用ひいては発電効率の最大化を追求できる。

貯水池式水力発電所が増設された場合、流域への影響は免れず河川流量の平準化は図れるものの生態系の変化や魚の遡上阻害等による生計手段の変更も懸念され、住民そして流域関係国と緊張関係を生む源になりかねない。風力発電や太陽光発電も一定程度の事業用地の取得が必要になり、とくにラオスのような内陸国で風力発電を導入する場合は風況の良い山間部が適地となることから建設や保守のための新たな道路構築も含めた森林面積の減少も懸念される。事業対象地選定の際、非自発的な住民移転が発生しないようゾーニングを行ない、自然環境に及ぼす影響が最小になるよう設計しなければならない。しかし自然豊かな国土のラオスで一切環境に影響のない適地を探し出すことは非常に困難であろう。地方では自然環境に依拠した生活をおくる住民が多く、自然環境に変化が生じれば影響を受ける住民の発生は免れないことから丁寧な合意形成と十分な補償が肝要となる。

水資源に対する気候変動の影響が甚大になるほど水力発電所の発電量は低下しＥＤＬの財務状況悪化に拍車をかけそうだ。これまでＥＤＬはタイ発電公社（Electricity Generating Authority of Thailand: ＥＧＡＴ）と電力を融通することで雨期と乾期で異なる発電量の差異を平準化し、タイへの年間輸出量がタイからの年間輸入量を上回るよう努めてきた。気温だけでなく降水量などの気象要素に影響を与え乾期の長期化が発生し、水力発電による発電量も減少した。ＡＤＢによるとラオス発電会社（EDL Generation Public Company: ＥＤＬ―Ｇｅｎ）は二〇二三年の流域流入水量は前年の八一・二%にとどまると予測を立てている。[27] 新規水力発電所が運転開始すれば需要に応じた発電量を確保可能と見込んでいたようだが、EDLは最終的に輸入量が輸出量を上回ることを懸念している。EDLによれば、二〇二二年の年間輸入量（八〇九GWh）を上回る一一二九GWhを二〇二三年上半期だけでEGATから購入している。[28] 通年でラオスがタイから電力を買う購入量が上回ることでラオスは電力輸入国、EDLは需要家になり購入単価はタイの需要家並みに上昇しEDLの赤字はさらに拡大していく。ラオスの内貨下落もあいまってEGAT及び外資系IPPに対する外貨での支払いも困難が深刻化している。

そして風力発電や太陽光発電の発電効率も気象条件によって大きく左右されてしまう。温室効果ガス排出量を削減するために再生可能エネルギーの導入促進は待ったなしの状況であるが、その運用計画は気候変動の影響を慎重に組み込む必要があるのだ。技術の発展のみならず気候変動に適応または物理的損害を緩和するために法・規制を強化し、市場の変化を喚起するなど脱炭素社会への移行は進むであろう。しかしその移行過程は国家の産業構造や社会構造によって異なり、国際社会はそれぞれの国家の主体性を重視した移行を支援しなければならない。ラオスに寄り添い、どう移行していくのが最適か段取りを一緒に考え共に実行する姿勢が重要である。

二　電力安全保障をめぐる課題の所在

(1)　電力事業の構造

一九七五年、ラオス人民民主共和国成立後、電力行政は工業・手工芸省が所管してきたが、二〇〇六年の人民革命党第八回党大会にてエネルギー・鉱業省の設置が決定されてからは同省が政策の立案や実施を担ってきた。各国のエネルギー政策は自然条件や天然資源の有無、そして予算や技術力によって異なっているが、安全性や安定性そして経済性を重視して取り組んでいることに変わりはない。それにくわえて近年、環境そして気候変動に対する注目が高まってきた。ラオスは水力発電をベースロード電源に位置づけているが、温室効果ガス排出量を意識して水力発電に注力してきたわけではなく水資源を活用し貯水池を建設する地形に恵まれているからである。

ラオスの包蔵水力は二万六千MWと推定され、二〇一五年までに総設備容量は三千七百MWに達したが、二〇三〇年には一万五千MW、二〇四〇年には二万MWまで開発事業が進行する見込みである。[29] 当初、メコン川開発は灌漑を中心にしていたが、一九九〇年代からタイ、ベトナム、中国で、二〇一〇年代になってラオスでも水力発電が相次いで推進された。[30] 一九八〇年代半ばから二〇〇〇年代半ばにかけてはタイがラオスへの最大の投資国でエネルギー分野は柱の一つだったが、二〇〇〇年代半ば以降は中国が最大となりエネルギー・鉱業さらに農林業や観光業にも投資を行なっている。[31] ラオスは国境を接する五カ国全てに電力を輸出しており、ラオスの電力安全保障は域内の電力安全保障とも密接に絡み合っている[32]。

包蔵水力に表れない電力安全保障の特徴は、発電容量のうち国内向けは約四割にすぎず約六割は輸出専用であることだ[33]。国内最大電力需要は国内向け発電可能電力量の約四割にも満たない点も特徴といえよう[34]。この点に着目しラオスでは発電電力量に余剰が発生しているという指摘が散見される。ラオスはメコンのバッテリーと呼称され電力を輸出する余力が豊富にあると評価されがちだが、実際には連系送電線の容量制約のため行き場の無い余剰電力が雨期に発生しているのだ[35]。ＥＤＬの国内向け発電電力量のうち約七割は北部の水力発電所が起源のため、雨期に大きく余剰が生じたとしても南北を縦貫しタイの基幹変電所に至る基幹送電線は未整備のため有効活用できないのである。包蔵水力を含めラオスの再生可能エネルギーのポテンシャルを最大限有効活用するためには国内送電網の拡充が欠かせず、後述する中国南方電網有限責任公司（China Southern Power Grid: ＣＳＧ）による投資事業が待たれている。

発送電施設に対するＩＰＰの投資は一九九八年に完成したテンヒンブン水力発電所（二一〇ＭＷ）、一九九九年に完成したホアイホ水力発電所（一五〇ＭＷ）が草分け的存在でどちらもタイに電力を輸出している[36]。ＩＰＰはラオス政府とコンセッション契約を締結し事業を開始するが、基本的には施設を建設し、管理・運営を行って資金を回収した後は政府に施設を譲渡するＢＯＴ（Built-Operate-Transfer）方式を採用している。管理・運営期間は当初最大三〇年間だったが、二〇一七年の電力法改正以降は二五年間が主流のようだ[37]。政府開発援助として実施される事業はラオス政府が施主になるため水力発電所がすべてＩＰＰによる投資事業というわけではない。しかし大半の発電所はＩＰＰが当地に設立した事業会社が建設と運営維持管理をおこなっており、他国ではみられない電力開発の特徴だ。

ＩＰＰの参入促進にくわえ、二〇一〇年にはＥＤＬから発電部門を切り離してＥＤＬ―Ｇｅｎを設立し、翌年にラオス証券取引所に上場した。ＥＤＬ―Ｇｅｎ発行済み株式のうち約五一％はＥＤＬが保有し残りは大手建設会社や大手商業銀行に売却することでＥＤＬの財務改善をはかった。ＥＤＬ―Ｇｅｎはナムグム第一水力発電所など国有の発電所一四カ所の運転管理と保守管理が主要業務だがＩＰＰへの出資もおこなっている。ところが現在はＥＤＬとともにＥＤＬ―Ｇｅｎも財務状況が悪化し資金繰りに苦しんでいる。二〇二三年、タイの格付け機関ＴＲＩＳはラオスのソブリン格付けをＢＢＢ－からＢＢ＋に引き下げ投資不適格格付けに分類したことで、ＥＤＬおよびＥＤＬ―Ｇｅｎはタイ市場でバーツ建て債券発行が事実上不可能になった影響は大きい。バーツ建て債券は銀行から資金調達するより低金利だったと考えられ、ＥＤＬは市場から資金を調達する機会を失ったことで外貨借入の返済に困難をきたしている。

そのうえ送電事業には民間企業、それも外資参入を認めたことも電力安全保障の観点から注目に値すべき事象である。二〇二〇年、ＥＤＬとＣＳＧは合弁送電公社（Electricite du Laos Transmission Company Limited: ＥＤＬ―Ｔ）の設立に合意していたが諸条件の決着まで時間を要し、二〇二四年に入ってようやく事業開始を宣言した。[38] ＣＳＧの母国・中国に接続する国際高圧送電線の整備が最優先事項であろうが、カンボジアと結ぶ送電線や全国基幹送電網の整備など積極的な事業計画を描いている。[39] ラオスの国土は日本の本州と同等の広さゆえ長距離を送電する時に生じるエネルギー損失を最小限にする高圧送電網の整備が長年課題だった。ＥＤＬ―ＴはＣＳＧからの出資や中国系金融機関からの融資、そして託送料金を原資に国内各地および近隣国との連結性強化と最適運用を追求し、ＥＤＬの課題だった送電事業の経営効率の改善をはかることが期待されている。

ラオスの電力安全保障においてＥＤＬ―Ｔは欠かすことのできない主体となり、再生可能エネルギーを近隣諸国に送り届ける役割をＩＰＰだけでなくＥＤＬ―Ｔも担うであろう。対内投資促進と外貨獲得のために電力輸出の拡大や資産の現金化も重要な政策課題であろうが、安全かつ安心な国民生活の確保は国家の責務であり電力供給をＩＰＰやＣＳＧなど民間事業会社に一任してはならない。財務省は貴重な国有資産を国民の日常生活や社会経済活動の向上に活用し、エネルギー・鉱業省は法律に基づき電力事業者に対して規制や監督を行ない、ＥＤＬは安定供給体制を確立することが求められている。

(2)　電力安全保障と国際政治――ラオスで存在感を増す中国

ラオスの電力セクターにはＣＳＧにくわえて中国電力建設や中国大唐集団、中国水利水電建設、中国東方電気集団など多くの中国系企業が参入している。ＣＳＧは米国ビジネス誌フォーチュンが毎年発表している世界の企業の総収益ランキングFortune Global 500にもランクインする超大企業であるとともに中国の国務院国有資産監督管理委員会が監督する国有企業でもある。つまり中国は政府が保有する送配電事業会社の企業活動をつうじて電力の連結性強化をはかり巨大経済圏構想・一帯一路の実現を推進している。[40] 中国企業はＩＰＰとしてラオス国内で発電事業を計画、推進し、中国系企業一四社で設備容量は二三一六ＭＷ、全国の四割近くに達した。[41]

ラオスそしてメコン地域諸国と中国の一帯一路を実現するためＣＳＧはＥＤＬと共同でＥＤＬ―Ｔを設立し高圧送電線事業を手中に収め電力系統への関与をさらに深めようとしている。国土面積世界第四位を誇る中国の高圧送電技術は世界トップレベルと考えられ、ＥＤＬ―Ｔが電力需給ギャップの解消ひいては系統運用能力の向上に貢献すればラオスの電力安全保障の確立へ大きな貢献といえよう。ラオス北部で中国系ＩＰＰによる水力発電開発が相次ぎ操業を開始した結果、とりわけ雨期の余剰電力が顕著なため隣接する中国との連系拡大は経済的便益をもたらす。ただし従来型の交流送電にくわえて長距離かつ大量の送電に有利な直流送電も導入する場合は交直変換所を設置する必要があり多額の投資が必要になる。

中国による対ラオス投資はラオス中国鉄道を念頭に債務の罠と化さないか批判的見解も多く提示されているが、電力セクターでもＩＰＰによる開発投資が公的債務の拡大を引き起こし電力安全保障を確立していく過程で大きな負担になろう。[42] それはＥＤＬ―Ｔつまり

ＣＳＧによる今後の送電線投資も同様である。ラオス政府の抱える多額の対外公的債務は周知の事実で政府予算の活用は期待できない。対外公的債務を国別でみれば約半分は中国からの借り入れ、[43]セクター別でみれば約半分は電力セクターの債務である。電力セクターの中国からの借り入れがどれくらいの規模か定かではないが、過剰投資によってＥＤＬの財務状況は悪化し一企業として自立した経営はおこなえないような状況に陥り電力安全保障は既に脅かされている。中国が返済を猶予したことでラオスは債務不履行に陥ってないが、万が一債務を返済できない場合は発電所等の国有資産の譲渡や超長期の租借を迫る可能性も考えられる。

ラオスの経済状況がさらに悪化しＥＤＬの財務状況も深刻化を増した場合、将来にわたって送電線資産の売却が完全に否定されるものではない。ＣＳＧは既存の送電線資産をＥＤＬからリースするための前払金をＥＤＬ―Ｔのために支払ったことでＥＤＬの財務状況は一定程度回復したであろう。ＥＤＬはＥＤＬ―Ｔへ託送料金を支払うことで、ＥＤＬ―Ｔはその費用を将来的に回収する計画のようである。[44]今後新規の高圧送電線事業をＥＤＬ―Ｔが所管し近隣諸国との連系に関与を深めていくか動向は注目に値する。ラオスから新たに再生可能エネルギーを輸入する際にＥＤＬ―Ｔの高圧送電線を利用する場合は、ＥＤＬ―Ｔとの間で託送料金の設定を交渉せねばならずＥＤＬ―Ｔは近隣諸国の電力安全保障にも影響力を持つことになる。将来、メコン地域諸国が大陸欧州系統のように電力網を同期化するような時代が来た場合、メコン地域の電力安全保障の中で中国の存在感は際立つであろう。

ラオス初そしてＡＳＥＡＮ最大級の風力発電所の建設が二〇二三年に開始されたが、コントラクターもサプライヤーも中国企業が受注しているように中国は気候変動対策の先端分野である再生可能エネルギーで受注実績という確固たる地位を築き、サプライチェーンの中国への依存度も高まるばかりだ。[45]中国にとっては再生可能エネルギーも覇権戦略の一つで国家主導の産業政策と捉えることもできる。[46]気候変動対策と再生可能エネルギー拡大は眼前にせまった世界の潮流だが、ラオスの電力安全保障の確立は途上であり国際政治の影響でその道程はより複雑になるリスクを伴っている。

(3)　再生可能エネルギー拡大の課題

ラオスの電力安全保障とエネルギー起源のCO_2削減を両立させるためには電力セクター全体を見渡した上で全体最適となる投資計画が必要である。しかしどのような仮定を置きながら条件を整理していくかは難解であることも指摘しておきたい。気候変動の脅威が顕在化するなか電力の需給バランスに予測を立て電力関連設備の開発計画を実行に移し管理することは容易ではないからである。ＣＯＰ28では二〇三〇年までに世界全体の再生可能エネルギーの発電容量を三倍に引き上げ、エネルギー効率を二倍にする宣言に一二三カ国が署名したがラオスは署名しなかった。再生可能エネルギー拡大に関しラオスのポテンシャルの高さは自他共に認められているものの署名に至らなかったと考えられる要因、つまりラオスが再生可能エネルギーを拡大する際に直面する課題を三つあげたい。

一点目は財政余力に乏しいため発電設備にしても送変電設備にしても政府が自己資金や借入資金で整備できる範囲は極めて限定的で、基本的に設備投資はＩＰＰなど民間投資に頼らざるを得ない状況である。二つ目の課題は、民間投資は政府への申請に基づき許可されており、政府が開発を計画したり主導したり、または規制機関を設立して監督するような構造にはなっていないことである。三点目は近隣諸国の再生可能エネルギーに対する需要が右肩上がりになることは確実視される一方で、輸入国が決定する電力の買い取り価格は基本的に十年以上の単位で据え置かれ市場原理に基づいて変更できず、輸出国（ラオス）が価値を最大化する余地は限定的である。需供バランスに鑑みて価格が見直せるようになれば、近隣諸国の間で買い取り価格の決定に競争原理が生まれ価格が引き上げられる可能性が見込まれる。競争が加熱し国際政治で対立を生じるようであれば価格を抑制し競争を制御するためにメコン地域諸国で共通価格を設定する動きが出るかもしれない。

この三つの課題に加えて本項ではラオスの電力安全保障を確立するうえで見逃されがちな課題をもう一つ指摘したい。ラオスはタイと同期連系することでタイのＥＧＡＴが系統制御を担い周波数の安定をはかっている点である。約言すれば、ラオスはＥＧＡＴの系統運用に依存しており電力安全保障はタイ頼みなのだ。ラオスは特定国に過度に依存しないようカウンターバランスを求めることを対外政策の基軸にしているが、長きにわたり系統連系を続け、ラオスの電力安全保障を支えてきたタイは将来にわたってその役割を果たし続けるだろうか。電力安全保障が国際政治に左右されないようラオスは自律した系統運用体制を整えることが電力安全保障の確立のために欠かせないのである。

太陽光発電や風力発電など変動幅の大きい再生可能エネルギーを拡大する以前にラオスは自ら系統の需給調整をおこなえるよう体制を整えることも喫緊の課題だ。太陽光発電や風力発電の変動電力が系統に連系し過剰な負荷がかかった場合、運用上の問題を引き起こす可能性があるため出力抑制のような規制を策定する必要もある。[47] ＥＤＬ中央給電指令所が電力系統の状況を遠隔監視し安定的に運用する責務を負っているが、ＥＤＬはその機能を更新・拡張できず多くの困難に直面している。[48] 中央給電指令所が需給・周波数調整能力を備えていなければ需給バランスをとれず周波数が乱れ電力系統全体に悪影響を与え、最悪の場合は大規模停電を引き起こしてしまう。

電力安全保障と再生可能エネルギーの最大限の活用を両立させるためには、政府が風力や水力、太陽光など種別ごとに再生可能エネルギーの促進区域を指定したうえで発電事業者の公募・入札を行なうことも検討すべき課題として指摘しておきたい。現在、ラオスではＩＰＰからの申請ベースで事業の許認可をおこなっているが、政府が発電事業者を公募し透明性および競争性を備えたプロセスで審査をおこなうことによって最も優れた事業者を選定できれば電力安全保障の向上に資すると考えられる。国家として安定した廉価な電力を供給する責務を負っているのみならず、自然豊かなラオスの国土を活用した開発事業をおこなう以上、事業の採算性にくわえて地域社会への貢献や環境社会配慮、そして気候変動対策も高く評価された事業者の参入を認める仕組みを構築することは有効である。

おわりに

二〇二二年にラオスからシンガポールへ電力輸出が開始された結果、メコン地域だけでなくＡＳＥＡＮ域内でラオスの再生可能エネルギーの価値が再認識され、国際政治におけるラオスの存在感が高まろうとしている。本稿では中国国内の再生可能エネルギー需要は検討の対象としなかったが、中国国内でもエネルギー起源のCO_2削減に向けて強いドライブがかかりラオスから購入する需要は高まっていくであろう。二〇二一年のクーデター以降経済成長が低迷しているミャンマーも、今後の国内情勢次第では経済活動と電力需要が再び高まりラオスからの電力輸入需要も膨らむと考えられる。自然エネルギー由来の電力の国際価値が向上すればメコン地域だけでなくＡＳＥＡＮ域内でも引き合いが高まることは必至で、電力輸出入が争奪戦と化し国家間の摩擦を生み出す可能性まで懸念される。

先進国であれグローバルサウスであれ、安全かつ安心な国民生活の確保つまり安全保障は国家の責務であり、電力は国民の日常生活を支え経済や社会が機能するために不可欠なライフラインである。電力をめぐり軋轢が生まれ安定供給が滞れば、瞬く間に市民生活や経済活動を妨げられることになる。本稿ではラオスの電力安全保障への脅威は気候変動だけではなく、脆弱な電力事業実施体制、そして周辺国との国際政治という三つの要因が複雑に絡み合い相互作用していることを明らかにしたが、相互作用はラオスと送電線で結ばれている周辺国にも及ぶ。国家や国民の安全や安定が脅かされうる状況が広がりをみせれば、電力安全保障のみならず経済安全保障などその他の安全保障、ひいては周辺国の安全保障にも影響を与える。電力は日常生活や経済活動に不可欠なためラオスの電力安全保障は地域共通の安全保障上の課題とも化すのだ。

本稿で得られた示唆を改めて整理すれば、ラオスでは気候変動の脅威が高まることで電力安全保障の揺らぎも高まり、ラオスの脆弱な電力事業実施体制では気候変動の影響に適応するような施策を独力で講じることは難しいことを確認した。気候変動によって実施体制の脆弱性がさらに高まり国家の経済状況もさらに悪化するようであれば、電力安全保障を取り巻く環境はより一層厳しくなる。ラオスが自律した電力安全保障を確立する道程を進むことができなければ一帯一路の具現化を進める中国の影響は深まるであろう。本稿の冒頭では電力安全保障を適正な量と価格で安定供給することと定義したが、今後は気候変動対策の採用を前提とすべきこと、ラオスの電力安全保障の確立は近隣諸国との安定した国際関係構築の礎になることも確認できた。国際政治の領域からラオスの気候変動と電力安全保障に関する議論の精緻化につとめることはメコン地域ひいてはＡＳＥＡＮの平和と発展の議論の一助になろう。

（1）たとえば笹川平和財団海洋政策研究所編、阪口秀監修『気候安全保障──地球温暖化と自由で開かれたインド太平洋』東海教育研究所、二〇二一年。関山健『気候安全保障の論理──気候変動の地政学リスク』日本経済新聞出版、二〇二三年。山本良一『気候危機』岩波ブックレット、岩波書店、二〇二〇年。

（2）たとえばKanya Souksakoun, Towards Sustainable Hydropower: Policy Implementation and Livelihood: Transformation in the Sekong Basin, Laos, thesis submitted for the degree of Doctor of Philosophy of The Australian National University, 2022. 松本悟『メコン河開発：二一世紀の開発援助』築地書館、一九九七年。

（3）たとえばS. Sparkes, Hydropower Development and Food Security in Laos, *Aquatic Procedia*, Volume 1, 2013, pp. 138–149. Christopher L. Atkinson, Hydropower, development, and poverty reduction in Laos: promises realized or broken?, *Asian Journal of Political Science*, 29: 1, 2021, pp. 67–87. マーチンは経済発展の恩恵、特に水力と鉱物に関連した歳入がより公平に配分されるためには、それをやりとげる指導体制が絶対的に必要だと指摘している（マーチン・スチュアート－フォックス『ラオス史』めこん、二〇一〇年、三二八頁）。

（4）Meghan L. O'Sullivan; Indra Overland; David Sandalow, *The Geopolitics of Renewable Energy*, Faculty Research Working Paper Series, 2017, pp. 1–49. Cao Zhong, Li Hao, Dilemmas of hydropower development in Laos, Energy Sources, Part B: Economics, *Planning, and Policy*, Vol. 12, No. 6, 2017, pp. 570–575. Nathanial Matthews, Water grabbing in the Mekong basin – An analysis of the winners and losers of Thailand's hydropower development in Lao PDR, *Water Alternatives*, Volume 5, Issue 2, 2012, pp. 392–411.

（5）入江一友、神田啓治「エネルギー安全保障概念の形成と変容」『日本エネルギー学会誌』八一（五）（通号九〇一）、二〇〇二年、三一一―三一九頁。Ameen Sarhan, Vigna K. Ramachandaramurthy, Tiong Sieh Kiong, Janaka Ekanayake, "Definitions and dimensions for electricity security assessment: A Review," *Sustainable Energy Technologies and Assessments*, Volume 48, December 2021, pp. 2–3.

（6）Government of Lao PDR, *Renewable Energy Development Strategy in Lao PDR*, 2011.

（7）EDLプレゼンテーション資料、二〇二三年一〇月。

（8）ADB, World Bank, *Climate Risk Country Profile: Lao PDR*, 2021.

（9）二〇五〇年までにネットゼロを達成するためタイやカンボジアはパリ協定のもとで長期低排出発展戦略を策定・提出しているが、ラオスの同戦略は世界銀行が策定支援中。

（10）本稿では紙幅の制約から近隣諸国の電力事業の構造は分析しないが、たとえばベトナムでは二〇二三年乾期に深刻な電力不足が発生し、気候変動の影響が深刻化すれば再発することが懸念されている。そのためベトナムは二〇二五年までに三千MW、二〇三〇年までに五千MWをラオスから輸入する計画である。気候変動対策と再生可能エネルギーの価値にくわえて、ラオスから購入する電力単価はベトナムの発電単価より低いことも大きな後押しになっている（Vietnam Investment Review, *EVN proposes accelerated electricity imports from Laos*, September 26, 2023）。

（11）ADB, World Bank, *op.cit.*, pp. 2.

（12）ADB, World Bank, *op.cit.*, pp. 2.

（13）Notre Dame Global Adaptation Initiative（https://gain.nd.edu/our-work/country-index/）（二〇二三年七月二四日閲覧）

（14）United Nations Lao PDR, *Inter-Agency Contingency Plan Lao PDR 2023*, 2023.

（15）各県ごとに災害の発生状況と脆弱性評価はUN-Habitat, *National Climate Change Vulnerability Assessment in Lao PDR - Preliminary Results*, 2021を参照。

(16) Lao Statistics Bureau, *Statistical Yearbook 2022*, 2023.
(17) JETROによれば採掘事業者一一者に事業許可がおりており一〇MW以上の電力購入契約を行い単価は六・九五セント／kWhである（JETRO「ラオス：為替管理制度」）（https://www.jetro.go.jp/world/asia/la/trade_04.html）（最終更新日：二〇二三年七月二四日）。EDLがIPPから購入する電力単価や乾期にEGATから購入する単価に対し逆ザヤが発生する場合、採掘事業者が採掘機材を増設し稼働時間を増やすなど電力消費量を高めるほどEDLの赤字も拡大することになる。
(18) Lao Statistics Bureau, *Lao PDR Labour Force Survey 2017*, 2018.
(19) *Ibid.*
(20) U.S. Energy Information Administration（https://www.eia.gov/）（二〇二三年七月二四日閲覧）
(21) 新エネルギー・産業技術開発機構『ラオス人民民主共和国における石炭賦存・開発等可能性の調査』二〇〇七年、二一三頁。
(22) Ministry of Energy and Mines Orders Halting of Renewable Energy Studies, *Laotian Times*, 19 September 2023.
(23) EDL、前掲資料。
(24) 二〇二一年の国連総会で中国政府は新規石炭火力発電事業を建設しないことを表明したが、フィンランドのエネルギー・クリーンエア研究センターによれば、許可・建設段階の中国石炭火力事業が完成するとラオスで五GWに近い規模の石炭火力発電所が運転をはじめることになる（CREA, *2 years later: China's ban on overseas coal power projects and its global climate impacts*, 2023, pp. 8–9, 15–17）。
(25) USAID; National Renewable Energy Laboratory, *Lao Power-Sector Vulnerability Assessment and Resilience Action Plan Final Report*, 2020, pp. vii.
(26) 大型貯水池の水深が浅く湖水面積が広大な場合、地球温暖化で蒸発散量が増加し発電量の減少に結びつくという指摘や蒸発散量が増えれば空気中の水蒸気も増え降水量も増えるという指摘もあるが、それらの因果関係の検証は水文分野の専門家に稿を譲りたい。
(27) ADB, *Asian Development Outlook September 2023*, 2023, pp. 112.
(28) EDL、前掲資料。
(29) Department of Energy Policy and Planning of Ministry of Energy and Mines, *Lao PDR Energy Outlook 2020*, ERIA Research Project Report, 2018.
(30) チベット高原を源流とするメコン川流域では多くの水力発電所が開発されてきたが、国別に設備容量で比較すれば中国国内ですでに一一カ所計二一三一〇MW設置されており、さらに一一カ所建設中または計画中のサイトがあり最大で三一六〇五MWに達する見込みである（国際協力機構『東南アジア地域 メコン河流域における環境社会に配慮したダム運用に係る情報収集・確認調査』二〇二二年、第三章六三―六六頁）。
(31) マーチン・スチュアート－フォックス『ラオス史』めこん、二〇一〇年、三二六―三二八頁。原洋之介、山田紀彦、ケオラ・スックニラン『中国との関係を模索するラオス』独立行政法人経済産業研究所、二〇一一年。
(32) 本稿執筆時点でラオスと接続している回線数だけで比べればタイが最も多く九回線だが、中国とは一回線のみの敷設となっており中国との連結性は発展途上と言えよう（国際協力機構『ラオス国送配電系統運用改善に係る情報収集・確認調査ファイナル・レポート』二〇二四年、第二章四頁）。
(33) EDL、前掲資料。
(34) EDL、前掲資料。
(35) 近年の国内電力消費量の特徴として暗号通貨採掘業者が全国の

消費量のうち半分を占めていることも指摘しておきたい（ＪＥＴＲＯ「ラオスの貿易と投資」二〇二三年）。暗号通貨の価値変動は激しいことから電力売買契約は数年の短期契約とみられ長期の安定した売り先にはあたらない。暗号通貨の採掘は労働集約型の産業ではなく、高性能なコンピューターの台数が肝で多くの雇用は生み出さないことも課題である。

(36) 日本エネルギー経済研究所「ラオスのエネルギーと電力の現状と今後の動向」二〇二三年。

(37) 国際協力機構『東南アジア地域　メコン河流域における環境社会に配慮したダム運用に係る情報収集・確認調査』二〇二二年、第三章七九頁。

(38) Laos-China JV power transmission company launches full operation in Laos, *Lao News Agency*, 31 January 2024.

(39) *Vientiane Times*, 17 July 2023.

(40) 中国南方電網有限責任公司とともに中国の二大送配電事業会社である国家電網公司は二〇一六年に国際送電網構想を実現するためグローバル・エネルギー・インターコネクション開発協力機構（Global Energy Interconnection Development and Cooperation Organization：ＧＥＩＤＣＯ）を北京に設立した。ＧＥＩＤＣＯは非営利の国際機構だが国家電網公司会長がＧＥＩＤＣＯ会長を務めておりＧＥＩＤＣＯの調査研究や計画提案は中国の国家戦略である一帯一路と基底を共有している。

(41) *Vientiane Times*, 31 October 2023.

(42) Diplomat, What Chinese Dams in Laos Tell Us About the Belt and Road Initiative Analyzing Chinese dams in Laos provides insight into the local origins and drivers of the BRI, particularly along China's borderland regions, December 03, 2021. (https://thediplomat.com/2021/12/what-chinese-dams-in-laos-tell-us-about-the-belt-and-road-initiative/)（二〇二四年二月一〇日閲覧）

(43) World Bank, *Lao PDR Economic Monitor - Fiscal Policy for Stability: Thematic Session - Improving Revenue Mobilization*, pp. 7.

(44) 世界銀行によればＣＳＧからＥＤＬへ支払われた前払金は六億五〇〇〇万米ドル、その資産を活用することでＥＤＬからＥＤＬ—Ｔへ支払われる託送料金は〇・七セント／ＫＷｈ。新規にＥＤＬ—Ｔが投資する高圧送電線の託送料金は別途契約締結予定（World Bank, *Concept Project Information Document (PID) - Lao PDR: Domestic Grid Optimization Project - P178477*, 2022）。

(45) Meghan L. O'Sullivan; Indra Overland; David Sandalow, *The Geopolitics of Renewable Energy*, Faculty Research Working Paper Series, 2017.

(46) 高橋洋『エネルギー転換の国際政治経済学』日本評論社、二〇二一年、一三七頁。

(47) ラオスでは独立した規制機関が設置されていないことも課題である。法律で権限や機能を規定し電力関連事業者に適正な規制をかける必要がある。信頼性の高い電力システムを運用するため電力関連資産が遵守しなければならない条件であるグリッドコードも整備する必要がある（国際協力機構『ラオス国送配電系統運用改善に係る情報収集・確認調査ファイナル・レポート』二〇二四年、第二章六—七頁）。

(48) 国際協力機構『ラオス国送配電系統運用改善に係る情報収集・確認調査ファイナル・レポート』二〇二四年、第二章一—二二頁。

（やまもと　つよし　早稲田大学アジア・ヒューマン・コミュニティ研究所）

日本国際政治学会編『国際政治』第214号「地球環境ガバナンス研究の最先端」（二〇二五年一月）

農業・食料分野における地球環境保全規範の受容要因

――食料安全保障レジームの変容――

米田立子

はじめに

本稿は、伝統的な争点領域である国際的な農業・食料分野において地球環境問題がどのように受け入れられていったかを、規範研究のアプローチ、特に受け手側の行動に焦点を当てて解明することを目的としている。

地球環境の保全は、今やあらゆる国際交渉の主要議題である。国際場裏における規範をフィネモア（Finnemore）は「共同体において適切であると認められた行為を巡る共通の期待」と定義し[1]、栗栖は「その是非がもはや政治的討議に付されない」場合に規範は成立したとする[2]。これに沿えば、地球環境保全の命題は規範であると言えるだろう。

食料・農業の分野は、自然環境に大きく依存し、気候変動や生物多様性などの地球環境保全と関わりが強い。今でこそこの分野では、関係者が温室効果ガス（ＧＨＧ）削減や生物種の保全という課題に主体的に関与すべきとの認識は共有されているが、二一世紀に入ってもそのような認識は一般的とは言えなかった。環境問題に関し、二〇世紀中盤から農薬や肥料の多用による水質汚染などは認識されていたものの、あくまで局所的な環境汚染への対応が中心であった。この分野での最優先事項は途上国における飢餓撲滅とそのための食料増産であり、国連食糧農業機関（ＦＡＯ）を中心とした食料安全保障レジームでは、地球環境保全は飢餓撲滅とは相反する規範との認識であった。一九九六年に開催された国連世界食料サミット（ＷＦＳ）の場では、途上国は、先進国からの資金や食料援助の減少や環境対応能力への懸念から、地球環境保全を政策目的として記載することを拒否した。

しかし、二〇一〇年代頃からこの状況は急展開を見せる。二〇二一年に国連事務総長主導で開催された国連食料システムサミットでは、パリ協定や生物多様性条約などに対する食料分野の関与の強化が強調され、農業・食料分野のアクターが地球環境保全という命題に対し、対抗するのではなく積極的に対応する姿勢を見せている。

本稿では、農業・食料分野の国際レジームにおいて地球環境保全規範が当初は対抗するものという位置付けから、どのように二〇一〇年代に同規範の受容へ向けてレジームが変化したのか、その変遷の軌跡を追い、さらにその要因を明らかにする。そして今後の地球環境ガバナンス向上への手掛かりを模索する。

一　分析の視点――地球環境保全規範と国際レジーム

(1)　規範の重層的構造

地球環境保全規範は広範な内容を含む。亀山はこれを、ⓐ酸性雨など環境汚染物質が国境を越える場合、ⓑ渡り鳥など保全したいものが越境する場合、ⓒ地球温暖化など世界中で被害が発生し、原因物質も世界中から排出される場合、ⓓ砂漠化や生物多様性喪失など一部の国内で生じる問題であるが世界的に共有すべき場合、ⓔエビ養殖等による熱帯林破壊など先進国の経済活動が途上国の環境を害する場合の五つに類型化するが[3]、さらに論点はこの五類型を越えて細分化され、気候変動、生物多様性、砂漠化対応や絶滅のおそれのある野生動植物などに関する多国間環境条約が制定され、さらに二〇二二年にはプラスチック汚染に関する条約交渉が開始されている[4]。こうした環境条約の「断片化」が、重複や非一貫性等、ガバナンス上の課題を引き起こす要因との見解もあるが[5]、この分析は別の機会に譲る。

また、地球環境保全に関連する社会活動分野も多岐にわたる。例えば気候変動枠組条約では、その四条で特にエネルギー、運輸、工業、農業、林業、廃棄物の処理を例示し、締約国がこれらの部門でのGHGの人為的な排出抑制、削減や防止を促進すべき旨が明記されている[6]。しかし、これら各部門では、それぞれ国際機関を中心に独自の優先領域やルール、行動規範が形成され、具体策は個別争点領域でのルールや行動規範の中で議論されることとなる。

これらの特徴から、地球環境保全とは、様々な争点領域を包含する概念的なものであり、ヴァイナー（Wiener）が言う「根本規範（fundamental norms）」[7]であると言える。そして地球環境ガバナンスの向上には、根本規範に加えて、関連する社会活動やの個々の争点領域において、GHG削減や生物多様性保全などの具体的行動規範（ヴァイナーの「標準化された手続き（standardized procedure）」[8]）が組み込まれる必要があると考えられる。

(2)　規範の受容に関する議論

規範が本当に受容されているかを問う際には、受容プロセス及び受容された内容に関する視点を、ともに受け手集団の側から見る必要がある。これまでも、規範の提起、発展、受容については複数のアイデアや主体、ガバナンスレベルでの「複合性」[9]を分析視点とした研究が進展してきた。まずプロセスの視点からは、フィネモアとシキンク（Finnemore and Sikkink）による「規範のライフサイクル仮説」[10]が広く参照され、この説では、「規範起業家」により提示された新たな規範が、徐々に各国の支持を集め、構成国家の約三分の一の支持を境に「規範カスケード」が発生して一気に受容が進み、その規範が内面化されていく過程を描く。またチェッケル（Checkel）は、規範が国際機関や非政府組織（ＮＧＯ）による「説得（persuade）」と政策決定者による「学習（learn）」を重ねることで伝播するとする[11]。

一方で規範の内容面に関し、アチャリア（Acharya）は、新たな規範は現地の文化や規範に沿うように再構成される「現地化」[12]を経るとし、プライス（Price）は既存の規範がある場合に他の規範を接合する「規範の接ぎ木」[13]を提起する。栗栖はこれに加えて、ＮＧＯなどにより部分的な要素の付加や削除を行う「翻案」、国際機関など正当性・普遍性を認められた機関が競合規範を踏まえて再構成する「編集」[14]の概念を提起する。

競合規範がある場合、先に述べたヴァイナーの議論では、根本規範と標準化された手続きはそれぞれ「正しさ」があり、両者の間に乖離があるため、ここに論争が生じるとする。これらの研究に基づけば、規範の競合や対抗キャンペーン活動は、新たな規範が提示する論点について支持勢力、反対勢力が認識を共有しつつその価値判断が異なる場合に起こるものとなる。

(3)　規範とレジーム

規範の受容過程を分析するに際し、ある争点領域で支持を獲得した規範が別の争点領域で受容されていく過程など、争点領域をまたいだ規範の変遷を見るには、その争点領域ごとのまとまり――「国際レジーム」のレンズを通すことが有用である。「国際レジーム」について本稿では、最も知られているクラズナー（Krasner）の定義に則り「国際関係の所与の争点領域における、アクターの期待が収斂するところの明示的もしくは暗黙の原則・規範・ルール・及び意思決定手続きの総体」[15]とする。山本は、様々なレジームの定義を比較する中で規範は共通要素であるとし、規範が共有されることによりレジーム参加者の間で目的が共有されるとする[16]。交渉などの過程を経る場合、交渉参加国は自らの支持する規範をレジームの決定に反映させようと試み、決定された内容は各参加国に影響を与え[17]、こうした相互関係を経て、規範はレジームのアイデンティティとなる。レジームの中心に国際機関がある場合、国際機関は先に述べた規範の説得や編集といった役割に加え、メンバー国に対し規範を提示し、学習を促す役割を持つこともある[18]。このような観点から本稿では、食料安全保障レジームのメンバー国がどのように地球環境保全規範を受容することになったのか、関連の国際機関とメンバー国の相互作用をみながらその軌跡を追い、同レジームの変容を検討する。

二　食料安全保障レジームと地球環境問題——伝統的対応

(1) 農業・食料と環境問題

物資である食料はそれ自体環境への影響はなく、生産活動（農業）を通じて環境と関連を持つが、農業は、農地の開墾などを通じ土地に改変を加えることから、自然環境へ必然的に負荷を与えるもの[19]と認識されてきた。特に近代的な農業生産においては、二〇世紀中盤から農薬や肥料の過剰施用と水質汚染の関係が問題となり、欧州連合（ＥＵ）では一九八〇年に、飲用水に関し窒素類（肥料由来を含む）の残留を規制する指令が定められたが[20]、これらは地球環境への影響というよりは、局所的・地域的な問題であったといってよい。

その後、農業・食料と環境の問題はさらに外縁を広げ、一九八七年のブルントラント報告書では農業と食料についての章が設けられている。同報告書では、局所的な水質汚染、農薬多用による生態系への影響といった課題とともに、今後四〇―七〇年のうちに、地球温暖化により沿岸域の農業地域で洪水が多発する恐れがあること、また環境配慮のない農業政策がその要因の一つであると指摘する[21]。

農業・食料と地球環境保全との関係に関し、気候変動枠組条約では農業はＧＨＧの主な排出源の一つに列挙され、また生物多様性条約では、食料問題は決定的に重要な関わりを持つ事項[22]とされている。このことから、農業・食料分野と地球環境保全との関連は、先に述べた亀山の分類のⓒ及びⓓが中心であり、「標準的手続き」としての条約が存在する気候変動と生物多様性を中心として発展したと言える[23]。

しかし農業・食料分野の議論では、地球環境保全は長らくトップアジェンダではなかった。この分野に関する伝統的な関心事項は、飢餓の撲滅と食料安全保障であり、一九四五年設立のＦＡＯ、一九六一年にＦＡＯから分離し緊急食料援助などを行う世界食糧計画（ＷＦＰ）、一九七四年に設置された国連食料安全保障委員会（ＣＦＳ）など[24]による国際的な食料安全保障レジームが構成されている。一方で食料の確保には、自国内での生産に加え、足らざる場合は他国との貿易が必要である。従って食料安全保障の視点からは、貿易ルールの動向も常に意識されており、一九四八年発効の関税と貿易に関する一般協定（ＧＡＴＴ）及び一九九五年発足の世界貿易機関（ＷＴＯ）を中心に、飢餓撲滅のための手段として重要な位置づけを与えられた。

(2) 世界食料サミットと地球環境保全規範への表面的同調

食料安全保障の議論は、第二次世界大戦直後に起こった世界的な食料難を発端に、途上国における急速な人口増と飢餓人口の増加を受け発展したため、このレジームにおける最重要事項は、食料の量的確保、即ち増産であった。食料増産に際しては農地の開墾や水の利用が、森林破壊や水源の枯渇などの問題を招くことは認識されていたが、他の開発フォーラでの議論とは異なり、農業における環境問題は、ＥＵでの水質汚染や、北米などでの穀物生産による土壌浸食など、先進国の課題でもあるとの認識であった。また、多くの途上国が食料を輸入に頼るため、飢餓撲滅には先進国の食料生産も重要とされ、開発途上国の貧困問題と環境破壊を結びつける考え方は否定されていた[25]。

このレジームにおいて、地球環境の保全は副次的な扱いであった。一九九六年一一月にＦＡＯが主催した世界食料サミット（ＷＦＳ）では、行動計画前文で現在も使われる食料安全保障の定義が合意されたが、ここに環境の文言はない[26]。地球環境の保全に対しては、同じく行動計画で食料安全保障の実現を、各種国際会議で合意された社会、経済、環境等の開発目標の一部であるとする一方で[27]、生物多様性保全については緊急行動の必要性を「認識する」、気候変動、生物多様性等と食料安全保障の関係は「理解するよう努める」との記載に留まっている[28]。さらに会議に合わせ公表された背景文書では、人口増に対応する食料の増産と生態系保全や天然資源の劣化を「相反関係」ととらえ、生態系との関係は資源利用の観点からのものであり、生物多様性や森林、気候変動等の国際会議は短期的には世界の食料安全保障の達成に負の影響を与えるとさえ記述する[29]。

このことから、食料安全保障レジームの参加者は、その多くが地球環境保全規範は食料安全保障と競合するものと位置づけていたと言える。しかし首脳級で合意したリオ宣言等を否定することはできず、結果「根本規範」へ表面的に同調しつつ、「標準化された手続き」の否定により、事実上地球環境保全をレジーム内の規範とはしない「yes, but」の対応をとることに合意したのである。この動きは、地球環境の保全という規範に対し表面的には同調しているように見え、対抗しているように見えない点が特徴的である。

(3)　ＷＦＳの交渉過程と表面的同調の理由

ＷＦＳでこのような決着に至った経緯に関し、交渉過程の公式記録は公表されていないが、当時から食料安全保障レジーム関連の国際機関に対する最大の拠出国であった米国の会計検査院（ＧＡＯ）が一九九六年一一月に議会に提出したレポートを手掛かりに議論を追うこととしたい[30]。農務省等の担当者からの聞き取りをもとにしたこのレポートによれば、米国は、ＷＦＳ宣言の交渉経過において、「持続可能な開発」の理念が重視されていないとし、食料安全保障の定義や、各国が進めるべき政策の方向性に広く環境的側面を記載すべきと主張した。しかし途上国は自国における環境対応能力への懸念等を理由に米国提案に消極的姿勢を示した[31]。特にＧ―77諸国は、先進国にとって、環境問題が途上国の農産物貿易に対する新たな障壁となりうるとの考えから米国案に懸念を示し、最終的な成果文書では、環境問題は食料安全保障を脅かす要因であるとの記載にとどまった[32]。

ＧＡＯレポートでは、他にも食料安全保障と人権、人口増加抑制策等の他、途上国の環境対応能力と関係が深いものとして、途上国向け開発資金や援助の問題が挙げられている。途上国への資金援助は、開発と環境の議論において常に大きな課題であるが、ＷＦＳの議論で途上国は、一九九〇年代に激減した政府開発援助（ＯＤＡ）を再び増加させるべきとの論点を提起した。農業分野のＯＤＡを含む政府間資金援助は、一九八八年をピークに一九九四年にかけて約四割以上減少[33]、またWFPなどが実施する食料援助の数量も一九九二年をピークに一九九七年にかけて約六割以上減少した[34]。これらの援助が減少した要因として、資金援助の減少に関しては、冷戦終結によりドナー国側の援助動機が失われたことが関係し[35]、また食料援助の減少に関しては、一九九二年に妥結したGATTウルグアイラウンド（UR）農業交渉が大きく関係する。特に後者に関しては、UR交渉の背景の一つが、欧州や米国が農産物の過剰基調の中、両者が自らの余剰を補助金付きで輸出した輸出競争であったこと、また、伝統的に食料援助が一九五〇年代から生産余剰処理策の一部であった経緯[36]から、WTO農業協定では輸出補助金に関する制限とあわせ、食料援助が輸出補助金規律の回避策とすることを禁じる規律を課した[37]。このことが、食料援助の大幅減につながったのである。

こうした状況を受け、G—77諸国は、WFSの成果文書にODA増額に向けた数値目標の記載を主張したが、米国は反対した。結果、資金援助関連については、公的部門と民間部門からの資金調達を併記し、双方を最適化するとの記述で合意されたが[38]、米国は文書採択の際、本文言は援助額に関する目標ではないとする解釈声明(interpretative statement）を提出した[39]。

この交渉経緯から、WFS当時、地球環境保全が食料安全保障レジームのアクター間での規範とならなかった要因がいくつか指摘できる。まず一点目には、開発問題の一部とされていた飢餓撲滅が、環境問題と不可分との認識が浸透していなかった点である。同レジームではあくまで食料増産が最優先事項であり、地球温暖化防止や生物多様性の保全は相反するものと認識されていた。環境問題への関心は農場周辺の水質汚濁や土壌侵食など、局所的な観点のものか、気候変動の影響の受け手という観点にとどまり、気候変動については、CO2水準の上昇は植物の成長を促進させ収量増加に寄与する側面もあると考えられていた[40]。この視点は後年、気候変動に関する政府間パネルの報告書にも記載されるが[41]、少なくとも気候変動枠組条約起草時にそのような観点は明示されず、食料安全保障レジームとして、一方的に農業を排出源とみなし、GHG削減を強調する言説を受け入れることはできなかったのである。

二点目に、途上国向け資金援助と、環境対応能力すなわち技術の不足（欠如）が挙げられる。途上国の視点から見れば、大幅な人口増が予測される一方で、先進国からの資金フローや食料援助は減少し、追加的な資金コミットメントも得られない中、食料増産が求められるという構図であった。加えて環境配慮までも求められるならば、限られた土地で農業生産性を大幅に向上させる具体策が必要であったが、そのような技術は一九九〇年代半ばにはなかった。過去には二〇世紀中盤に途上国で収量の高い品種や近代農法の導入により生産性を向上させる「緑の革命」が、アジア地域で成果を挙げていたが、他方で肥料や農薬の多用による環境影響や、農村地域における不平等の拡大などが指摘され[42]、これに代わる手段は普及していなかった。バイオ技術[43]の適用可能性は提起されていたが[44]、設備や技術者の確保等、研究開発分野での投資が必要であったため、多くの途上国で実用的とは言えなかった。

三点目に、貿易規律との関係である。農業・食料の分野での代表的な貿易規律であるWTO農業協定は、同補助金協定の特則であるが、食料援助に加え、加盟国による農業補助金（国内支持）に対しても、貿易を阻害する効果（市場歪曲性）の有無の観点から細かく規制を課す。環境目的の補助金は規律対象外である一方、生産増大を目的とする農業補助金は、途上国の場合生産額の一〇パーセントを超えると協定違反とされ(45)、途上国の食料増産のための補助金もこれに該当するため(46)、国内の生産奨励策を自由に講じることはできなくなった。加えて、GATTのもとで、米国によるイルカ保護のためのマグロ輸入禁止措置やウミガメ保護のためのエビの輸入禁止措置がパネルに提訴されるなど(47)、環境保護が途上国に対する貿易規制につながるとの懸念が生じていた。これらの貿易ルールの動向は、食料増産を課題とし、また農産物を輸出関心品目とする途上国にとって、地球環境保全規範を受け入れるに際し大きな障害であったと考えられる。

三　地球環境保全規範の受容への転換

(1)　二〇〇〇年代から二〇一〇年代の変化

国などのアクターがいつ規範を受容したかの特定は、条約の批准や署名といった手続きのない場合、判断が難しくなる。しかし、条約の批准や署名が国家の意思表示であると考えると、国際場裏で国として何らかの形で取組への意思表示を行うことが、規範受容のシグナルと考えることができる。この観点から、地球環境保全という規範に対する食料安全保障レジームの動きを概観したい。

WFS時に見られた、食料安全保障レジームにおける地球環境保全規範への表面的な同調は、その後しばらく続いたが、二〇〇〇年代後半から二〇一〇年代にかけて変化が生じる。二〇〇九年一一月にFAOが主催した世界食料安全保障サミット（WSFS）では、テーマ別会合に「気候変動への適応と緩和」が含まれ(48)、会議で採択された「世界食料安全保障サミット宣言」行動計画七・四では、各国が気候変動対策へ主体的に取り組むことが記載された。また同年のFAO農業委員会では、各国による気候変動や生物多様性保全対応を前提に、FAOがその基礎分析調査を実施することが承認された(49)。

二〇一二年のリオ＋20会合では、FAOなどが、新たに視座を農業生産から加工や流通分野に広げる「持続可能な農業食料システム」の概念を提案し、その中で気候変動対策や生態系保全といった地球環境問題を農業・食料分野の課題とした。なお、この概念は後にFAO農業委員会でも承認された。さらに二〇一六年にCFS第四三回会合で承認された持続可能な農業開発に関する政策提言では、将来の食料供給に向け、関係者が生物多様性や生態系の保全、GHG削減に取り組むべきと明記された(50)。

こうした変化は、他の農業関係の閣僚合意にも表れている。二〇〇九年にイタリアで開かれたG7（当時はG8）農業大臣会合宣言では、環境との関係はWFSと同じく天然資源の利用の観点に重きを置く(51)一方、二〇一一年にフランスで開かれたG20農業大臣会合では、農業部門からのＧＨＧ排出削減や、農業が生物多様性に有益な役割を果たすことが主体的に記載された。(52) アルゼンチン、ブラジル、インドネシア等の有力途上国が参加するＧ20でのこの論調の変化は、同時期の食料安全保障レジームでの変化が大きく影響したと考えられる。

これらの文書の合意により各アクターは、ＧＨＧ削減などの気候変動対応や生物多様性保全の行動に取り組む意思がある旨を表明したこととなる。したがって、この頃各アクターは、食料増産という自己の最も重要視する規範を変えることなく、表面的な同調から脱却し、地球環境保全規範を自らの行動規範として受容したとみることができる。次に、二〇一〇年代におけるこのような転換が起こったのはなぜか、ＷＦＳ開催当時に課題であった事態の変容を検証しながら、要因を明らかにしたい。

(2)　変化をもたらした要因

まず資金と技術開発の課題が改善した。ＷＦＳ開催前に減少した農業向けＯＤＡ総額は長らく低迷していたが、(53) 二〇〇八年のＧ８洞爺湖サミットにおける農業向け開発資金一〇〇億ドル、(54) 翌二〇〇九年のＧ８ラクイラサミットにおける三年間に二〇〇億ドルのコミットメントを経て、(55) 二〇一〇年にようやく一九八〇年代水準に回復するに至り、加えて民間投資額も二〇〇〇年代後半から急増する。(56) 民間投資増の初期要因は、二〇〇七―八年頃の穀物価格急騰を背景とした先進国企業による土地買収が主であったが、これは土地収奪であると国際的に批判され、(57) 代わりに投資先として研究開発分野が伸びていった。折から二〇〇〇年頃から作物育種の分野でバイオ技術が次々と途上国に導入され、(58) 細胞の一部を取り出して培養し増殖させる組織培養は、バナナの病害対策における健康な苗の大量生産・導入に、特定の形質を示すＤＮＡ配列を特定して育種選抜の効率化を図るＤＮＡマーカー技術は、小麦など様々な作物に応用されている。

二〇一〇年代には途上国でスマートフォンなどの普及が進み、ＧＰＳなどデジタルツール活用による効果的な生育管理、農薬や肥料の適量施用など環境に配慮しながら生産性を向上する農法が米国国際開発庁（ＵＳＡＩＤ）などにより奨励された。(59) 投資との関連では、ファグリー（Fuglie）は、全世界の民間農業研究開発投資は二〇〇〇年の七三億ドルから二〇一四年には一一九億ドルに増加したとする。またその九割弱が先進国企業であり、これら企業が地域販売シェアに応じた投資を行うと仮定し、三割弱が途上国向けであったと推計する。(60) すなわち、公的支援による新たな技術導入が先進国企業の販路を拡大し、さらに民間投資を呼ぶ構造であると言える。

次に、貿易規律との関係については、二〇〇一年からのＷＴＯドーハラウンド（ＤＤＡ）交渉の動きと地域貿易協定（ＲＴＡ）(61) の増加が大きく影響している。ＤＤＡ交渉では、環境問題への関心の高まりから、分野別交渉のテーマの一つに貿易と環境を掲げ、貿易と環境に関する委員会（ＣＴＥ）が設置された。しかし環境物品の差別化と市場拡大を図りたい先進国と、環境目的による貿易制限への懸念を表明する途上国との温度差や、自由化対象の品目の範囲、またこれらの論点に対する途上国間での見解の違いなどにより議論は進まず、(62) 二〇二一年に有志国が「貿易と環境持続可能性に関する体系的議論」を立ち上げたが、具体的なルール策定には至っていない(63)。

　ＤＤＡ交渉のテーマでもある農業交渉の分野では、環境議論は補助金規律の議論につながる。日本やＥＵは環境保全効果を含む「農業の多面的機能」を補助金規律に取り込もうと試みたが、保護主義であるとの批判を惹起し議論が膠着、農業分野においても環境を主眼とした成果には至らなかった(64)。

　こうした状況のもと、貿易と環境の問題に関心を有する先進国、特にＣＴＥ交渉に熱心だった米国やＥＵは、ＷＴＯの議論ではなく、ＲＴＡへの環境条項の導入を試みた(65)。経済協力開発機構（ＯＥＣＤ）によれば、二〇二一年時点で署名済のＲＴＡ七百七十五のうち、環境条項を含むものは五百六十五、そのうち特定の環境項目に言及しているＲＴＡの割合は表１のとおりである(66)。またＦＡＯによれば、農業関係の全環境条項の三分の二が先進国・途上国間のＲＴＡに含まれるとする(67)。

表１　環境条項を含むRTAのうち特定の論点を含むものの割合（2021年時点）

特定の論点	左記を含むRTAの割合
生物多様性	16%
循環経済	15%
海洋関係	14%
土地関係	11%
エネルギー	10%
気候変動	9%
化学物質管理	8%
大気汚染	5%
オゾン層保護	2%
その他	10%

（OECDレポートより筆者作成）


　ＲＴＡに環境条項が増えた理由についてブランディとモラン（Brandy and Morin）は、多国間交渉よりも短時間で合意が得られることに加え、環境政策を支持する政治的圧力の強さ、予め二国間・少数国での合意とすることで貿易紛争が回避できることを挙げる(68)。実際に、伝統的に環境政策を支持する勢力が強いＥＵは二〇〇六年に公表された「グローバル・ヨーロッパ」戦略の中で、ＲＴＡ（原文ではＦＴＡ）で持続可能な開発、特に労働や環境問題を重視する旨を打ち出している(69)。さらに近年では、農業を特記した環境条項の導入の動きが生じ、対カリブ海諸国一五カ国や対ケニアとの間でのＲＴＡ（呼称としては経済連携協定）などに、持続可能な農業に関する条項が盛り込まれている(70)。

　また米国では二〇〇七年五月に、ＦＴＡを通じ労働・環境基準の強化を模索する超党派合意、いわゆる五月一〇日合意がなされ(71)、その後のＴＰＰ交渉での詳しい環境章の記載につながった。またインド太平洋経済枠組み（ＩＰＥＦ）では、気候変動対応を含む持続可能な農業についての規定が模索されている(72)。

　二国間で交易条件を定めることは、農産物を主力貿易品目とする途上国にとっても、環境問題が新たな貿易制限を生むとの懸念を一定程度払拭する効果があり、ＲＴＡにおいて条文化されることは規範の受容に向けて大きく後押しする効果がある。加えて、ＥＵや米国などの途上国援助におけるトップドナー国が、ＲＴＡと開発支援を結び付ける方向性を打ち出し、(73)また締結による投資促進効果も見込まれるため、RTAで先進国が求める地球環境保全の規範を受け入れることが、農業分野においても途上国のメリットとなる。また、WTOの補助金規律の観点からも、貿易や投資の拡大により農産物生産額が増加すれば、農業協定上認められる補助金の額も増加する。こうした面からも、途上国が食料安全保障の議論において地球環境保全規範を受容するためのハードルは下がっていった。

最後に、食料安全保障と地球環境保全の一体性に関しては、二〇一五年に採択された国連持続可能な開発目標（SDGs）の影響が指摘できる。前身となるミレニアム開発目標（MDGs）で食料安全保障と環境保全は別項目とされ、(74)農業・食料分野が取り組む課題としての関連付けはなかった。SDGsではこれとは異なり、食料安全保障と持続可能な農業をゴール2に並列させ、(75)環境持続可能性と生産増の両立と一体性が明確に位置づけたが、その経緯にはFAOの動向が指摘できる。二〇一二年のリオ＋20開催直後、FAOはいち早く内部でゴール2の草案検討を開始した。この草案段階で既に食料安全保障、気候変動や生物多様性保全を同列に位置付けており、(76)この一体性は維持されたまま採択に至った。すなわち、食料安全保障レジームの中核をなす国際機関による規範策定は、その後のレジーム内での議論の展開と相まって、その後の途上国の食料・農業をめぐる議論に大きく影響を与えたことが指摘できる。

実際にSDGs採択翌年、二〇一六年のFAO世界農業白書は気候変動と農業と題し、食料安全保障確保に向けて、関係者がGHG排出抑制に主体的に取り組むべき必要がある旨が記載され、先述したCFS第四三回会合での政策提言採択につながる。

SDGsのもとで食料安全保障と地球環境保全を統合する考え方が確立された点は、民間企業の活動にも影響を与えた。採択前から農産物サプライチェーン確保の持続可能性の議論は生じ、すでに取り組んでいた食料・農業に関するグローバル企業もあったたが、採択後にこれら企業の多くが次々にSDGsを自らの事業方針へ取り込んでいった。(77)先進国企業に加えてアフリカ、アジアや南米などの途上国側の企業も、持続可能性を掲げる企業連合を設立していった。(78)結果、これら企業の調達網に含まれる生産地では、企業の取引や投資誘致に当たり、環境対応が必要となり、国としても対応を迫られることとなる。このようなケースでは、企業が食料・農業分野の国際レジームの参加国が地球環境保全規範を受け入れるための説得役を果たしたこととなる。

おわりに

本稿では、国際レジームのレンズを通すことで、食料安全保障という個別争点領域における地球環境保全規範への対応を考察した。一九九〇年代におけるレジームの最優先課題である飢餓の撲滅や食料増産と、地球環境保全という課題が両立するために、途上国にとっては資金や技術、貿易規律や両者の理念的統合が必要であり、これらが二〇一〇年代に整ってきたことで、食料安全保障レジームにおける各アクターが規範の受容に至ったと考えられる。

伝統的な争点領域の各アクターは、自らが長らく依拠してきた価値観を変え得る外部規範に対しては慎重な対応を取りがちである。こうした価値観の違いや規範の論争は、他分野においても発生している可能性がある。その場合には、本稿の分析が、今後の発展に向けた契機となり、ひいては今後の地球環境ガバナンスの停滞打破する一助となるのではないだろうか。

　一方、こうした国際規範が国内政策に内面化されていった過程については、今後さらに研究の必要がある。特に近年、見せかけの環境対応を指す「グリーンウォッシング」の議論や、先進国の間でも相次いで農業環境規制に対する反発が強まり、ニュージーランドや欧州委員会で農業環境規制の施行延期や撤回などが相次いでいる中[79]、国内政策の段階では、いまだ規範のライフサイクル理論でいう内面化の段階には至っていない可能性もある。

　環境ガバナンスは発展途上の課題であり、様々なアクターの行動や価値観が複雑に関連する課題である。だからこそその改善のためには多角的な視点からの検討とさらなる研究が必要となろう。

（1）Martha Finnemore, *National Interests in International Society* (Cornell University Press, 1996), p. 22.

（2）栗栖薫子「人間安全保障『規範』の形成とグローバル・ガヴァナンス——規範複合化の視点から——」『国際政治』一四三号、二〇〇五年、七七頁。

（3）亀山康子「序論　環境とグローバル・ポリティクス」『国際政治』一六六号、二〇一一年、二頁。

（4）環境省報道発表『「プラスチック汚染対策に関する条約策定に向けた政府間交渉委員会第一回会合」の結果について』、二〇二二年一二月五日、<https://www.env.go.jp/press/press_00917.html> (accessed September 1, 2023)。

（5）Kristin Rosendal, "Impacts of Overlapping International Regimes: The Case of Biodiversity," *Global Governance*, 7, 2001, pp. 95–117.

（6）気候変動に関する国際連合枠組条約第四条。

（7）Antje Wiener, *Theory of Contestation*, Springer, 2004, pp. 35–39.

（8）Ibid., pp. 189–234.

（9）内記香子「持続可能な都市開発に関する規範の発展過程」『国際政治』二〇八号、二〇二二年、七八頁。

（10）Martha Finnemore and Kathryn Sikkink, "International Norm Dynamics and Political Change," *International Organization*, 52(4), 1998, pp. 887–917.

（11）Jeffery T. Checkel, "Why Comply? Social Learning and European Identity Change," *International Organization*, 55(3), 2001, pp. 553–588.

（12）Amitav Acharya, "How Ideas Spread: Whose Norms Matter? Norm Localization and Institutional Change in Asian Regionalism," *International Organization* 58(2), 2004, pp. 239–275.

（13）Richard Price, "Reversing the Gun Sights: Transnational Civil Society Targets Land Mines," *International Organization*, 52(3), 1998, pp. 613–644.

（14）栗栖、前掲論文、七九—八〇頁。

（15）Stephen D. Krasner, "Structural causes and regime consequences," in Stephen D. Krasner (ed.), *International Regimes* (Cornell University Press, 1993).

(16) 山本吉宣『国際レジームとガバナンス』有斐閣、二〇〇八年、四二―四四頁。
(17) 阪口功『地球環境ガバナンスとレジームの発展プロセス』国際書院、二〇〇六年、四五頁。
(18) 山田哲也「国際機構――グローバル・ガバナンスの担い手?」西谷真規子・山田高敬編著『新時代のグローバル・ガバナンス論』ミネルヴァ書房、二〇二一年、二七頁。
(19) 環境省『平成四年版環境白書』<https://www.env.go.jp/policy/hakusyo/h04/8277.html> (accessed July 10, 2023)。
(20) Council Directive 80/876/EEC of 15 July 1980 on the approximation of the laws of the Member States relating to straight ammonium nitrate fertilizers of high nitrogen content, <https://eur-lex.europa.eu/eli/dir/1980/876/oj> (accessed July 15, 2023).
(21) United Nations, *Report of the World Commission on Environment and Development: Our Common Future* (Oxford University Press, 1987) pp. 100–123, <https://sustainabledevelopment.un.org/content/documents/5987our-common-future.pdf> (accessed August 16, 2023).
(22) 生物の多様性に関する条約前文。<https://www.biodic.go.jp/biolaw/jo_hon.html> (accessed September 1, 2023)。
(23) 一九九四年に採択された砂漠化対処条約は、アフリカに着目するとされ、地球規模課題に関する規範の意味合いは薄れている。また、有害化学物質の国際移動を対象とするロッテルダム条約や残留性有機汚染物質を規制とするストックホルム条約など、農薬が対象に含まれる条約は化学物質の製造・管理が主目的であり、農業・食料部門が主たるアクターではない。
(24) これらの国際機関はいずれもローマに本部を置いており、食料安全保障関係の議論や国連会合はローマで行われることが多い。
(25) 国際連合食糧農業機関（ＦＡＯ）編『世界食料サミットとその背景――ＦＡＯ世界の食料・農業データブック――（上）ローマ宣言／行動計画／世界の食料安全保障』社団法人国際食料農業協会（ＦＡＯ協会）、一九九七年、一〇六頁。
(26) 前掲書、一一頁。
(27) 前掲書、一三頁。
(28) 前掲書、二九頁。
(29) 前掲書、二〇七頁。
(30) United States General Accounting Office, *Food Security, Preparations for the 1996 World Food Summit* (USGAO, 1996) <https://www.govinfo.gov/content/pkg/GAOREPORTS-NSIAD-97-44/pdf/GAOREPORTS-NSIAD-97-44.pdf> (accessed January 26, 2024).
(31) G―77 (Group of 77) とは、一九六四年の第一回国連貿易開発会議の際に創設された、途上国の経済的利益の追求や、国連の場での発言力の拡大等を目的としたグループである。<https://www.g77.org/doc/> (accessed February 17, 2024)。
(32) *Supra* note 30, pp. 20, 30–31. (accessed February 17, 2024).
(33) 国際連合食糧農業機関（ＦＡＯ）編『世界食料サミットとその背景――ＦＡＯ世界の食料・農業データブック――（下）生産技術と環境／国際協力と貿易』社団法人国際食料農業協会（ＦＡＯ協会）、一九九七年、二五六頁。
(34) Sarah Lowder and Terri Raney, "Food Aid: A Primer," *FAO-ESA Working Paper05-05* (FAO, 2005) p. 3.
(35) 外務省『外交青書１９９７――相互依存の深まる世界における日本の外交――』<https://www.mofa.go.jp/mofaj/gaiko/bluebook/97/1st/chapt2-2-2.html> (accessed February 17, 2024)。
(36) 余剰生産物と食料援助の関係では、一九五四年にＦＡＯで農産物余剰処理原則が採択され、食料援助における加盟国の行動原則が定

められた。国連食糧農業機関編、国際農林業協力・交流協会訳『世界農業食料白書二〇〇六』、二〇〇六年、二六頁。

(37) 農業に関する協定第十条。<https://www.mofa.go.jp/mofaj/ecm/it/page25_000403.html#article10> (accessed February 15, 2024)。

(38) *Supra* note 30, p. 32.

(39) この時米国が出した解釈声明は "The United States notes that it is not among those countries that have agreed to an official development assistance target. The United States will continue to provide high quality aid on a case-by-case basis as appropriate." であった。資金や食料援助に関して他国から留保や解釈声明は出されていない。FAO, Annex2, Reservations, interpretative statement, *Report of the World Food Summit, 13–17 November 1996*, <https://www.fao.org/3/w3548e/w3548e00.htm#Annexii> (accessed February 21, 2023).

(40) 前掲注25、一〇八頁。

(41) 環境省『気候変動に関する政府間パネル（IPCC）第四次評価報告書第二作業部会報告書技術要約』、一六―一八頁、<https://www.env.go.jp/earth/ipcc/4th/wg2_ts.pdf> (accessed February 27, 2024)。

(42) Ross M. Welch and Robin D. Graham, "New Paradigm for World Agriculture: Meeting Human Needs Productive, Sustainable, Nutritious," *Field Crops Research*, 60, 1999, pp. 2–3.

(43) バイオ技術の例としては遺伝子組換え作物が有名であるが、本来は動植物や微生物の改良を行う技術全般を指し、他にも有用遺伝子のＤＮＡ配列を目印として育種選抜の手間や時間を短縮するＤＮＡマーカー育種や、植物の細胞を取り出して培養し、同一の有用な形質を持つ苗を大量に増殖させる組織培養など様々な技術が含まれる。USAID, "What is Biotechnology?" 2004. <https://pdf.usaid.gov/pdf_docs/pnadl538.pdf> (accessed February 17, 2024).

(44) 志和地弘信「アフリカにおけるバイオテクノロジーの現状と展望」『熱帯農業』五一巻五号、二〇〇七年、二〇六―二〇七頁。

(45) ＷＴＯ農業協定では、貿易に悪影響のあるとされる補助金が削減対象とされた一方、先進国は生産額の五パーセント、途上国は一〇パーセント以内であればデミニミスと呼び削減不要とされた。農林水産省輸出・国際部『ＷＴＯ農業交渉について』令和四年七月、一二頁、<https://www.maff.go.jp/j/kokusai/kousyo/wto/pdf/202207_wto_Agri.pdf> (accessed February 27, 2024)。

(46) 服部信司『ＷＴＯ農業交渉二〇〇四』農林統計協会、二〇〇四年、二八―二九頁。

(47) 環境保護を理由とした貿易制限措置のＧＡＴＴ・ＷＴＯ協定整合性が争われたケースには、国内法に基づいて貿易制限措置が課せられたマグロ・イルカ事件、エビ・ウミガメ事件などがある。中川淳司「ＷＴＯ体制における貿易自由化と環境保護の調整」小寺彰編著『転換期のＷＴＯ　非貿易的関心事項の分析』東洋経済新報社、二〇〇三年、一七七―一八九頁。

(48) World Summit on Food Security, "*Concept Note for Round Table 3: Climate Change Adaptation and Mitigation: Challenges for Agriculture and Food Security*," 2009. <https://www.fao.org/fileadmin/templates/wsfs/Summit/Docs/Round_tables/Round_Table_REV1/WSFS_Concept_Note_for_Roundtable_3_E.pdf> (accessed February 19, 2024).

(49) FAO Committee on Agriculture, Sixteenth Session, "*Climate Variability and Change: A Challenge For Sustainable Agricultural Production*," 2001, <https://www.fao.org/3/X9177e/X9177e.htm#P90_7168> (accessed November 23, 2024), and FAO Committee on Agriculture, Twenty-First Session, "Agriculture and Environmental Challenges of the Twenty-First Century: A Strategic Approach for FAO," 2009, <https://www.fao.org/3/

k4554e/k4554e.pdf> (accessed November 23, 2023).

(50) Committee on World Food Security, Forty-Third session, *"Proposed Draft Recommendations on Sustainable Agricultural Development for Food Security and Nutrition, Including the role of Livestock."* <https://www.fao.org/3/mr322e/mr322e.pdf> (accessed February 14, 2024).

(51) 農林水産省『Ｇ８農業大臣会合の概要について』平成二一年四月二四日、<https://warp.ndl.go.jp/info:ndljp/pid/11515860/www.maff.go.jp/j/kokusai/kokkyo/g8agri/index.html> (accessed February 19, 2024)。

(52) 農林水産省『Ｇ20農業大臣会合の結果概要について』平成二三年六月二四日、<https://warp.ndl.go.jp/info:ndljp/pid/11515860/www.maff.go.jp/j/kokusai/kokkyo/g8agri/2011g20.html> (accessed February 19, 2024)。

(53) Sarah Lowder, Brian Carisma. "Financial resource flows to agriculture, A Review of Data on Government Spending, Official Development Assistance and Foreign Direct Investment." *FAO-ESA Working paper 11–19* (FAO, 2011) pp. 25–26.

(54) 外務省「世界の食料安全保障に関するＧ８首脳声明」<https://www.mofa.go.jp/mofaj/gaiko/summit/toyako08/doc/doc080709_04_ho.html> (accessed February 18, 2024)。

(55) 外務省『Ｇ８ラクイラサミット（概要）』平成二一年七月一〇日、<https://www.mofa.go.jp/mofaj/gaiko/summit/italy09/sum_gai.html> (accessed February 18, 2024)。

(56) Yannick Fiedler and Massimo Iafrate "Trends in Foreign Direct Investment in Food, Beverages and Tobacco," *FAO Commodity and Trade Policy Research Working Paper* (FAO, 2016) p. 4, <https://www.fao.org/3/i5595e/i5595e.pdf> (accessed February 13, 2024).

(57) 外務省『責任ある農業投資を巡る国際的な議論と我が国の取組』平成二八年五月。<https://www.mofa.go.jp/mofaj/files/000022443.pdf> (accessed February 18, 2024)。

(58) James D. Dargie et. al., eds, *"Biotechnologies at Work for Smallholders: Case Studies from Developing Countries in Crops, Livestock and Fish,"* (FAO, 2013) <https://www.fao.org/3/i3403e/i3403e.pdf> (accessed February 9, 2024).

(59) United States Agency for International Development, *"Digital Tools in USAID Agricultural programming Toolkint,"* (USAID, 2018) <https://www.usaid.gov/sites/default/files/2022-05/Programming_Toolkit_-_Digital_Tools_for_Agriculture.pdf> (accessed February 18, 2024).

(60) Keith Fuglie, "The Growing Role of the Private Sector in Agricultural Research and Development World-wide," *Global Food Security*, 10, 2016, pp. 34–35.

(61) ＷＴＯ以外の二国間や多国間の貿易協定については、自由貿易協定（Free Trade Agreement, ＦＴＡ）や経済連携協定（Economic Partnership Agreement, ＥＰＡ）などの呼称があるが、ここではＧＡＴＴ二十四条の規定に基づき地域貿易協定（Regional Trade Agreement, ＲＴＡ）の語を用いる。

(62) 原島洋平「ＷＴＯ貿易と環境に関する委員会（ＣＴＥ）の交渉――アジア開発途上国の主張と提案――」『国際開発研究』一五巻一号、二〇〇六年、一―一六頁及び箭内彰子、道田悦代「貿易と環境――開発の視点」箭内・道田編『途上国の視点から見た「貿易と環境」問題』調査研究所中間報告、アジア開発研究所、二〇一二年、二頁。

(63)「貿易と環境持続可能性に関する体系的議論」は、二〇二〇年一一月に五〇カ国の参加で立ち上げられたが、交渉を目的とした場ではない。WTO, *"Trade and environmental sustainability structured discussions news archives,"* <https://www.wto.org/english/news_e/archive_e/tessd_arc_e.htm> (accessed February 19, 2024)。

(64) 作山巧『農業の多面的機能を巡る国際交渉』筑波書房、二〇〇六年、三九、七五―八九頁。

(65) 関根豪政「ＥＵの自由貿易協定（ＦＴＡ）の特徴と影響――環境関連条項を中心に――」『日本ＥＵ学会年報』三三号、二〇一三年、一〇二頁。

(66) OECD, *"OECD Work on Regional Trade Agreements and the Environment, Policy Perspective,"* (OECD, 2021) p. 8, <https://www.oecd.org/env/Policy-Perspectives-OECD-work-on-regional-trade-agreements-and-the-environment.pdf> (accessed August 28, 2023).

(67) Cosimo Avesani, Edona Dervisholli, Elizabeth Schéré and José David Solórzano López, *"Ag-ERPs database: a novel repository of environment-related provisions for agriculture, fisheries and forestry in regional trade agreements,"* (FAO, 2024) p. 26, <https://www.fao.org/3/cc9645en/cc9645en.pdf> (accessed February 25, 2024).

(68) Clara Brandi and Jean-Frédéric Morin. *"Trade and the Environment: Drivers and Effects of Environmental Provisions in Trade Agreements."* (Cambridge University Press, 2023), pp. 27–32.

(69) 関根、前掲注65、一〇四頁及び European Commission, *"Global Europe: Competing in the World,"* COM(2006)567 final (2006), p. 9, <https://eur-lex.europa.eu/legal-content/EN/TXT/PDF/?uri=CELEX:52006DC0567> (accessed November 22, 2023).

(70) Eurative TV, *"EU-Kenya trade pact is the 'most ambitious' on climate and labour rights,"* December 19, 2023, <https://www.euractiv.com/section/politics/news/eu-kenya-trade-pact-is-the-most-ambitious-on-climate-and-labour-rights/>, and European Union, "The EU-CARIFORUM Economic Partnership Agreement," <https://trade.ec.europa.eu/access-to-markets/en/content/eu-cariforum-economic-partnership-agreement> (accessed February 19, 2024).

(71) United States Trade Representative, *"Bipartisan Agreement on Trade Policy,"* May 2007, <https://ustr.gov/sites/default/files/uploads/factsheets/2007/asset_upload_file127_11319.pdf> (accessed February 18, 2024).

(72) 外務省「繁栄のためのインド太平洋経済枠組み閣僚声明、柱１―貿易」（仮訳）、<https://www.mofa.go.jp/mofaj/files/100399484.pdf> (accessed September 20, 2023).

(73) 田中信世「ＥＵとＡＣＰ諸国の経済連携協定」『季刊　国際貿易と投資』二〇〇九年春、七五号、六八―八五頁及び James W. Fox, "Regional Trade Agreements: A Tool for Development?" *PPC Evaluation Working Paper*, (OECD, 2004), <https://www.oecd.org/derec/unitedstates/35933797.pdf> (accessed January 30, 2014).

(74) 国際連合広報センター『ミレニアム開発目標（ＭＤＧｓ）の目標とターゲット』<https://www.unic.or.jp/activities/economic_social_development/sustainable_development/2030agenda/global_action/mdgs/> (accessed February 18, 2024).

(75) 国際連合広報センター『持続可能な開発目標』<https://www.unic.or.jp/activities/economic_social_development/sustainable_development/sustainable_development_goals/> (accessed February 18, 2024)。

(76) FAO, *"Evaluation of FAOs Contribution to Sustainable Development Goal 2 - End Hunger, Achieve Food Security and Improved Nutrition and Promote Sustainable Agriculture: Annex*

5. *Study on FAOs Role in the Design of the SDGs,"* (FAO, 2020), p. 12, <https://www.fao.org/3/cb1923en/cb1923en.pdf> (accessed February 15, 2024).

(77) Just Food, *"Why are food companies aligning with UN Sustainable Development Goals?"* November 9, 2017, <https://www.just-food.com/features/why-are-food-companies-aligning-with-un-sustainable-development-goals/?cf-view&cf-closed> (accessed February 16, 2024).

(78) Olam Group press release, *"New Agri-business Alliance Sets Its Sights on 2030 UN SDG Targets to Tackle Global Food Security,"* September 14, 2016, <https://www.olamgroup.com/news/all-news/press-release/agri-business-alliance-tackle-global-food-security.html> (accessed February 16, 2024).

(79) Lucy Craymer, *"New Zealand pushes back start date for price on farm emissions,"* Reuters, August 18, 2023, <https://www.reuters.com/business/environment/new-zealand-pushes-back-start-date-price-farm-emissions-2023-08-18/> (accessed February 21, 2024), and Olivia Gyapong, *"EU Commission chief to withdraw the contested pesticide regulation,"* Euractiv, February 6, 2024, <https://www.euractiv.com/section/agriculture-food/news/von-der-leyen-to-withdraw-the-contested-pesticide-regulation/> (accessed February 21, 2024).

〔付記〕本稿は、名古屋大学環境学研究科・知の共創プログラムの助成をうけた研究成果の一部である。

（よねだ　りつこ　　名古屋大学大学院）

日本国際政治学会編『国際政治』第214号「地球環境ガバナンス研究の最先端」（二〇二五年一月）

プライベート標準とパブリック環境ガバナンスの共進化

——メタ・ガバナンスとしての欧州標準化システムとEU違法伐採規制——

渡邉智明

はじめに

地球環境問題の解決においては、国家のみならず、多くの非国家主体の関与が重要だと考えられており、様々なアプローチが模索されている。彼らは、指標、あるいは規格・標準といった認証[1]を通じて、企業など様々な主体の行動に影響を与え、事実上の規制ルールの担い手となっている。このように私的（プライベート）アクターが、当該分野におけるルール形成主体として、他のアクターから受容され、「権威」化していることは一九九〇年代後半以降、多くの研究者によって指摘されてきた[2]。そして、二〇〇〇年代以降、プライベート・ガバナンス論として、ルールの態様、特定のルールがグローバル化する条件などについて検討が行われてきた[3]。この中で、近年とりわけ環境認証について注目が集まっている。

現在、多くの環境認証が存在する[4]。ＩＳＯ（国際標準化機構）が策定する環境規格ＩＳＯ１４０００は比較的よく知られている。また、農業、漁業分野においても、ＦＳＣ認証（森林監理協議会）、ＭＳＣ認証（海洋管理協議会）などは、世界で普及が進んでいる。但し、環境認証はあくまで民間主体が策定したものであり、企業などによる取得は任意である。民間ルールである以上、国家や公的な機関が法律で取得を義務付けることはなく、その意味で公私の関係は限定的なものであった。しかし、このような関係は変化しつつある。ＥＵ（欧州連合）、日本、中国など各国は、自国の政策をグローバル・レベルのプライベート標準に反映させるべく戦略的な働きかけを強化している。また、認証設定主体の側においても、国際機関や国家との協働を積極的に進めている。公私二つのガバナンスの境界線は曖昧となりつつあり、両者の関係性を踏まえてガバナンスの動態を理解することが重要である(5)。

しかし、公的主体の関与については、例えば国内法がプライベート標準の普及に与える影響に関して言及されているが(6)、管見の限り、先行研究では公的な関与のパターンや、特定のパターンが出現する条件、について十分に検討されてこなかった。本稿では、EUの環境標準への関与の事例を検討することを通じて、これらの論点に迫っていきたい。

EUは、プライベート標準をそのまま活用するだけでなく、プライベート標準が抱える課題を解決していく方向性を示し、ガバナンスを機能させるためのガバナンス、すなわち「メタ・ガバナンス」を構築・展開している点で注目される。本稿では、欧州標準化システムと、環境認証を活用するEUの違法伐採対策の仕組みを検討する。前者は市場の動向から独立したフォーマルな策定手続きに依拠する標準を対象とするものであり、後者はサプライチェーンに働きかけることを目的として、民間主体が独自のルールで策定した標準に関わるもので、性格が異なる。プライベート標準に対する公的関与を比較検討した数少ない先行研究であるレンケンスの研究も、後者の類型内だけで検討を行い、また森林分野を取り上げていない(7)。これに対して、本稿は、異なる民間認証の類型を比較検討することで、メタ・ガバナンスの態様を析出することを試みる。

以下では、第一節において、プライベート・ガバナンスの先行研究を確認した上で、メタ・ガバナンスの類型とその生成条件に関する本稿の分析視角を提示する。第二節では、欧州標準化システムについて、環境政策と標準化の関係に焦点を当てながら、政策過程を考察する。第三節では、EUの違法伐採対策規制における森林認証の位置づけを検討する。最後に、動態の異なる二つのメタ・ガバナンスに関する本稿の考察を総括し、標準と環境ガバナンスに対する示唆についてふれることとしたい。

一 プライベート・ガバナンスをめぐる先行研究と分析視角

(1) プライベート・ガバナンスの台頭

プライベート・ガバナンスの中心となるのは、①自主的な規制や認証といった「規制」、②「報告」、③「指標・ランキング」である(8)。このうち、認証・規格は法律に近似したフォーマルな側面があり、プライベート・ガバナンスにおいて重要な位置を占めている。広く認証といっても、①自主的なもの(「自己宣言」)、②当該ルールについて任意の外部審査を受けるもの、③基準設定者と異なる審査能力が厳密に担保された第三者による審査を受けるもの(「第三者認証」)、がある。一般に、第三者認証は、透明性、信頼性、厳格性が高いと考えられている。さらに、これらは国際協定などフォーマルなアリーナで形成されるデ・ジュール(de jure)標準と民間主体が独自に形成し普及させるものの二つに分かれる。

では、このようなプライベート・ガバナンスの台頭の背景には何があるのだろうか。

第一に、経済のグローバル化とその対応である。一九九〇年代以降、急速に進んだグローバル化は、グローバル・レベルでのサプライチェーンの形成を加速させることとなった。この際、障壁となるのが各国で異なる製品、サービスの規格・標準である。そこで、共通する規格・標準および各国国内における標準化手続きの透明化、国際標準との整合性が求められた。WTO（世界貿易機関）のTBT協定（貿易の技術的障害に関する協定）は、加盟国に上記への対応を求め、このような中でISOなどの標準化機関のプレゼンスが増すこととなった。また、同時に、国家ではなくグローバル市場への影響力を通じて、企業の行動変容を促す環境認証のようなアプローチ（「市場志向型非国家主体ガバナンス」[9]）が注目されるようになる。

第二に、国家間の国際ルールの「空白」である。国家による国際ルールの形成はその範囲が不十分であり、かつ国家間合意まできわめて時間を要するものとなっている。例えば気候変動問題の場合、国家間の意見対立のため、一九九七年に京都議定書が成立した後、パリ協定が合意に達したのは二〇一五年のことであった。この「空白」期間に気候変動問題への取り組みに大きく貢献したのが、温室効果ガスの排出権市場の認証制度に関するゴールド・スタンダードなどの民間認証であった。

第三に、公的規制の限界である。特に、今日の地球環境問題は、単に越境的というだけでなく、実際の環境リスクが顕在化するまでの時間軸も長い。また、原因となる行為も特定の産業だけでなく、多くの企業や市民の消費・社会活動によるものが大きく、法律などの罰則を伴う強制では解決できない。これらの行為主体の自発的な行動変容を促すものでなければ、環境政策の実効性を確保することができない。

このように公的規制を代替、補完するものとして注目された民間標準であるが、近年では国家がこれを支援したり、政策の中に位置づけるような形で関与するようになっている。

公的アクターの関与の形は様々であるが、特に注目されるのが、プライベート・ガバナンスが抱えている、あるいは引き起こしている問題に対して、「適切な取り組みを導く努力」[10]の仕掛けであるメタ・ガバナンスの構築である。

プライベート・ガバナンスが提供する認証は、社会環境問題の解決を図るものであるが、その創設主体は、環境NGO（非政府組織）、産業界など多様であり、問題へのアプローチも異なる。そのため、認証によって包摂されていない領域も多くある。また、認証スキームの問題に対して、ガバナンスが十分機能しない場合もある。さらに、これらが自主的に形成されるため、同じ分野で複数の認証スキームが競合することも珍しくない。

民間の認証スキームの問題に対しては、民間セクターにおいてメタ・ガバナンスを構築する動きもある。例えば、FSCなどがメンバーとなっているISEAL（国際社会環境表示連合）は、標準策定の手続き、策定後の遵守の監視・評価システム、認証発行に関するシステム評価といった「グッド・プラクティスに関する行動規範」を設定し、規格の信頼性や透明性を向上させる試みを行っている。[11]

これら民間セクターの試みに対して、公的アクターが、メタ・ガバナンスを構築する動きも見られる。以下では、先行研究を踏まえて、公的アクターが関わるメタ・ガバナンスについて本稿の分析視角を提示したい。

(2) 本稿の分析視角

ここでは、まず公的アクターがメタ・ガバナンスを形成しようとする背景について触れたい。

重要と考えられるのが、公共政策におけるプライベート認証の必要性の高まりである。ISOのようなデ・ジュール標準であれ、FSCのような民間認証であれ、その取得は任意である。しかし、それが公共政策に活用されるのは、環境政策と関連した貿易規制の観点からである。環境的配慮は、WTOの枠組みにおいても認められているが、法律などによって一方的な規制を行った場合、自由貿易規範に反するとして、相手国から提訴の可能性がある。しかし、規格や認証そのものは強制でないため、法的紛争リスクは低い。EUは廃棄物・リサイクル、気候変動などの環境問題に対して積極的な立法を行っており、これらには貿易規制的な条項が多く含まれている。これに対する批判を回避し、環境と貿易の規範の調整という点で、規格・認証の必要性は、他国以上に高くなっている。[12]

その上で、公的アクターにとって、プライベート・ガバナンスに関わる問題を調整、解決を図ることが必要となる。

その介入の動機として考えられるのが、プライベート標準の「断片化」である。複数の認証が競合する断片化は、市場志向型のガバナンスにおいて避けられない。特定の国や地域、あるいは生産者、小売業者、環境NGOなど様々なセクターを背景として、非国家アクターが任意に設立する認証制度は、市場における普及という選別メカニズムを介して収斂するように思われる。しかし、実際には同じ分野に類似のプライベート・ガバナンスが併存している。認証が複数ある場合、生産者と消費者の間で持続可能性に関する情報が共有されない可能性が高まる。この「情報の非対称性」の解消のために、認証の判断や選別基準の設定が必要となる。[13]また、これらの競合の中で、各認証主体は普及を優先し、認証の厳格性を緩和するかもしれない。そうなると、認証は、公的アクターの政策目的にとって十分な有効性を持ちえない。

この断片化については、市場というルール選別メカニズムに拠らない領域でも問題となる。この点に関連して、ビューテとマットリは、①ステイクホルダーの選好の集約、②ステイクホルダーに対して適切なタイミングでの情報の伝播、に注目する。そして、多元的な領域で標準化を推進している主体が存在する場合には、標準化をめぐって競合関係が生じ、ステイクホルダーの選好集約が容易でないとする。その結果、国際レベルにおける標準化の議論や動きに関する情報が、ステイクホルダー間で十分に共有されず、国際レベルの議論において主導権を失うと想定する。[14]さらに、デ・ジュール標準は標準化規格の断片化を防止できない。同じ分野に類似の規格が発行されても、標準化機関が統合規格を発行する可能性もあるが、時間を要する。また、市場あるいは政策ニーズに合わず普及しないものも多い。これを回避し、事前に標準化策定機関と政策を連動させるため、メタ・ガバナンスに対する公的アクターの選好が形成される余地がある。

次に、どのようなメタ・ガバナンスが形成されるかである。ガバナンスの態様については、公的アクターの直接的な介入と、ソフトで間接的な関与、の二つに大別される。

直接的な介入は、プライベート・ガバナンスに対して、明確な義務や手続きを課すことで、特定の方向性へと向かわせるものである。この「授権・監督型」のメタ・ガバナンスでは、公的なアクターは、対象となるプライベート・ガバナンスに対して、自らの目的に沿うような範囲や方法に従って行動することを求める。プライベート・ガバナンスは法的に授権されたことで、その正統性を高めるが、公的アクターによる監督は強いものとなる。さらに、逸脱行動を規制するために、監視などの措置を導入することも考えられる。

間接的なメタ・ガバナンスは、さらに二つに分けることができる。一つは、一定のパフォーマンスを示し、プライベート・ガバナンスがそれに合致することを求め、ガバナンスの向上およびガバナンス間での差異を一定程度収斂させるような方向性である。これを「パフォーマンス設定型」と呼ぶことができるだろう。これは、パフォーマンスによる「選別」を行うことで、認証主体がより高い水準のガバナンスを目指すよう働きかけるものである。典型的な例は、メタ・ガバナンスとしての公共調達スキームであろう。公共調達における設定基準を厳格化することで、民間認証をより高いレベルへと引き上げるよう促す効果が考えられる。[15]例えば、特定のパフォーマンスに合致するものに限って市場への流通を認めたり、優遇する場合には、「適切な認証」を「選別」するメカニズムとして働くことになる。

もう一つは、公的主体が、民間認証スキームに特定のアリーナへの参加を促し、そこにおける合議のプロセスを通じて、問題認識を共有し、政策の方向性に対応した認証の強化を促すものである。これを「発展的合議プロセス型」ガバナンスと呼ぶことができるだろう。上述したISEALもこのような性格を持つものとして理解できる。ISEALは、四〇以上のプライベート認証スキームが、「学習」を通じて、システムの向上や社会的影響の拡大を図るものである。[16]このメタ・ガバナンスの下では、「適切な認証」の選別メカニズムとしての機能は弱いものの、ステイクホルダーと議論を交わし、競合する認証スキーム間のピア・レビューなどを通じて、民間認証の範囲を拡大したり、手続きを厳格化するなど、政策目的に適うガバナンスの強化を促すことができると考えられる。

次に、このようなメタ・ガバナンスが生成される条件について触れたい。

まず、プライベート・ガバナンスに対して直接の授権を特徴とするメタ・ガバナンスが生成されるのは、対象となる機関が独占的で、正統性を有する場合である。プライベート・ガバナンスの技術的な専門性が高く、期待される成果を産出する場合、アウトプットという点で正統性が高まる。[17] しかし、被授権者となる組織が多元的であれば、授権者との関係が曖昧となる。また、当該主体が高い正統性を有していなければ、授権することの是非も問われる。これに加えて、国際機関や地域機構においては、授権そのものについて加盟国間で目標、選好が一致していることが前提となる。授権する側の「需要」がなければ、メタ・ガバナンスは不要だからである。[18]

これに対して、間接型の出現は、プライベート・ガバナンスのパフォーマンスの有効性が高くなく、ガバナンス間の競合が生じている場合である。また、メタ・ガバナンスを構築しようとするアクター間で目標に差異がある場合は、明確な授権が難しく、間接的な手法を選択すると考えられる。[19]

さて、次に間接型のメタ・ガバナンスのうち、いずれが出現するかである。まず、数値など明確に定義された客観的基準を設定可能であれば、公的アクターが主導して、期待するパフォーマンスを予め設定できる。しかし、客観化が難しい場合、公私のアクターが、具体的な事例などの検証、フィードバックを行い、政策目的に照らして期待されるプライベート・ガバナンスの在り方を共有し、認証メカニズムの強化を促していく柔軟な態様が選択されると考えられる。これに加えて、プライベート・ガバナンスの断片化の程度もメタ・ガバナンス類型に影響すると考えられる。メタ・ガバナンスが対象とする認証の数が多く、その差異が大きい場合、公的アクターは、パフォーマンスに関する明確な基準の設定を通じて統制することに有効性を見出すかもしれない。

以下では、如上の視点に基づいて、環境政策分野におけるＥＵの民間認証・規格に関するメタ・ガバナンスについて分析を行う。

二　欧州標準化システム

(1)　概要

グローバル標準の獲得は、国際競争上、自国産業への優位性につながると考えられている。そのため、各国は標準化戦略を形成し標準化策定過程への関与を強めている。特に積極的な動きを見せているのが、ＥＵである。[20]

国際レベルの標準化団体としては、ＩＳＯ、ＩＥＣ（国際電気標準会議）、ＩＴＵ（国際電気通信連合）が存在する。欧州では、それぞれに対応するＣＥＮ（欧州標準化委員会）、ＣＥＮＥＬＥＣ（欧州電気標準化委員会）、ＥＴＳＩ（欧州電気通信標準化機構）が設立されている。これらの機関は、欧州標準化機関と呼ばれ、それぞれが欧州規格を策定する作業を行ってきた。欧州の地域統合が進むと、様々な規制が制定されるものの、その実施にあたり、加盟国の技術基準が異なり、整合化に向けた作業が進まないことが明らかになった。このため、一九八五年の理事会決議では、指令において製品の品質や安全についての必要な要求事項のみを定め、これに適合する製品の技術仕様となる規格は、欧州委員会に委任されたＣＥＮらが制定することとした（「ニュー・アプローチ」）。この整合規格の採用は任意であるが、取得しない場合には、第三者機関あるいは独自に適合性に関する証明をすることが求められる[21]。

さて、現在の欧州標準化システムは、規則1025／2012に基づくものであり、①透明性とステイクホルダーの参加、②EU法および政策における域内規格ほかの支援、③ICT（情報通信技術）技術仕様の特定化、④標準化システムへの財政支援、が柱となっている。

このシステムの特徴は、第一に、欧州委員会のマンデートを通じて、欧州標準化機関に対して明確な授権プロセスを採用していることである。欧州委員会は、まずマンデート案について、ステイクホルダーによる協議を行う。そして、その案は、新たに設けられた標準化委員会において投票し、可決されると、委員会実施決定として同マンデートが採択され、CENなどの欧州標準化機関へ送付される（第一〇条）。このマンデートは、①規則に基づき、与えられた期限内に規格の開発及び採用を行う「標準化要求」、②標準化プログラムを詳細化する「プログラミング・マンデート」、③特定の分野または主題について欧州規格策定の実現可能性を確認するための「スタディ・マンデート」、の三つである[22]。

この標準化システムの第二の特徴は、欧州議会や加盟国が制定された規格に対して、異議申し立てを認めている点である。もし、これらの主体が、規格がEU規則の要件を満たしていないと判断した場合は、欧州委員会が調査し、場合によっては、欧州標準化機関に対して、修正を求めなければならない（第一一条）。

従来の標準化プロセスが、EU規則に関連する規格の制定を欧州標準化機関に委ねてしまうものであったのに対して、新たな欧州標準化システムは、欧州委員会が欧州標準化機関に対して、明確で具体的な授権を行う一方で、その内容を検証し、時に異議申し立てを行うことで、CENらを監督する。これらの点で、標準化機関のメタ・ガバナンスとしての性格を強くしていったと見ることができる。

(2)　分析

次に、このような「授権・監督型」のメタ・ガバナンスが構築された背景を分析していこう。ISOなど国際標準化機関は、国際協定に基礎を置くことから、そもそも公的アクターとの関係は密接であった。

CENなど欧州レベルの標準化機関は、いずれも技術分野の専門家機関として、高いアウトプット正統性を有し、もともと独占的な標準化設定主体とし見なされていた。従って、正統性の観点から、彼らに対する授権は基本的に問題視されていなかった。しかし、規格の提案、改訂については、作業部会、技術委員会、各国会員団体が関わる複数の過程を経てなされるもので、自律性が高く、市場による選別メカニズムにも依拠しない。そのため、公的アクターの政策変化への志向が強くても、そのままでは望むようなガバナンスの強化、手続きの改訂などの変化は生じない可能性が高い。ここに、「授権・監督型」のメタ・ガバナンスの構築を通じて、プライベート・ガバナンスをより環境政策の目的と整合させる、という公的アクターの選好が形成される余地があった。

ここで重要なのは、二〇〇〇年代以降、EUが推進してきた環境政策が、従来の分権的な標準化プロセスをさらに複雑化させた点である。ICT分野では顕著であるが、環境分野においても、WEEE（電子電機廃棄物）指令などでは、標準化について言及している。EUが推進するこれらの指令は、部品や材料などサプライチェーン全体に広範な影響を与える。しかし、その実現には各国の標準化策定機関における下位組織間の断片化、分権性を超えて情報を共有していくことが重要となる。

それに対応するため、欧州委員会および加盟国には、「授権・監督型」ガバナンスの強化に対する共通した選好があった。

一九九五年、欧州委員会は、欧州議会に対して、「共同体政策における標準化の広範な使用」に関する文書を送付している。この中で、現在、欧州標準化機関が行っている自主的な標準化は、EUの政策分野において、規制の代替となりうることに言及する。そして、標準化が市場透明性を活用した強力な道具として評価できる一方で、公共政策がこれと十分に統合されておらず、公的権威が責任を持たなければならないとする。(23)

二〇〇四年、欧州委員会が作成した、『環境政策の諸側面の欧州標準化への統合』では、標準化を環境政策に統合する必要性を強調したほか、標準化策定の各段階における環境的配慮を導入する体系的なアプローチの必要性を指摘している。(24)

また、欧州閣僚理事会決議でも、①欧州の標準化機関による標準化活動の効率性・一貫性・透明性の改善に取り組むこと、②欧州標準をグローバル市場に展開すること、③ISOなど国際標準化機関において欧州標準を国際標準とするよう努力すべきこと、を提言している。(25)

二〇〇八年三月の欧州委員会報告書は、イノベーションがグローバル競争に不可欠であることを強調するとともに、標準規格の検証など、後の提案に反映させる「監督的」の要素が見られる。(26)

さらに、二〇一一年の欧州委員会提案の資料では、標準化プロセスのスピードが不十分であり、また環境をはじめステイクホルダーの「過少代表」(27)が指摘されている。その上で、標準化策定プロセスを監督する機関の設立、共通規格策定過程の透明化、簡素化、新たに設立する標準化委員会における中小企業や市民社会のステイクホルダーに対する投票権(28)の付与などのオプションを提示している。

この提案の特に監督的な側面に関しては、産業界から懸念の声があがっていた。例えば、ビジネス・ヨーロッパやOrgalime（欧州機械・電気・電子・金属加工工業連合会）は、「標準化策定過程を、EUのトップダウンのアプローチに置き換えることは受け入れられない」(29)と批判している。欧州委員会の草案提出後においても、Orgalimeは、草案にあるステイクホルダーの「適切な代表」性に対する要求が、不必要に官僚的で、ビジネスの自主的な参加を妨げると批判している。そして、標準化は、専門能力を有するステイクホルダーによる関与が必要であると主張した。(30)

これに対して、EEB（欧州環境ビューロー）やECOS（標準化に関する環境連合）など環境NGOは、欧州委員会の提案を支持し、標準化策定の全体システムの中で、「参加」の拡大を通じて、環境に対する配慮を反映させるよう求めていた(31)。法案の公聴会において、ＥＣＯＳは、法案が透明性とステイクホルダーの参加を高めた点を評価している。他方で、技術専門性を盾にビジネス側の意見が強く反映されている現状を批判し、市民セクターのステイクホルダーの影響力を拡大し、限定的な分野であっても、マンデートを最終的に議論する標準化委員会における投票の権利を規定するよう求めている(32)。

　このように、メタ・ガバナンスの方向性については、業界団体を除き、欧州委員会、加盟国、環境ＮＧＯの間で選好は一致していた。他方で、どの主体がどの程度、授権・監督に関与するかについては、意見の相違があった。公的異議申し立ての主体を欧州委員会のみに限定するか、標準化委員会において環境ＮＧＯを含むステイクホルダーに対して投票権を認めるか、などの論点である。従来の標準化策定機関の在り方や自律性に大きく影響を与える可能性について、産業界だけなく加盟国からも懸念があったが(33)、結局、異議申し立てプロセスと、標準化委員会における環境ＮＧＯを含む市民社会セクターの投票権を維持する方向性は変わらなかったのである。こうして、「授権・監督型」のメタ・ガバナンスが構築されるにいたった(34)。

三　ＥＵ違法伐採規制

(1) 概要

　森林破壊は、生物多様性を損ない、森林による二酸化炭素を吸収する能力を低下させ、温室効果ガスを増加させることにつながる。そして、森林破壊の大きな原因とされるのが、森林保全に関する国内法に違反して、木材が伐採、加工、輸送、売買される、いわゆる「違法伐採」である。

　ＥＵは、二〇〇三年にＦＬＥＧＴ（森林法施行、ガバナンス、貿易）行動計画を発表し、二〇〇五年にそれを規則化した。二〇一三年には新たにＥＵＴＲ（ＥＵ木材規則）を制定し、ＥＵ市場に違法伐採木材が輸入されないよう、関連する事業者に対して手続的規制（デュー・ディリジェンス）を導入した。そして、現在、ＥＵＴＲは、ＥＵＤＲ（ＥＵ森林破壊防止規則）へと改訂されて、その対象を拡大している。ＥＵＤＲは、パーム油などを含む六品目に対しても、二〇二〇年以降に非合法に森林が伐採された土地で原材料などが栽培されていないことを確認するデュー・ディリジェンスの実施を企業に義務付け、要件を満たしていない農産物や製品のＥＵへの輸入が禁止されることとなった(35)。

　このうち、民間認証に関わるのが、ＥＵＤＲおよびその元となったＥＵＴＲである。ＥＵＴＲは、木材・木材製品を域内市場へ最初に出荷する事業者と、域内市場へ既に出荷されている木材・木材製品を域内市場で販売、購入する取引業者について、デュー・ディリジェンスを行うことを求めている。すなわち、①事業者は木材および木材製品の樹種や質、伐採国、数量、供給業者に関する詳細、国内法の遵守について記した情報を示さなければならない（情報）。②事業者は上に記した情報に基づくデュー・ディリジェンス基準を考慮し、自らのサプライチェーンで違法な木材が取引されるリスクを評価しなければならない（リスク評価）。③評価の結果、サプライチェーンで違法木材が取引されるリスクの存在が判明した場合、供給業者に対し追加情報および確認を求めることで、そのリスクを軽減することができる（リスク軽減）[36]。

ＥＵＴＲの下では、事業者は自社の責任で合法性の判断を行うことを求められているが、認証材であっても合法性証明を代替するものではない。他方で、民間の第三者認証は、リスク軽減の有効な手段であると位置づけられている[37]。

ここで、上記に該当する第三者認証と想定されているのは、森林分野のグローバルな認証スキームであるＦＳＣとＰＥＦＣ（Programme for the Endorsement of Forest Certification Scheme）である。

ＦＳＣは、一九九三年にカナダで設立された持続可能な形で生産された木材の普及を目指す第三者認証スキームである。設立には、環境ＮＧＯのＷＷＦ（世界自然保護基金）だけでなく、Ｂ＆Ｑなどの企業も加わっていた[38]。これに対して、ＰＥＦＣは、一九九九年、森林事業者などが創設者となり、欧州地域におけるローカルな森林認証制度として発足した。その後、世界各国の認証制度との相互承認を行いながら、グローバルな森林認証として活動を行っている[39]。両者は森林管理における持続性などの配慮に関するＦＭ（森林管理）認証および認証林からの木材加工製品の生産・加工・流通に関わるＣｏＣ（加工・流通過程における管理）認証を有している。二つの認証スキームは、相互をベンチマーキングしながら、制度を発展させてきた[40]。そして、現在、上記の二つの森林認証は、認証林全体の約七割を占めるに至っている[41]。

そして、違法伐採規制の仕組みで特徴的なのは、ＥＵ域内・域外の森林当局者、ＦＳＣ、ＰＥＦＣの認証主体、その他の環境ＮＧＯや産業界などが参加する専門家ステイクホルダー・プラットフォームによって、違法伐採への法的対応、民間主体の活動などが報告され、それらを検討、評価し、新たな政策提案が行われている点である[42]。

このように、アクター間で目標を共有しながら、報告、評価などのフィードバックのプロセスを通じてルールを継続的に修正していく仕組みは、「実験的ガバナンス」ともとらえられている[43]。以下では、この柔軟な「発展的合議プロセス型」のメタ・ガバナンスが形成された背景を検討する。

(2) 分析

違法伐採問題に対して、ＥＵは当初から認証制度の活用を想定していた訳ではない。当初、ＦＬＥＧＴでは、ＶＰＡ（自発的パートナーシップ協定）というＥＵと木材生産国の間の協定を締結することにより、合法性が証明された木材に対してライセンスを付与し、ライセンス材のみに輸入を許可するシステムを構築することを企図していた[44]。

そもそも違法伐採の木材といっても、そうでない木材とは物理的な特性において違いがある訳ではない。また、違法伐採の形態は多様であり、違法材について特定することなく、輸入禁止などの措置をとることは、国際貿易法上、問題となりうる[45]。しかし、二国間協定では、WTO提訴の恐れはない。EUのFLEGT制度の下で、VPAを推進したのは、国際貿易法上の問題を回避する対応であったと考えることができる。

しかし、VPAにおいて相手国の同意が必要であり、協定がなくても木材輸出が可能な状況では、輸出国側にEUとの協定締結の積極的な動機は生じない。

このため、違法木材問題に十分対応できていないとして、FLEGTを補完する仕組みとして導入されたのが、EUTRである。VPAが機能しない中で、EU当局が一方に合法性証明に関するライセンスを発行することは難しい。さらに、違法木材は原産国と最終製品輸入国だけでなく、第三国における加工、製造の過程も含み、VPAはこの点を十分にカバーできない。このような中で、その役割を期待されたのが、民間認証である。FSCもPEFCもEU内外における森林や木材製品の認証を行っている。また、認証市場の四分の三はこれら二つの認証によって占められており、二つの認証スキームをそのままEUTRの合法性証明として認める可能性がなかった訳ではない。

しかし、これには幾つかの問題があった。まず、「授権・監督型」に進むには、二つの認証スキームが対象国において支配的ではなかった点である。両者は北米・欧州において比較的普及していたものの、違法伐採木材を輸出している国々において認証が進んでいた訳ではない[46]。その点で、世界における違法伐採を削減するというEUの目的から見て、認証制度の限界があり、アウトプットに関する正統性が高いものであったと言い難い。

さらに、EU加盟国において、政策の目標に関する意見の差異も大きかった。FLEGTに始まる違法木材に対する輸入規制については、そもそもEU加盟国の間でも、木材輸出国と木材輸入国の間で意見の対立があった。木材輸出国であるドイツ、スウェーデン、東欧諸国などは「合法性」を十分証明できない場合でも木材の輸出を認め、森林認証の活用を主張していた。しかし、木材輸入国であるイギリス、オランダなどは、これに反対して、リスクのある違法木材の輸入禁止を主張していた。この禁止論に同調していたのは、木材輸入業者や大手の木材販売事業者、認証に批判的な環境NGOであった[47]。このような状況下では、EUが認証スキームに授権するようなガバナンスの形成は望みえないものであった。

この結果、間接型のメタ・ガバナンスが形成される余地が生じたのではあるが、パフォーマンス設定型に向かわなかったのは、二つの理由が考えられる。第一に、「合法性」は手続きであり、バイオ燃料のように、エネルギー量や合成割合などで定量化しがたい点である。上述したように、違法伐採は、伐採、加工、輸出という流通過程に関わるもので、合法性の程度、その証明など、国ごとに差異が大きい問題をクリアしなければならない。従って、EU当局が一方的に詳細な定義や実施プログラムを示して、民間認証にそれに適うようなパフォーマンスの向上を求めることは難しい。

第二に、二つの森林認証、特に、PEFCの評価に関わる点である。PEFCは各国と相互承認を行うことで、認証林の拡大につなげていたが、厳格性などにおいてFSCに劣るとして批判されており、欧州委員会内で懸念があった(48)。認証林市場を二分している一方を合法性証明として認めながら、他方を排除することは難しい。また、禁止を主張する側が森林認証以上の水準の合法性を求めているため、厳格性が劣る認証を許容するという選択肢はなかった。さらに、両者は競合する関係にあるが、産業界とともに森林認証がそのまま合法性証明として通用するよう求めるという点においては、立場は一致する(49)。これも結果的には、一つの森林認証のみを採用する方向性を閉ざすことになった。FSCやPEFC、産業界の一部も民間認証をそのまま合法性証明として認めるよう求めてきたが、専門家・ステイホルダー・プラットフォームのレビューを踏まえて、リスク軽減のツールとしての認証の位置づけは変わっていない(50)。

このようにして、多様なアクターが参加するアリーナにおける合議のプロセスを通じて、合法性について認識枠組みを共有し、プライベート標準の有効性を高めることを促していく仕組みが選択された。そして、二つの森林認証間の「競合」の過程では十分対応されていなかった問題に対して、両者はEUTRに対応すべく、自ら規則を改訂し、違法伐採問題への取り組みを強化してきた(51)。

EUTRの枠組みを踏襲するEUDRも同じく「発展的合議プロセス型」と言える。EUDRのデュー・ディリジェンスの対象は、合法性だけでなく森林の持続可能性まで含むものとなっている。しかし、中核となる「森林減少」や「森林劣化」について、農地への転用なども含む包括的な定義を採っていながら、客観的な基準を示してはいない(52)。持続可能性を含めることについては、FSCや環境NGOの主張と合致している。しかし、民間認証は、持続可能性に関するグッド・プラクティスを確認するに際し、リスク評価手続きとして用いることができるが、デュー・ディリジェンスを代替するものではない(53)。ここでも、EUDRにおける合議を通じて、民間認証は、EU当局者を含む他のアクターと目標を共有しつつ、規則に適合する手続きや高い透明性を追求することが期待されているとみることが出来る。

おわりに

本稿では、環境分野におけるプライベート・ガバナンスの抱える問題を是正しようとする外部の仕組みであるメタ・ガバナンスが公的アクターによって構築されつつあることに注目し、その態様と生成条件について明らかにしてきた。

本稿が特徴的なのは、別個に考察されてきたフォーマルなデ・ジュール標準と民間認証に関するメタ・ガバナンスについて、それが選択される背景や特質について比較可能なものとして提示した点である。本稿はＥＵの事例について検討したが、他の地域の事例に対しても示唆を与える。ローカル、リージョナル・レベルの環境認証スキームの多元化から生じる問題に対して、メタ・ガバナンスの必要性は高くなっていくだろう。しかし、二院制、各省庁のセクショナリズムなど多元的な政策決定システムを有する国では、「授権・監督型」ガバナンスの構築は難しいかもしれない。その意味で、今後、間接型のメタ・ガバナンスが中心になると考えられるが、その下位類型は本稿で示したもの以上に多様になっていく可能性がある。

　また、本稿の事例は、ＥＵの環境ガバナンスの特質についても示唆を与えてくれる。環境をはじめとして、ＥＵの政策は広くグローバルな影響を与えている。ＥＵが市場を通じて、域外の市場参加者と規制者に影響を与えて、グローバル標準として普及するという、「ブリュッセル効果」[54]の議論は、ＥＵが単に市場を規制するだけでなく、様々な形で市場の原理に沿ったアプローチを活用しながら規制する能力を有することが、規制パワーの源泉であることを指摘した。本稿が示したように、ＥＵは、産業界の技術的なニーズに対応する標準や市場志向型の環境認証を活用する多様なガバナンスを模索してきた。ＥＵが自らの意図どおりにガバナンスを自由に設計できるわけではないし、そのような規制を策定しても域外の相手に押し付けることはできない。しかし、ＥＵは条件に合わせて様々なガバナンスを形成し、ＥＵ域外戦略上の道具とすることに強みがあると言えよう。一見別個のものであるが、異なるメカニズムを有するガバナンスを共存させ、互いの効果を増幅することができるのである。[55]

　認証制度に限らず、ローカルからグローバルなレベルに至るまで、様々な分野において多くのプライベート・ガバナンスが登場しており、それに伴い公私のハイブリッドな制度間関係も多様性を増している。国家や国際機関は、多様性なプライベート標準やルールの課題を解決しながら、それらが持つ可能性をどう高めていくことができるのか。これからの地球環境ガバナンスの重要なテーマとして注目していく必要がある。

（1）認証・規格については、以下を参照。大元玲子・佐藤哲・内藤大輔編『国際資源監督認証――エコラベルがつなぐグローバルとローカル』東京大学出版会、二〇一六年、序章、第一章、および田中正躬『国際標準の考え方――グローバル時代への新しい指針』東京大学出版会、二〇一七年。

（2）Claire A. Cutler, Virginia Haufler and Tony Porter, eds., *Private Authority and International Affairs* (Suny Press, 1999); Rodney Bruce Hall and Thomas J. Biersteker, eds., *The Emergence of Private Authority in Global Governance* (Cambridge University Press, 2002).

（3）山田高敬「公共空間におけるプライベート・ガバナンスの可能性――多様化する国際秩序形成」『国際問題』第五八六号（二〇〇九年）、四九―六一頁。

（4）Aseem Prakash and Matthew Potoski, *The Voluntary Environmentalists: Green Clubs, ISO 14001, and Voluntary Environmental Regulations* (Cambridge University Press, 2006).

（5）これら公私のガバナンスの関係について、近年の研究をまとめたものとして、Janina Grabs, et al., "Private regulation, public policy, and the perils of adverse ontological selection," *Regulation and Governance*, 15 (2021), pp. 1183–1208.

（6）Tim Bartley, *Rules without Rights: Land, Labor, and Private Authority in the Global Economy* (Oxford University Press, 2018).

（7）Stefan Renckens, *Private Governance and Public Authority: Regulating Sustainability in a Global Economy* (Cambridge University Press, 2020).

（8）Philipp H. Pattberg, *Private Institutions and Global Governance: The New Politics of Environmental Sustainability* (Edward Elgar, 2007); 内記香子「増加する『指標』とグローバル・ガバナンス」『国際政治』第一八八号、二〇一七年、一一八―一二八頁。

（9）Benjamin Cashore, "Legitimacy and the privatization of environmental governance: How Non-State Market-Driven (NSMD) governance systems gain rule-making authority," *Governance*, 15-4, (2002), pp. 502–29.

（10）阪口功「天然資源（森林、水産資源）――複合的ガバナンスの取り組み」西谷真規子・山田高敬編『新時代のグローバル・ガバナンス論――制度・過程・行為主体』ミネルヴァ書房、二〇二一年、二八八頁。

（11）Allison Loconto and Eve Fouilleux, "Politics of private regulation: ISEAL and the shaping of transnational sustainability governance," *Regulation and Governance*, 8-2 (2014), pp. 166–185.

（12）有害廃棄物をめぐる「環境」と「貿易」の問題については、渡邉智明『有害廃棄物のグローバル・ガヴァナンスに関する研究――政策アイディアから見たバーゼル条約とその制度的連関』国際書院、二〇二二年。

（13）Renckens, *op.cit.*, p. 35.

（14）Tim Büthe and Walter Mattli, *The New Global Rulers: The Privatization of Regulation in the World Economy* (Princeton University Press, 2011), pp. 48–59.

（15）David D'Hollander and Axel Marx, "Strengthening private certification systems through public regulation: The case of sustainable public procurement," *Sustainability Accounting, Management and Policy Journal*, 5-1(2014), pp. 2–21.

（16）ISEAL, "ISEAL Membership" (https://www.isealalliance.org/about-iseal/iseal-membership)［アクセス：二〇二三年一一月一日］

（17）Jessica F. Green, *Rethinking Private Authority: Agents and Entrepreneurs in Global Environmental Governance* (Princeton University Press, 2013), p. 31–32.

（18）*Ibid.*, p. 41.

（19）*Ibid.*, p. 48. また、「政府間組織のガバナンスの目標を追求するためにターゲットとなる行為主体に対して働きかけをする仲介者としての行為主体を確保し、支援する」間接的で非強制的なガバナンスである「オーケストレーション」は、一種のメタ・ガバナンス論と言える。これに関連して、アボットらは、主導するアクター間で目標の差異があるとき、オーケストレーションが成立しやすいとしている。Kenneth W. Abott, et al., "Orchestration: Global governance through intermediaries," in Kenneth Abott, et al. eds., *International Organizations as Orchestrators* (Cambridge University Press, 2015), p. 3, p. 27.

（20）臼井陽一郎『環境のＥＵ、規範の政治』ナカニシヤ出版、二〇一三年、第四章。

（21）鈴木俊、国松麻希「欧州標準化規則（1025/2012）及び Mandate（標準化要求）に係る動向について」『国際ビジネス研究』第一〇巻一号（二〇一八年）、一八―一九頁。

(22) 前掲、一九—二三頁。
(23) European Commission, *Communication from the Commission to the Council and European Parliament on Broader Use of Standardisation in Community Policy* (COM(95)412 final, 1995), p. 6.
(24) European Commission, *Integration of Environmental Aspects into European Standardisation* (COM(2004)130 final, 2004).
(25) Counsil of European Union, *Communication from the Commission to the European Parliament and the Council on the role of European Standardisation in the Framework of European Policies and Legislation* (14790/2/04 REV 2) (17 December, 2004)
(26) European Commission, *Toward an Increased Contribution from Standardisation to Innovation in Europe* (COM(2008) 133 final, 2008).
(27) European Commission, *Commission Staff Working Paper Executive Summary of the Impact Assessment: Accompanying the document Proposal for a Regulation of the European Parliament and the Counsil on European Standardization and Amending Counsil Directive 89/686/EEC and 93/15/EEC and Directives 94/9/EC, 94/25/EC, 95/16/EC, 97/23/EC, 98/34/EC, 2004/22/EC, 2007/23/EC, 2009/105/EC and 2009/23/EC* (SEC/2011/672 final), pp. 1–2.
(28) Ibid., pp. 4–6.
(29) Orgalime, "Commission's discussion paper on Integration of Environmental aspects into Standardisation," (June, 2002) (https://orgalim.eu/position-papers/commissions-discussion-paper-integration-environmental-aspects-standardisation-june) [アクセス：二〇二三年八月七日]
(30) Orgalime, "Comments on COM(2011) 315 final of 01/06/2011 on European Standardisation," (September 16, 2011) https://orgalim.eu/position-papers/orgalime-comments-com2011-315-final-01062011-european-standardisation. [アクセス：二〇二三年九月七日]
(31) EEB, "EEB response to the public consultation on the Review of the European Standardisation System", (https://www.businessperformance.org/sites/default/files/EEB%20response%20standardisation%20consultation.pdf) [アクセス：二〇二三年九月一日]
(32) ECOS, "ECOS position paper on the European Commission legislative package for the review of the European Standardisation Policy," (November, 2011) (https://ecostandard.org/wp-content/uploads/2011/11/2011-11-ECOS-position-legislative-package-stdd-review-final.pdf) [アクセス：二〇二三年八月一日]
(33) *Europolitics* (Lexis Nexis), No. 4435, 2012.
(34) 二〇二二年に、同規則の改訂（規則２０２２／２４８０）が行われているが、その内容は基本的には変わらず、欧州標準化機関の域内規格策定過程における各国標準化機関の関与が追加された。
(35) ＥＵＤＲについては、米田立子「森林デュー・デリジェンス義務条項をめぐる英国とＥＵの比較分析——森林保全分野のあるべきガバナンスに向けて」『環境法政策学会誌』第二六号（二〇二三年）一二九—一三九頁；Gracia Marín Durán, and Joanne Scott, "Regulating trade in forest-risk commodities: two cheers for the European Union," *Journal of Environmental Law* 34-2 (2022), pp. 245–267.
(36) ＥＵ規則９９５／２０１０、第六章。
(37) Laura Dieguez and Metodi Sotirov, "FSC sustainability certification as green-lane for legality verification under the

EUTR? Changes and policy learning at the interplay of private governance and public policy," *Forest Policy and Economics*, 131 (2021), p. 1.

(38) FSC, "Our History," (https://fsc.org/en/our-history) ［アクセス：二〇二三年九月一日］

(39) PEFC, "History," (https://www.pefc.org/discover-pefc/what-is-pefc/history) ［アクセス：二〇二三年七月一日］

(40) Watanabe Tomoaki, "FSC as a social standard for conservation and the sustainable use of forests: FSC legitimation strategy in competition," in Hori Shiro, et al., eds., *International Development and the Environment: Social Consensus and Cooperative Measures for Sustainability*, (Springer, 2020), pp. 55–67.

(41) FSC, "Facts and Figures," (https://connect.fsc.org/impact/facts-figures); PEFC, "Facts and Figures," (https://pefc.org/discover-pefc/facts-and-figures) ［アクセス：二〇二三年一一月八日］

(42) European Commission, "Commission Expert Group/Multi-Stakeholder Platform on Protecting and Restoring the World's Forests, including the EU Timber Regulation and the FLEGT Regulation (E03282)," (https://ec.europa.eu/transparency/expert-groups-register/screen/expert-groups/consult?lang=en&groupID=3282) ［アクセス：二〇二三年一一月八日］

(43) Christine Overdevest and Jonathan Zeitlin, "Experimentalism in transnational forest governance: Implementing european union forest law enforcement, governance and trade (FLEGT) voluntary partnership agreements in Indonesia and Ghana," *Regulation and Governance*, 12-1 (2018), pp. 64–87.

(44) International Market Monitor, "FLEG1T VPA Partners in EU Timber Trade 2019" https://flegtimm.eu/resources/flegt-vpa-partners-in-eu-timber-trade-2019/International ［アクセス：二〇二三年一一月六日］；木材輸出国に関してＶＰＡの有効性を体系的に検討したものとして、Fredy D. Polo Villanueva, et al., "Effects of EU illegal logging policy on timber-supplying countries: A systematic review," *Journal of Environmental Management*, 327 (2023): 116874.

(45) ＥＵＴＲとＷＴＯ既定との関係について検討したものとして、Dylan Geraets and Bregt Natens, "Governing through trade in compliance with WTO law: A case study of the European Union Timber Regulation," in Jan Wouters, et al., eds., *Global Governance through Trade: EU Policies and Approaches* (Edward Elgar, 2015), pp. 272–302.

(46) Patrik B. Durst, et al., "Challenges facing certification and eco-labelling of forest products in developing countries," *International Forestry Review*, 8-2 (2006), pp. 193–200.

(47) Metodi Sotirov, George Winkel and Katarin Eckerberg, "The coalitional politics of the European Union's environmental forest policy: Biodiversity conservation, timber legality, and climate protection," *Ambio*, 50 (2021), pp. 2153–2167.

(48) Dieguez and Sotirov, *op.cit.*, p. 4.

(49) Durst, et al., *op.cit.*

(50) Forest Industry Intelligence, "EU Organisations reaffirm their support for FLEGT and EUTR – ITTO European Market Report 15th May 2020Facts," (https://forestindustries.info/eu-organisations-reaffirm-their-support-for-flegt-and-eutr-itto-european-market-report-15th-may-2020) ［アクセス：二〇二三年一一月八日］

(51) FSC, "EU Timber Regulation (EUTR) and The EU FLEGT Action Plan," (https://by.fsc.org/by-en/businesses/timber-legislation/eu-timber-regulation-flegt) ［二〇二三年九月六日ア

クセス」、PEFC, "Companies and certification bodies benefit as PEFC launches its latest guidance document," (https://www.pefc.org/news/companies-and-certification-bodies-benefit-as-pefc-launches-its-latest-guidance-document)［アクセス：二〇二三年九月六日］以下の論稿は、特にＦＳＣとＥＵＴＲの「学習」に注目している。Dieguez and Sotirov, *op.cit.*

（52）米田、前掲、一三二頁。

（53）ＥＵＤＲ前文第五二項。

（54）Anu Bradford, *The Brussels Effect: How the European Union Rules the World* (Oxford University Press, 2020).

（55）*Ibid.*, p. 82–91.

〔付記〕本稿は科学研究費補助金［２２Ｈ００８１７］、［２３Ｈ００７９０］の研究成果の一部である。

（わたなべ　ともあき　福岡工業大学）

日本国際政治学会編『国際政治』第214号「地球環境ガバナンス研究の最先端」（二〇二五年一月）

ビッグサイエンスと地球環境保護
——中国の科学者の役割に着目して——

王　智健

はじめに

ビッグデータの活用が様々な分野で進んでおり、地球環境分野におけるビッグデータの役割も認識されるようになってきた。たとえば、ビッグデータは現在、持続可能な開発目標（ＳＤＧｓ）のモニタリング(1)や生態系の変化の分析(2)、さらには都市の気候変動対策にも活用されている(3)。一方、データの取得の透明性やアクセシビリティに加え、その潜在的な様々な利用方法は、多様な社会的影響をもたらす可能性があり、データの利用に関する課題が残っている(4)。

現在、ビッグサイエンスは、ビッグデータ分析やクラウドコンピューティング、人工知能の手法を駆使した情報技術に基づいて行われている(5)。本稿で「ビッグサイエンス」とは、重要な科学的課題や基礎科学研究に取り組むために、高度で複雑な技術を用いた学際的・国際的協力や、巨額の資金と極めて多くの人材を要する国際的かつ大規模で長期的な科学技術プロジェクトを指すと定義する(6)。ビッグサイエンスの対象としては、原子力開発、大型加速器開発、宇宙探査、気候モデリング、生命科学の大規模な研究プロジェクトなどが挙げられる。ビッグサイエンスの先駆は、第二次世界大戦後の米国による原子力の開発と利用であるが(7)、マンハッタン計画やジェットの推進研究、そして月面着陸などの初期のビッグサイエンスは、国家安全保障に関連する国家プロジェクトであった(8)。一九九〇年代以降のビッグサイエンスは、以前の単一分野のプロジェクトから学際的な連携と協力に変遷しつつあるという(9)。現在のビッグサイエンスは、一国が集中して行っていた初期のビッグサイエンスとは異なり、多国間の連携協力として発展し(10)、科学技術外交の一形態として位置付けられているとされる(11)。

近年、中国が主導するビッグサイエンス、すなわち中国の科学者がリーダーシップをとっているビッグサイエンスが注目を集めている。[12]では、中国主導のビッグサイエンスの政治的背景や目標はどのようなものなのか、また、科学者と中国政府との関係性はどのように評価できるのか、そしてビッグデータから得られた科学的知見は環境課題の解決にどのように貢献しているのか、本稿の問題関心はそこにある。関心の背景には、権威主義体制の中国における「科学と政策の適切な関係」[13]をめぐる疑念や、中国主導のビッグサイエンスが生み出したビッグデータに基づいた環境政策の妥当性についての疑問がある。また、中国のこうした動きは「グリーン一帯一路」構想とも関係している。中国の「一帯一路」構想の参加国においては、インフラの建設において環境保護対策が不十分だという批判があり、これに対応して二〇一七年に中国政府が打ち出したのが、地球環境保護を重視した「グリーン一帯一路」構想である。[14]

以上を背景に本稿では、権威主義体制下で活動する科学者が地球環境問題の解決にどのように貢献しているのか、という問いを検討する。近年、中国の環境問題解決における非政府組織（ＮＧＯ）などの「非国家主体」の役割に関してヤング（Oran Young）らの研究が公表されているが、[15]本稿は、中国の科学者や専門家の役割に着目する。中国の科学者や専門家の役割については、気候変動の政策決定過程を扱った先行研究があるが、[16]本稿はビッグサイエンスの文脈でそれを考える。第一節では、「科学と政策のインターフェース」と中国の科学者の観点から、本稿の分析視角を提示する。第二節では、中国のビッグサイエンスの法政策動向と、中国国内の政策策定過程における中国の科学者の役割を考察する。第三節では、中国のビッグサイエンスの具体的事例を取り上げて、その成果が政策決定にいかに貢献しているかを明らかにするとともに、さらに懸念される事項についても指摘する。

一　分析の視点――「科学と政策のインターフェース」と中国の科学者

科学的知見は、環境問題を政治的アジェンダとして提起されることを促すことができるというが、[17]科学的知見がどのように政策決定過程に取り入れられるのかについて扱ったのが「科学と政策のインターフェース」の議論である。「科学と政策のインターフェース」とは、科学者や政策立案者、その他の利害関係者が政策決定過程を進めるために、コミュニケーションを図り、意見を交換し、共同生産することを通じて、政策立案に関する科学的知見を創出するための様々な手法を指す。[18]科学的知見と政策決定の過程を結びつけることで、より正確で効果的な政策決定をサポートし、社会的問題に対する認識や行動を改善することができるとされるが、[19]エデン（Sally Eden）は、科学的知見の提示が科学者に政策形成に関与・貢献する機会を与えることから、科学的知見は一種の政治的資源であると指摘する。[20]ただし、「科学的知識が政治権力に必ずしも受け入れられるとは限らない」[21]とも指摘される。なぜなら、科学者が提供する科学的知見には、「政治権力にとって利用可能なものとそうでないもの」があったり、[22]政治的利害によって科学的見解が恣意的に解釈されたりする可能性があるからである。[23]

これまで、権威主義体制の中国国内における科学と政策のインターフェースの研究は限定的であったが、中国の科学者や専門家が気候変動に関する政策決定過程に深く関与するようになったことについては研究関心を集めており[24]、たとえば次のような先行研究がある。二〇〇七年に発足した中国国家気候変動専門家委員会は、政策立案者と距離が近い有力な知識共同体として動き、中国の政治家との直接的なコミュニケーションを通じて気候変動に関する科学的知見を提供し、政治家の認識や理解を変えて具体的な気候変動対策の実施を促進してきたとされている[25]。また関連して、中国の有数の科学者や専門家は、政府に政策提言を定期的に行い、政府の気候変動政策に大きな影響力をもっており、中国の温室効果ガスの削減目標の設定にも寄与している、と指摘されている[26]。さらに地方レベルにおいても、地方政府が気候変動ガバナンスの目標達成のために、政策策定および政策実施、政策評価などの各段階に科学者や専門家が関与しているという事例研究もある[27]。

このように、権威主義体制の中国においても合理的な政策目標や政策実施の手順を確定するために、科学者や専門家からの意見を一定程度、取り入れていることが認められる[28]。つまり、権威主義体制の中国における科学は、完全に政治に統制されているとは言い切れない[29]。中国では、政治が科学的知見の創出にどのような影響を与えるのか、科学的知見が政策策定にどのように活用されているのか、などの疑問の解明が不可欠である[30]。

そのためにはまず、中国共産党の役割を理解することが重要である。国内の各政策分野の意思決定機関は、政策決定過程の頂点に立つ中国共産党の指導に服し、中国共産党が提示した指針、勧告、政策を無条件で実施しなければいけない[31]。中国共産党は、科学技術政策の策定においても最終的な決定権を持っている。中国共産党は法政策を直接に策定することはできないが、さまざまな間接的手段を通じて政策策定に影響力と権力を行使している。すべての重要な措置は党内の高官の審査を経て、その後に全国人民代表大会に立法審議のため提出されるか、国務院や関連省庁によって規制および実施される[32]。中国共産党中央委員会は、科学技術政策を直接策定するだけでなく、各政策分野で「委員会」や「リーディンググループ」を立ち上げて法政策の策定に影響を及ぼしている[33]。たとえば党中央委員会の下にある共産党中央科学技術委員会は、科学技術政策に対する方針を徹底し、財務・人事配置などもコントロールしている[34]。

中国共産党・政府の支配下で活動している中国の科学者は、「政治に携わる知識人」とされ、主な任務は中国共産党と政府の政策形成を支援することにある[35]。研究機関で活動する科学者の独立性と自律性を制限する手段として、中国政府は、研究テーマの統制、研究経費の提供[36]、福利厚生の提供、そして政治的なインセンティブの付与などを行っているとされる[37]。中国の多くの科学者は半官的組織に雇われており、専門家と官僚としての二つの地位を持ちながら、政策提言を行っている[38]。たとえば、科学技術に関する最高諮問機関としての中国科学院とそのメンバーは、科学技術イノベーションに関する政府の法政策への提言が義務づけられており、そのため、メン

バーらは中国の科学技術を含む政策領域に積極的に関与し影響を与えている。(39)

しかし、科学者が一定の研究の自主性や政策立案に関与する権利を持っていても、政府は研究テーマを事前に決定するだけでなく、国益を損なうと判断した研究については警告をすることもある。(40) そのため中国の研究者は、国益を損なう研究データの開示はできず、原子力の利用反対など政府の政策方針に反する研究報告の開示やセミナーの参加も敬遠していると指摘されている。(41) つまり、「非国家アクターの活動が許容されやすいのは、中央政府が苦手とし助けを必要としている領域であり……中央政府に批判の矛先が向かないことも重要」なのである。(42)

以上をまとめると、中国国内の科学と政策のインターフェースにおいて、科学者は共産党から指導される立場である一方で、科学者からの政策提言も政府にある程度取り入れられている。その一方で、ビッグサイエンスに関わる科学者の役割については、まだ十分に考察されていない。次節では、ビッグサイエンスを進めている中国の科学技術政策を概観した上で、ビッグサイエンスの実施における科学者の役割を具体的にみていく。

二　中国主導のビッグサイエンスと科学者

(1) ビッグサイエンスをめぐる中国の法政策

ビッグサイエンスと密接に関連している中国の科学技術政策の経緯は次のような流れを辿っている。中国は一九七八年以降、科学技術の現代化を二〇〇〇年までに推進し、科学技術イノベーションによる経済発展を重視し、科学技術イノベーションを促進することを国家戦略としてきた。(43) 二〇〇〇年以降も、科学技術イノベーションによる経済発展を重視しながら、一連の国家中長期科学技術イノベーションの政策を公表していた。二〇一二年以来、中国は引き続きイノベーションと経済発展の連関を強調し、科学技術イノベーションによる国家発展および国力の向上を中核的な戦略と位置付けている。(44)

このように、この四〇年間の中国の科学技術政策は、国家主導の形で、生産力・国力の向上や経済発展と密接に関連している。(45) ビッグサイエンスの促進も、国家主導の形で、科学技術政策に組み込まれており、その具体的な政策内容は以下の通りである。まず、二〇〇六年に国務院が「国家中長期科学技術発展計画（二〇〇六―二〇二〇年）」を公表し、ビッグサイエンスへの積極的な関与などの内容を盛り込んだ。さらに、二〇一一年に策定された「国家十二五科学技術発展計画」では、気候変動に対処するための国際的なビッグサイエンスの立ち上げを促進する内容が含まれている。そして二〇一五年一〇月の中国共産党第十八期中央委員会第五回全体会議では「イノベーション主導の発展戦略を徹底的に実施し……国際的なビッグサイエンス・プログラムやビッグサイエンス・プロジェクトを積極的に提案し、主導する」(46) として、初めてビッグサイエンスが政治的アジェンダとして提示された。二〇一六年五月の中国共産党と国務院による「イノベーション主導の国家発展戦略概要」では、国際的なビッグサイエンスや工学プロジェクトに積極的に参加・主導し、ビッグサイエンスに応じたハイレベルな実験室を立ち上げることが発表された。さらに二〇一八年には国務院の通知により、科学技術イノベーションの能力を強化し、ビッグサイエンスに中国が主導的な役割を果たすために、国際的なビッグサイエンスおよびビッグサイエンス工学プログラムを主導するという方針が公表された(47)。二〇二一年に新しく修正された「科学技術進歩法」の第八二条では、国がビッグサイエンスの発足・実施を支持すると明記されている。

また、中国のビッグサイエンスを促進する政策方針は、単なる生産力や経済発展の手段としてではなく、科学技術協力を通じた外交手段として捉える傾向があることにも留意すべきである。二〇一〇年以降、中国共産党・政府は、再生可能エネルギーや気候変動などの地球環境保護への取り組みおよび環境外交が、一党政の国家としての中国の評判の向上につながり、さらに中国により多くの発言権を与えると考えている(48)。二〇一六年に中国政府は、「『一帯一路』構想の推進のための科学技術イノベーション・協力計画」において、科学技術協力による「一帯一路」構想の推進を提唱した(49)。同文書では、気候変動・生態環境・再生可能エネルギー・農業水の利用など、「一帯一路」構想が直面している難題を優先的に解決・改善するとされている。さらに二〇二三年一一月、中国外交部が「国際科学技術合作倡議」を発表し、科学技術上の連携協力をしながらビッグサイエンスを促進し、人類の未来に関わる重要な科学的課題を共同で解決することを目指すとした(50)。また習近平も、公開講演において、ビッグサイエンスが気候変動などの地球環境問題を解決・改善すると唱えている(51)。

(2) ビッグサイエンス計画と科学者

中国のビッグサイエンスの推進において中国科学者は、一定程度、中国政府に対して政策提言を行うことができる。中国科学院が組織した大型科学設備発展戦略研究グループは、二〇〇四年三月に「中国ビッグサイエンスの設備発展戦略の研究と政策提言」をまとめた。二〇〇六年二月、国務院は政策討論会を開催し、二〇の作業部会や二千人以上の科学者・専門家・政府関係者が、ビッグサイエンスへの積極的な関与などの内容を盛り込んだ「国家中長期科学技術発展計画」について三年近くにわたって議論し、十数回にわたって改訂した後、公表した(52)。さらに二〇〇七年に中国科学院は「中国科学院におけるビッグサイエンスの設備の管理強化に関する考察」を公表し、ビッグサイエンスの推進および運営に関する知見を提示した(53)。二〇一二年一月に中国科学技術部（日本では、旧科学技術庁相当）は、中国が主導する国際的なビッグサイエンスを科学的に推進するために、特に学術界からの意見を公開募集した(54)。上述の二〇一五年一〇月の共産党中央の全体会議の後、政府は科学者からの提言を公式に政策過程に取り入れ始めた。たとえば、二〇一六年五月、政府は二年間にわたり科学者や専門家との会談や意見収集を経て、「イノベーション主導の国家発展戦略概要」を策定したが、二〇一六年八月には専門家や学者が集められ、ビッグサイエンスの推進が直面している課題を議論する協議フォーラムが開催された[55]。科学者らは、中国がビッグサイエンスを推進する課題として、人材・経験不足、政策立案の不十分性などを指摘し、組織体制の改善や財源確保、人材誘致などの意見を提言した[56]。

表1は、地球環境保護に関わる中国の主要なビッグサイエンスを示している。中国のビッグサイエンスは気候変動・エネルギー安全保障・食糧安全保障などの地球規模課題に対応するために、国内外の研究機関との連携協力や共同研究を積極的に推進している[57]。中国の科学者は、具体的な科学プログラムや研究課題の策定、技術ソリューションの選択、科学技術資源の配分、施設の配置などを主導的に決定することが政府に求められている[58]。そのため、中国科学院は、表1のうち「国際子午線サークル計画」「第三極計画」「国際科学計画」「地球乾燥生態系計画」のビッグサイエンスの発足・推進を主導している[59]。次節では「第三極計画」を取り上げて、中国のビッグサイエンスの現状と成果を分析する。

三　事例研究

(1)　「第三極計画」の成果

「第三極計画」は、二〇〇九年に中国（姚檀棟）・アメリカ（Lonnie Thompson）・ドイツ（Volker Mosbrugger）の三人の科学者の提唱によって始まったとされる[60]。同計画は、地球の第三の極とされるヒマラヤとその周辺地域をモニタリングし、生態系の変化とその影響を把握することを目的に、国際科学連携プロジェクトとして立ち上

表1　地球環境に関するビッグサイエンスの実践状況

国際ビッグサイエンス	開始時期	目標	担当機関・主導者	技術ソリューション	連携協力状況
国際子午線サークル計画（IMCP） 宇宙天気と地球変動の相互作用の解析	2008	宇宙と地球の相互作用の解明、防災政策ための科学的根拠を提示する	中国科学院・同機関のメンバーら	観測ステーション・ネットワーク、データセンター	日米仏など、17カ国・研究機関、複数の国際機構
第三極計画（TPE） ヒマラヤとその周辺地域の生態系の変化の把握	2009	第三極地域の自然環境変化の地球環境への影響の解明、一帯一路のSDGs実施を支援する	中国科学院・同機関のメンバー	観測衛星・デジタルプラットフォーム・データセンター、無人機	日米独など、30カ国・研究機関、複数の国際機構
化学地球計画（MCEP） 地球のケミカルダイナミクスのマッピング	2015	化学地球マッピングデータの創出・共有と特に一帯一路のSDGs実施を支援する	中国地質科学院およびユネスコ・同機関研究員	デジタル化学地球プラットフォーム、データベース、化学地球観測ネットワーク	米豪など、69カ国・研究機関、複数の国際機構
国際科学計画（DBAR） 地球環境ビッグデータによるSDGsの推進	2016	一帯一路の沿線国における地球環境の観測能力の構築と法政策の立案に科学的根拠を提供する	中国科学院・同機関のメンバー	観測衛星・デジタルプラットフォーム・データセンター	豪独など、59カ国・研究機関、複数の国際機構
地球乾燥生態系計画（Global-DEP） 乾燥地の環境変化および生態系の劣化の把握	2017	乾燥生態系の地球環境への影響の解明、持続可能な開発ための法政策を支援する	中国科学院・同機関のメンバー	観測ステーション、データベースの構築	米西豪など、6カ国・研究機関、複数の国際機構

出典：公式サイトや新聞記事をもとに筆者作成

げられた(61)。中国科学院の主導で科学委員会（姚檀棟が主席）および事務局（北京）が設けられ、研究プロジェクト実施の監督・管理および日常業務が行われている。同計画には、国連教育科学文化機関（ユネスコ）・国連環境計画（UNEP）・世界気象機関（WMO）を含む国際機構と三〇カ国が参加している(62)。

同計画は、第三極国際会議の開催やデータ共有、若手研究人材の育成などで国際機構と緊密に連携協力している(63)。同計画で得られたデータについては、観測衛星や複数の国で設置された観測ステーションからの観測データを保存・統合・分析するため、中国科学院の管理のもとで北京に国立チベット高原科学データセンターが設けられた。国際機構との協力を通じて、観測データの公開および国際的な活用が進められており、下記に説明する「第三極の環境に関する科学的評価」は、ビッグデータを活用した例の一つである(64)。また、データ公開だけでなく、科学技術データ委員会や世界科学データシステムとも協力して、第三極を含む地球科学システムに関連する国内外のデータセンターとのデータ相互運用性を確保している(65)。具体的に「第三極計画」では、観測システムの構築および環境データベースを通じて得られたビッグデータを活用し(66)、次のような形で研究成果をグローバル社会に共有している。ヒマラヤ山脈をめぐる二十以上の観測ステーションで構成されている観測プラットフォームを建設し、そこで収集されたデータは、さまざまな分野の二千以上のデータセットに照合され、国立チベット高原科学データセンターに保存され、インターネットに公開されている(67)。

具体的な研究成果としてはたとえば、国際総合山岳開発センター（ICIMOD）、中国科学院チベット高原研究所（TPRI）の協力を得て、UNEPとUNEP生態系管理国際パートナーシップ計画と共同で、ヒマラヤ山脈およびその周辺に関する気候変動、水の利用可能性、生態系の変化、人間活動の影響の四つの視点から、気温上昇や氷河の後退、永久凍土の劣化、河川流量・水質の変動、植生の変化、種の脆弱性、農業と食料安全保障、エネルギー安全保障などの側面の事実および影響を取りまとめて、政策立案者を含むステークホルダー向けの「第三極の環境に関する科学的評価」という包括的なレポートを二〇二二年に公表した(68)。環境問題に関する科学的知見を単に提供するだけでなく、第三極の環境変化を踏まえて研究計画をアップデートし、温暖化による氷河の融解が原因の水害への対応などの継続的な研究が求められる、とも認識されている(69)。

また同計画は、中国科学院の一帯一路助成計画に採択され、その結果「一帯一路」構想の参加国の持続可能な発展がとりわけ重視されている。二〇一八年から同計画は、一帯一路の国々が独自にSDGsのデータ収集を行う困難さを考慮したうえで、第三極地域と一帯一路の地域とが重なる国々（パキスタン、アフガニスタン、バングラデシュ、ネパールなど）に対し、水資源の変動やモンスーンなどの地球環境系のビッグデータに基づいた環境リスクの低減やSDGsの推進を行っている。また、「グリーン一帯一路」構想の推進を目指したサブプロジェクトである「汎第三極計画」（**Pan-Third Pole Environment**）も立ち上げられた(70)。当該サブプロジェクトは、中国科学院と「第三極計画」海外研究ネットワークを通じて国際的な研究調査を推進し、水・生態系・気候変動・環境変化を研究テーマとする国際的な科学研究プロジェクトを進めている。[71]具体的には、北極の諸問題を議論するプラットフォームを提供する「北極サークル」（Arctic Circle）と連携し、二〇一一年から、北極サークルを通じ、第三極地域に関する科学的知見を発信したり、科学者ネットワークを拡大したりしている。[72]さらに当該サブプロジェクトはUNEPとの協力のもと、ネパール、タイ、ミャンマー、カンボジア、キルギスにおいて、異なる脆弱な生態系に関する科学的調査、科学的知見の共有、政策コミュニケーションに関する多岐にわたる活動を実施している。[73]たとえば、世界気候研究計画（WCRP）という国際研究組織との研究プロジェクトでの連携協力、[74]WMOと研究上の連携協力およびデータの共有といった形で科学的知見の拡散や政策コミュニケーションが促されている。[75]

さらに「第三極計画」で得られた科学的知見は、中国自身の環境法政策に大きく寄与しており、チベット高原生態環境保護法、チベット生態文明高地計画、チベット高原国立公園群設立への政策提言などがその成果である。[76]たとえば「チベット高原生態環境保護法」は次のような背景で採択された。まず、チベット高原に対する総合的な現地考察プロジェクトを実施し、生態系の基盤や将来の変化パターンに関する研究を強化、広範な生態環境をモニタリングする観測システム構築した。そして、二〇二一年一二月、全国人民代表大会が中国科学院に同法の草案起草を依頼し、同プロジェクトの研究員が、チベット高原の生態系保護に関する法律における重要事項の調査および草案作成を担当した。[77]また、同計画のリーダーの姚檀棟が同プロジェクトの研究結果を踏まえ、チベット高原の生態系保護に関する法律についての多くのシンポジウムに参加し、氷河災害の監視と早期警戒の強化、山・水・森林・田畑・湖・草・砂・氷の統合的な保護・修復・管理を促進する提言を行ったところ、これらの提言が立法府によって採用され、「チベット高原生態環境保護法」が二〇二三年に採択され、その細則に反映された。[78]

(2)　考察——ビッグサイエンスをめぐる政治ダイナミックス

中国では、科学技術イノベーションの構想の一環としてのビッグサイエンスが国家主導の形で推進されており、国力の向上や経済発展に貢献するものと理解されている一方、二〇一〇年以降は地球環境保護や「一帯一路」構想などの国の外交方針とあわせて推進されている。中国はソフトパワーの強化の一環として、科学技術協力を「外交のための科学技術」[79]と位置づけ、地球環境保護に関するビッグサイエンスを推進する政策を掲げている。[80]「第三極計画」のようなビッグサイエンスの実施は、科学技術の国際的な協力を通じて地球環境ビッグデータの共有や若手研究人材の育成、観測ステーションの設置を実施し、とりわけ一帯一路の沿線国などの持続可能な発展と環境保護を強化する目的を有している。これは、中国の地球環境ガバナンスのリーダーシップの強化および国際的な影響力の拡大にもつながるものである。

半官的に雇われる中国の科学者の役割は、中国政府からの資金助成を受け、中国政府の政策方針を踏まえてビッグサイエンスを推進することにある。とりわけ中国科学院などの公的研究機関のエリート科学者は、政府の政治方針に忠実に従い、「グリーン一帯一路」構想などを踏まえ活動している。特に「第三極計画」「国際科学計画」「化学地球」は「グリーン一帯一路」構想の推進を強く意識したものである。

同時に、政治的に統制されている中国の科学者にもビッグサイエンスを推進するメリットがある。ビッグサイエンスの実施において中国科学院の科学者は、主要な役割を担い、データプラットフォームを通じた国際共同研究とデータ共有が可能となる。また中国の科学者は、参加国の研究機関や科学者、国際機構とともにトランスナショナルな科学者集団を形成し、リーダーとして科学的知見の共有を推進している。また、中国国内の環境法政策の策定や参加国の環境問題解決にも貢献し[81]、これによって中国の科学者の評価が向上するものと考えられる。

しかし、政治的な意図に深く組み込まれるビッグサイエンスには問題点もあり、「第三極計画」にもそれが現れている。たとえば、中国のビッグサイエンスにおけるデータ収集や利用は、地球環境保護の名目で行われるものの、関連している国々のデータ主権を侵害する行為が懸念される。「第三極計画」でもデータベースが構築されており、参加国の自然資源・地理環境・経済社会に関するビッグデータが収集され、北京のサーバーに保管されている。中国は、自国の国土地理のデータの流出を防止するために、「データセキュリティ法」や「測量法」「反スパイ法」などの法政策を整備している[82]。しかし、「第三極計画」の参加国の中には、データに関する法整備や科学技術能力が限られる途上国が多く、国家安全保障に関わる国土地理などのデータを中国や他国に知られることになり、さらには軍事転用されやすい観測衛星の運用が参加国の国家安全保障への脅威になる可能性もある[83]。これによって中国のデジタル覇権の拡大が後押しされる懸念がある[84][85]。

また中国のビッグサイエンスは、「一帯一路」構想を強化する複合的な政治戦略の一環と考えられる。前述のとおり中国は、「一帯一路」構想を「グリーン一帯一路」構想へと転換し、これにより、科学技術協力や環境保護などの名目によってさらに中国の影響力が高まる可能性がある。結果的に「一帯一路」構想の参加国の環境保護ためにプロジェクトが展開されるものの[86]、インドやブータンといった非参加国は重視されない、という問題も生じる。

さらに、参加国から多くの人材の受け入れによる親中派の育成という側面にも問題がある[87]。「第三極計画」や「地球乾燥生態系計画」では、「一帯一路」構想の科学技術の連携協力を向上させる研究機関である一帯一路国際科学機関連盟（ANSO）とともに、人材育成のプログラムを展開しており、親中の若手研究者の育成が進められているとの報道もなされている[88]。

おわりに

本稿では、中国の科学者が、まず科学と政策のインターフェースの視点から中国政府の政策決定過程にどのように関与しているのか、さらにビッグサイエンスの実施が地球環境保護にどのように貢献しているのかについて、検討してきた。本稿の検討により、中国の科学者が、中国共産党と政府の指示のもとにありながらも、科学技術などの法政策の策定に一定の影響力をもつこと、そしてビッグサイエンスという国際的な科学技術協力に取り組むことで、地球環境ビッグデータに基づいて科学的知見を生産し、国際社会への共有や中国国内への政策提言などを通じて地球環境保護へ貢献しようとしていることが分かった。

しかし、中国のビッグサイエンスの背景にある政治的意図には懸念もある。地球環境保護の名目を掲げたビッグサイエンスは、科学技術を通じた環境外交の帰結として中国の評判向上や国益を守るための発言権を強化し、中国のソフトパワーをさらに強化することになる。とりわけ中国のビッグサイエンスは一帯一路などの国家戦略と調和して進められることが必須であり、これは一帯一路の影響力の拡大につながる。また中国主導のビッグサイエンスには、参加国の国土地理などのビッグデータが中国に把握される国家安全保障上の懸念やデータ主権の侵害による中国のデジタル覇権のさらなる拡大などの懸念が伴う。今後、中国の非国家主体による地球環境保護政策への影響を理解するためには、前述の複雑な政治力学を念頭に置きながら、継続的に分析する必要がある。

（1） UN Secretary-General, “A World that Counts,” (2014), pp. 2–27, http://www.undatarevolution.org/wp-content/uploads/2014/11/A-World-That-Counts.pdf（二〇二四年八月八日閲覧）; UNEP, “Big Data Services,” (2022), p. 2, https://wedocs.unep.org/bitstream/handle/20.500.11822/35886/BDB.pdf?sequence=1&isAllowed=y（二〇二四年八月八日閲覧）。

（2） Claire Lajaunie, Burkhard Schafer and Pierre Mazzega, “Big Data Enters Environmental Law,” *Transnational Environmental Law*, 8-3 (2019), p. 534.

（3） 山形与志樹「ビッグデータを用いた気候変動リスクへの対応」『学術の動向』二四巻四号、二〇一九年、二六―三一頁。

（4） Lajaunie, Schafer and Mazzega, *op.cit.*, pp. 543–544.

（5） Mu Ming Poo, “International Cooperation through Big Science Programs,” *National Science Review*, 9-8 (2022), p. 1.

（6） Shantha Liyanage, Markus Nordberg and Marilena Streit-Bianchi, *Big Science, Innovation, and Societal Contributions* (Oxford: Oxford University Press, 2024), p. 2. See also, Tomo Lazovich, “The Power of Big Science: Working at the Cutting Edge of Discovery,” (October 25, 2016), https://sitn.hms.harvard.edu/flash/2016/power-big-science-working-cutting-edge-discovery/（二〇二四年八月八日閲覧）。そのほかに先行研究が指摘するビッグサイエンスの特徴として、大規模な科学技術インフラあるいは研究施設の設置の必要性、多くの科学者・管理者・技術員・事務員などのステークホルダーの世界的な分散化、などがある。Olof Hallonsten, *Big Science Transformed* (Palgrave Macmillan Cham, 2016), pp. 16–21; Tsesmelis Emmanuel and Kwek Leong-Chuan, “*Big Science in ASEAN in the Twenty-First Century?*,” in Charitos et al., eds., *Big Science in the 21st Century: Economic and Societal Impacts* (Bristol: Institute of Physics Publishing, 2024), p. 780.

（7） 渡邉浩崇「ビッグサイエンスと社会」二〇一九年、二一四頁、

https://scirex-core.grips.ac.jp/3/3.1.2/main.pdf（二〇二四年八月八日閲覧）。

（8）Ronald C. Tobey, "Review of Big Science in the National Security State, by Clayton R. Koppes," *Reviews in American History*, 12-1 (1984), pp. 135–138.

（9）NATURE, "Big Science comes of age," *Nature*, 400-6743 (1999), p. 387.

（10）Turchetti Simone, "From the National Laboratory to International Collaborations (Framing Big Science for the Age of Science Diplomacy)," in Charitos et al., eds., *Big Science in the 21st Century: Economic and Societal Impacts* (Bristol: Institute of Physics Publishing, 2024), pp. 924–925.

（11）*Ibid.*, p. 912.

（12）See e.g., Ling Xin, "Pushing Big Science Frontiers in China," *Nature Reviews Physics*, 5 (2023), pp. 134–136; Li Xin, "Science Diplomacy in China: Past, Present and Future," *Cultures of Science*, 6-2 (2023), pp. 178–179; Huang Wei, "Advancing Basic Research towards Making China a World Leader in Science and Technology," *National Science Review*, 5-2 (2018), pp. 126–128.

（13）山田高敬「地球環境ガバナンスにおける科学者ネットワークの役割」『学術の動向』二六巻一号、二〇二一年、八二頁。

（14）中国の地球環境政策と「グリーン一帯一路」構想について、たとえば舛方周一郎「戦略的パートナーシップを通じたブラジル気候変動対策への中国の関与」『国際政治』二〇七号、二〇二二年、九一頁を参照。

（15）Dan Gutman, Yijia Jing and Oran R. Young, "The State, Nonstate Actors, and China's Environmental Performance: Setting the Stage," in Dan Gutman, Yijia Jing and Oran R. Young, eds., *Non-state Actors in China and Global Environmental Governance* (Singapore: Palgrave Macmillan Singapore, 2021), pp. 19–20. また、飯嶋佑美「第2期習近平政権の気候変動対応——トップダウンとボトムアップの視点から——」日本国際問題研究所『習近平政権研究』（中国研究会）、二〇二三年三月二四日、一九六—一九七頁も参照。

（16）後掲注25から31の引用文献を参照。

（17）Rolf Lidskog, "Representing and Regulating Nature: Boundary Organisations, Portable Representations, and the Science-Policy Interface," *Environmental Politics*, 23-4 (2014), pp. 670–672.

（18）Juliette C. Young, Allan D. Watt, Sybille Van Den Hove and the SPIRAL Project Team, "Effective Interfaces between Science, Policy and Society: the SPIRAL Project Handbook," (2013), https://oppla.eu/sites/default/files/uploads/spiral-handbook-website.pdf（二〇二四年一〇月七日閲覧）。また、松下和夫・高橋康夫「自然資本・生態系サービスを巡る科学と政策のインターフェース（SPI）」『農村計画学会誌』三六巻一号、二〇一七年、二九—三〇頁も参照。

（19）Sybille Van Den Hove, "A Rationale for Science-Policy Interfaces," *Futures*, 39-7 (2017), p. 815.

（20）Sally Eden, "Green, Gold and Grey Geography: Legitimating Academic and Policy Expertise," *Transactions of the Institute of British Geographers*, 30-3 (September 2005), pp. 282–286.

（21）山田、前掲論文、八二頁。

（22）山田、前掲論文、八三頁。

（23）Sheila S. Jasanoff "Contested Boundaries in Policy-Relevant Science," *Social Studies of Science*, 17-2 (1987), p. 195.

（24）See e.g., Jost Wübbeke, "China's Climate Change Expert Community-Principles, Mechanisms and Influence," *Journal of Contemporary China*, 22-82 (2013a), pp. 723–728; Jost Wübbeke,

"The Science-Politics of Climate Change in China: Development, Equity, and Responsibility," *Nature and Culture*, 8-1 (2013b), pp. 14–15.

（25） Erik Baark, "Shaping China's Climate Change Epistemic Community," (2023), https://www.mpiwg-berlin.mpg.de/observations/shaping-chinas-climate-change-epistemic-community（二〇二四年八月八日閲覧）。

（26） 飯嶋佑美「中国の気候変動外交――国際関係におけるアイデンティティと国益追求の変遷――」『中央大学博士論文』二〇二二年、四一頁。

（27） Liang-Yu Chen, "How Do Experts Engage in China's Local Climate Governance? A Case Study of Guangdong Province," *Journal of Chinese Governance*, 2-4 (2017), p. 377.

（28） Wan Li, "Making Decision Making More Democratic and Scientific Is an Important Part of Reform of the Political System," *Chinese Law & Government*, 20-1 (1987), pp. 21–25.

（29） Wübbeke, *op.cit.*, (2013a), p. 731.

（30） Chen, *op.cit.*, (2017), p. 363.

（31） 川島真・小嶋華津子編『よくわかる現代中国政治』ミネルヴァ書房、二〇二四年、二四一四二頁；Alex He, "Emerging Model of Economic Policy Making under Xi Jinping China's Political Structure and Decision-making Process," *CIGI Papers*, 208 (2018), p. 1.

（32） Feng-Chao Liu et al., "China's Innovation Policies: Evolution, Institutional Structure, and Trajectory," *Research Policy*, 40-7 (2011), p. 920.

（33） *Ibid.*, p. 920.

（34） 共産党中央委員会の下には、さらに国家科学技術諮問委員会が設置されており、主要な科学技術に関する意思決定に貢献している。中国科学院「解読：新設立的中央科学技術委員会什麼来頭」、二〇二三年四月三日、http://www.bjb.cas.cn/kjcx/kcsd/202304/t20230403_6725986.html（二〇二四年八月八日閲覧）。

（35） Merle Goldman, Timothy Cheek, and Carol Lee Hamrin, *China's Intellectuals and the State: In Search of a New Relationship* (London: Harvard University Press, 1987), p. 2.

（36） 中国の研究経費は、ほぼ全て政府の資金源に依存しているが、科学者は通常、資金拠出に関する政策の策定にはほとんど関与しない。Jane Qiu, "International Collaboration and Science in China: A Western Perspective," *National Science Review*, 2-2 (2015), p. 244を参照。

（37） Margaret Sleeboom-Faulkner, "Regulating Intellectual Life in China: The Case of the Chinese Academy of Social Sciences," *The China Quarterly*, 189 (2007), pp. 84–85; Qiang Zhi, Jun Su, Peng Ru and Laura Diaz Anadon, "The Evolution of China's National Energy RD&D Programs: The Role of Scientists in Science and Technology Decision Making," *Energy Policy*, 61 (2013), p. 1580.

（38） 中国科学院のような研究機関や大学の研究者は、中国国内において「公務員ではないものの、彼らの活動において政府として果たす役割（資金調達、指導者の選定、責務など）を考慮すると、完全な非国家主体ではない」と言われる由縁である。Dan Guttman et al., "Environmental Governance in China: Interactions between the State and 'Nonstate Actors'," *Journal of Environmental Management*, 220 (2018), p. 129. See also, Wübbeke, *op.cit.*, (2013a), pp. 719–720.

（39） Zhibin Yuan, "Study of Agenda-Setting Model of Science and Technology Policies Affected by Think-Tank in China," *Bulletin of Chinese Academy of Sciences*, 32-6 (2017), p. 613.

（40） Andrea Braun Střelcová, Stephanie Christmann-Budian and

Anna L. Ahlers "The End of 'Learning from the West'? Trends in China's Contemporary Science Policy," *Observations*, 6 (2022), p. 6.

（41）Kenji Otsuka, "Co-optation in Co-production Maintaining Credibility and Legitimacy in Transboundary Environmental Governance in East Asia," *Review of Policy Research*, 39 (2022), p. 788.

（42）飯嶋、前掲論文（注15）、一九七頁。

（43）国立研究開発法人科学技術振興機構編『中国の科学技術の政策変遷と発展経緯』二〇一九年三月、二一―三頁。

（44）同上、三―四頁。

（45）周瑋生「チャイナ・イノベーションの現状と歴史的一考察」『地域情報研究』一一巻、（二〇二二年）一五五頁。また、周少丹「中国の科学技術の歴史と現状」『地域研究』一六巻二号、二〇一五年、二一四―二一六頁も参照。

（46）新華社「中国共産党第十八期中央委員会第五回全体会議公報」、二〇一五年一〇月二九日、http://www.xinhuanet.com/politics/2015-10/29/c_1116983078.htm（二〇二四年八月八日閲覧）。

（47）中国政府「国務院関与印発積極牽頭組織国際大科学計画和大科学工程方案的通知」二〇一八年三月一四日、https://www.gov.cn/zhengce/content/2018-03/28/content_5278056.htm（二〇二四年八月八日閲覧）。

（48）中国政府は一九七八年の改革開放以来、経済発展と環境保護を調和させる方針を掲げ、日本を含む先進国からの経験を積極的に取り入れ始めた。一九九〇年代以降、中国は天安門事件後に中国共産党が受けた国際社会との関係を修復し、再構築するために努め、「西側」との関係を改善するために、国際的な環境協力に積極的に取り組んできた。飯嶋佑美「中国の環境ガバナンス――環境権威主義とキャンペーン形式の執行に関する検討――」『法学新報』一二八巻第九号、二〇二二年、二九―三二頁；Kenji Otsuka, "Shift in China's Commitment to Regional Environmental Governance in Northeast Asia?," *Journal of Contemporary East Asia Studies*, 7-1 (2018), pp. 18–23。また、環境外交によるイメージの向上および、発言権の拡大については、Heidi Wang-Kaeding, *China's Environmental Foreign Relations* (Routledge, 2021), pp. 2–4 を参照。

（49）同文書を踏まえ、中国科学院は積極的にビッグサイエンスの発足・推進を行い、「グリーン一帯一路」に向けて一〇〇以上の科学技術協力プログラムを実施してきた。中国政府「国務院新聞弁就科技支撐〝一帯一路〟建設成果情況挙行発布会」二〇一九年四月一九日、https://www.gov.cn/xinwen/2019-04/19/content_5384477.htm（二〇二四年八月八日閲覧）。また、小原凡司「米中新冷戦に見える米中相互接作用」川島真編『習近平政権の国内統治と世界戦略』勁草書房、二〇二三年、一四五頁も参照。

（50）中国外交部「国際技術合作倡議」二〇二三年一一月一七日、https://www.mfa.gov.cn/web/ziliao_674904/1179_674909/202311/t20231117_11182238.shtml（二〇二四年八月八日閲覧）。

（51）中国網「〝一帯一路〟科技合作新格局構建研究」二〇二三年一〇月一八日、http://ydyl.china.com.cn/2023-10/18/content_116757065.shtml（二〇二四年八月八日閲覧）。

（52）Xin Hao and Yidong Gong, "China Bets Big on Big Science," *Science*, 311-5767 (2006), p. 1548.

（53）中国科学院「加強中国科学院大科学装置管理工作的思考」二〇〇七年三月二二日、https://lssf.cas.cn/lssf/xwhd/cmsm/200703/t20070322_4508490.html（二〇二四年八月八日閲覧）。

（54）中国政府「参加国際大科学工程及研究計画国内論証指南発布」二〇一二年一月二一日、https://www.gov.cn/gzdt/2012-01/21/content_2050572.htm（二〇二四年八月八日閲覧）。

(55) 中国政協「全国政協〝国際科技合作与大科学計画〟双周協商座談会」二〇一六年八月一九日、http://www.cppcc.gov.cn/zxww/2016/09/12/ARTI1473647825895205.shtml（二〇二四年八月八日閲覧）。

(56) 同上。その後も科学者らはビッグサイエンス計画専門家諮問委員会を設置して、政府と協力しながらビッグサイエンスに関する法政策やルールなどの策定を続けた。前掲注47を参照。

(57) 前掲注47を参照。

(58) 前掲注47を参照。

(59) 国務院「中国科学院率先行動計画第一段階進捗状況」二〇二〇年九月一六日、https://www.gov.cn/xinwen/2020-09/16/content_5543820.htm（二〇二四年八月八日閲覧）。

(60) Third Pole Environment, "TPE at a Glance," (2019), https://www.tpe.ac.cn/about/giance/201910/t20191029_221836.html（二〇二四年八月八日閲覧）。

(61) 同上。

(62) Tandong Yao et al., "From Tibetan Plateau to Third Pole and Pan-Third Pole," *Bulletin of Chinese Academy of Sciences*, 32-9 (2017), p. 929.

(63) Third Pole Environment, "TPE Policy Brief," (2011), http://www.tpe.ac.cn/publications/Newsletter/201910/t20191024_221421.html（二〇二四年八月八日閲覧）。

(64) UNEP, "New Report Highlights Risk from Global Warming in the 'Third Pole'," (2022), https://www.unep.org/news-and-stories/story/new-report-highlights-risk-global-warming-third-pole（二〇二四年八月八日閲覧）。

(65) Xiaoduo Pan et al., "National Tibetan Plateau Data Center: Promoting Earth System Science on the Third Pole," *Bulletin of the American Meteorological Society*, 102-11 (2021), pp. E2075-E2076.

(66) 前掲注63を参照。

(67) Tandong Yao et al., "Reflections and Future Strategies for Third Pole Environment," *Nature Reviews Earth & Environment*, 3 (2022), p. 608. See also, 中国日報「第三極立体観測布下天羅地網」二〇一九年二月九日、https://tech.chinadaily.com.cn/a/201902/09/WS5c60d36fa31010568bdc902a.html（二〇二四年八月八日閲覧）。

(68) UNEP, "A Scientific Assessment of the Third Pole Environment," (2022), https://www.unep.org/resources/report/scientific-assessment-third-pole-environment（二〇二四年八月八日閲覧）。

(69) 前掲注67を参照。

(70) Pan-TPE, "About Pan-TPE," (2019), http://www.pantpe.ac.cn/site-en/info/2041（二〇二四年八月八日閲覧）。

(71) 同上。

(72) Arctic Cycle, "The-Process," https://www.arcticcircle.org/third-pole-himalaya-the-process（二〇二四年八月八日閲覧）。

(73) UNEP「環境-経済脆弱区可持続生計与緑色発展策略」http://www.unep-iemp.org/cn/project_8.html（二〇二四年八月八日閲覧）。

(74) Third Pole Environment, "TPE project endorsed by WCRP-CORDEX as a new Flagship Pilot Studies," http://tpe.ac.cn/highlights/201911/t20191111_222944.html（二〇二四年八月八日閲覧）。

(75) Third Pole Environment, "TPE-related Science Project STEP Featured at WMO Meeting," http://www.tpe.ac.cn/highlights/202106/t20210608_271730.html（二〇二四年八月八日閲覧）。

(76) 中国科学院「依法科学守護青蔵高原」二〇二三年九月一日、https://www.cas.cn/zjs/202309/t20230901_4967420.shtml（二〇二四

年八月八日閲覧); Tandong Yao et al., "The Second Tibetan Plateau Scientific Expedition and Research to Serve Construction of Ecological Civilization Highland," *Bulletin of Chinese Academy of Sciences*, 36-Z2 (2021), p. 22.

(77) 科技日報「青蔵高原生態保護法九月一日正式施行 第二次青蔵科考為立法提供核心支撑」二〇二三年八月三一日、http://www.stdaily.com/index/kejixinwen/202308/f8d45bac80f84ce4be049d560fb72064.shtml（二〇二四年八月八日閲覧）。

(78) 同上。

(79)「科学技術外交」には、「外交のための科学技術」と「科学技術のための外交」の二つの側面があると指摘されており、ここで強調したいのは、「外交のための科学技術」である。山田によれば、「科学技術分野の交流を通じて相手国との信頼醸成に努めること、途上国支援のために科学技術を供与すること、科学技術力をソフトパワーの源泉としてパブリック・ディプロマシーを展開することなどが含まれる」という。山田敦「序論 科学技術と現代国際関係」『国際政治』一七九号、二〇一五年、一〇頁を参照。

(80) 前掲注50を参照。

(81) たとえば「国際科学計画」では、モザンビークの一〇メートル解像度の耕作地マッピングデータを同国の農業食品安全省に提供し、農作物の病害虫や異常気象に対処する同国の能力を強化、同国の農業開発と水資源の合理的開発のための情報支援を提供し、食糧安全保障を確保する目標があるとともに、アルメニアの国土地理に対する高精度の観測データをアルメニア政府と共有し、それを通じてアルメニアの国土資源の管理と環境モニタリングを改善する活動も行っている。中国科学院「数字絲路国際科学計画服務一帯一路」二〇一九年一二月一八日、https://www.cas.cn/cm/201912/t20191218_4727987.shtml（二〇二四年八月八日閲覧）。また、国連ユネスコ「数字絲路国際計画服務一帯一路可持続発展」二〇一九年一二月一八日、http://www.unesco-hist.org/index.php?r=article/info&id=2068も参照（二〇二四年八月八日閲覧）。

(82) 国連貿易開発会議によれば、アフリカとアジアにおいてデータに関する立法が整備されている国々は、全体の約六割に留まる。UNCTAD, "Data Protection and Privacy Legislation Worldwide," https://unctad.org/page/data-protection-and-privacy-legislation-worldwide（二〇二四年四月一二日閲覧）。

(83) Meia Nouwens and Helena Legarda, "China's Pursuit of Advanced Dual-use Technologies," *IISS Research Papers*, (2018), https://www.iiss.org/research-paper//2018/12/emerging-technology-dominance（二〇二四年八月八日閲覧）。

(84) 中国のデジタル覇権は、「北京効果（Beijing Effect）」すなわち、中国がハイテク企業を通じて新興市場にデジタルインフラ・電気通信・電子商取引サービスを提供することで、中国の影響力を拡大することを意味する。Beijing Effect については、Matthew S. Erie and Thomas Streinz, "The Beijing Effect: China's Digital Silk Road as Transnational Data Governance," *New York University Journal of International Law and Politics*, 54-1 (2021), pp. 2–3 を参照。

(85) ファーウェイなどのハイテク企業が関与しているデジタルインフラ建設やスマートシティなどのデジタルソリューションの輸出をめぐって、データの利用に関する課題、たとえばデータの帰属の問題や悪用の可能性といった課題が指摘されており、これらはホスト国のガバナンスや内政にも影響を及ぼす可能性がある。渡辺紫乃「中国アフリカ関係の新展開——ファーウェイによるデジタルインフラ建設とその影響——」『国際政治』二一〇号、二〇二三年、一三三—一三六頁を参照。

(86)「第三極計画」では、中央・西アジアにおける砂漠化防止技術と実証といったプログラムを実施し、一帯一路における環境保護のための研究調査を行っている。Tandong Yao, "Pan-Third Pole Environmental Change and Responses," *Bulletin of Chinese Academy of Sciences*, 33-Z2 (2018), p. 46.

（87）Chunli Bai, "Scientific and Technological Innovation and Cooperation Support High-Quality Development of the Belt and Road Initiative," *Bulletin of Chinese Academy of Sciences*, 38-9 (2023), pp. 1238–1239.

（88）中亜生態環境研究中心「中亜中心成果発布会」二〇二一年三月三一日、http://www.rceeca.com/xwdt/info/2021/69991.html（二〇二四年八月八日閲覧）。こうした人材育成プログラムの活用は、中国の海外スマートシティ展開でも同様に使われている戦略である。Alice Ekman and Cristina de Esperanza Picardo, "Towards Urban Decoupling? China's Smart City Ambitions at the time of Covid-19," *European Union Institute for Security Studies (Brief 10)*, (2020), p. 5. https://www.iss.europa.eu/sites/default/files/EUISSFiles/Brief%2010%20Smart%20Cities.pdf（二〇二四年八月八日閲覧）。スマートシティ・プロジェクトの海外輸出について、Yoshiko Naiki, "Smart Cities and International Trade Law," *World Trade Review*, 23-3 (2024), p. 363 を参照。

〔付記〕本稿は、JST 次世代研究者挑戦的研究プログラム JPMJSP2125 の財政支援を受けた研究成果の一部である。二名の査読者および、編集担当の先生に感謝の意を表する。

（おう　ちけん　名古屋大学大学院）

日本国際政治学会編『国際政治』第214号「地球環境ガバナンス研究の最先端」（二〇二五年一月）

勢力範囲（勢力圏）概念と近代日本外交
――第一次世界大戦前後日本外交の「連続／転換」問題とともに――

佐々木　雄一

はじめに

「勢力範囲」ないし「勢力圏」（英語でいえば sphere(s) of influence）は、近代日本外交を論じるうえで重要な概念である。一例を挙げると、日露戦争以降に日本外交の焦点となった満州は日本の領土ではなかった。しかし日本は、具体的な範囲や態様は時期によって異なるものの、満州方面を影響下に置こうとし続けた。その状況を説明するには、勢力範囲（勢力圏）の語を要する。[1] 近年、日本外交史研究において勢力範囲への注目度は高く、多くの関連論稿が発表されてきた。[2] 第一次世界大戦前後の日本外交において連続性と転換のいずれをより重く見るかという数年来活発に議論が生じている問題も、勢力範囲概念が深く関わっている。

ところが、勢力範囲や勢力圏の語をどのような意味で用いるかは論者によって異なり、その不一致はこれまでのところあまり整理されていない。注意を要する語であるとの認識は広く見られるものの、[3] 各論者がそれぞれに勢力範囲の概念整理や定義づけをおこない、統合的な知見は組み立てられていないのが現状である。

例えば、第一次世界大戦前後日本外交の「連続／転換」をめぐる議論を活性化させた中谷直司『強いアメリカと弱いアメリカの狭間で』は、日本外交の転換が勢力圏外交秩序に代表される東アジア旧秩序の解体をもたらしたと説く。同書は、主要な先行研究かつ対極的な見解として服部龍二『東アジア国際環境の変動と日本外交 1918–1931』を取り上げ、服部書の勢力圏外交連続説・ワシントン体制旧秩序説を否定している。ただそもそも、中谷書と服部書では「勢力圏外交」の意味合いが異なる。[4] 服部書は、対米協調への転換など特徴づけられてきた原敬内閣において中国での権益拡張が追求されていたことに注目し、勢力圏外交連続説を提起した。[5] 一方、中谷書における勢力圏外交秩序とは、勢力範囲の相互尊重を基本原則とする大国間政治のゲームのルールである。「勢力圏外交」を主に勢力圏の確保・拡張の観点から捉えるか（服部書）、勢力範囲の相互尊重の観点から捉えるか（中谷書）、という違いを残したまま、「勢力圏外交」の語を用いて日本外交および国際秩序の「連続／転換」を論じるのは困難なように思われる。

あるいは、中谷書では、「通常は互いの勢力範囲やそれに付随する権利（特殊権益）を尊重することが国際協調の定義として大国間に共有されていた」とされている。[6]だが、「国際協調路線（＝門戸開放主義）」と「勢力範囲路線（＝門戸閉鎖主義）」を対極的な路線と位置づける論文もある。[7]勢力範囲と国際協調との関係性について、正反対の図式が示されている。これも、勢力範囲のいかなる面に着目するかの違いに由来する。

さらに、地域AがX国の勢力範囲に該当するのかしないのかといった点についても見解の不一致が見られる。一八九八年に日本が清に不割譲・不貸与を要求し受け入れさせた福建方面について、中谷書は、日本側は日本の勢力範囲となることを望んでいたにせよ福建省が日本の勢力範囲であるとの認識は主要大国に共有されていなかったとして、福建省は日本の勢力範囲に含まれないとしている。[8]千葉功『旧外交の形成』も、「日本は日露戦争によって、初めて中国に勢力範囲（sphere of influence）を獲得した」[9]と記しており、福建は日本の勢力範囲ではないということになる。一方、佐々木雄一『帝国日本の外交 1894–1922』は、福建不割譲・不貸与を清側に認めさせた点を捉え、「福建省を勢力範囲に収め始めた」[10]などと、福建方面を日本の勢力範囲と位置づけている。久保田裕次『対中借款の政治経済史』も、ある時点において福建方面が日本の勢力圏に含まれていたかどうか明示的には述べておらずかつ実際に勢力圏化していくためには諸段階が必要だったとの論だが、「清朝に不割譲を認めさせることは、その地域を日本の「勢力圏」として他国に認識させる重要な契機であった」としている。[11]

勢力範囲（勢力圏）にはより強い性質のものもより弱い性質のものも存在し、その程度・性質には各国間の取り決めや個々の時期における国際情勢、現地の実態、各国の認識など多様な要素が反映される。これは、近年の勢力範囲をめぐる議論の前提として、各論者に共有されている考えだと思われる。ただそのうえで、今後さらに近代日本外交における勢力範囲ならびに関連諸現象が論じられていくに当たり、勢力範囲とは何かについて改めて整理する作業が必要なのではないかというのが本稿の趣旨である。

以下まず、国際法の観点からの勢力範囲に関する説明を参照し、近代日本外交に当てはめて考える。そして、勢力範囲概念をどのように捉えるかということと密接に関わる第一次世界大戦前後日本外交の「連続／転換」問題を検討する。

一　勢力範囲の分類――国際法の観点からの議論を参考に

勢力範囲は帝国主義や植民地保有と結びついた歴史上の概念という面があり、現在の国際法研究においてはあまり注意を向けられていない。ただかつては、相応の検討がなされていた。勢力範囲とは何かを改めて考えるに当たり、その議論の蓄積は大いに参考になる。

横田喜三郎は、勢力範囲という言葉は色々な意味に用いられるとして、用例を四つに分類している。[12] 第一に、「条約で将来の先占を認められた土地」。ヨーロッパ諸国によるアフリカ大陸での勢力範囲設定のようなパターンである。第二に、「背後地」。第三に、「甲の国が乙の国の一定の地域で、第三国に対して優先的や排他的な権利をもつ場合に、その地域を甲の国の勢力範囲という」。これは、無主の土地ではなく既に国際団体に属する国家の領土で、領土の属する国との条約により設けられる。代表例は、第一次世界大戦以前の中国におけるものである。第四に、「政治的勢力の地域」であり、「甲の国の政治的勢力が強く乙の国に及ぶ場合に、乙の国を甲の国の勢力範囲という」。横田は、「これは国際政治上のもので、国際法には関係がない」とする。

横田の記述は勢力範囲概念について整理するうえで参考になるものの、この分類の仕方だとどれにも当てはまらない勢力範囲の形態が存在するのではないかという疑問が浮かぶ。すなわち、中国における勢力範囲は、多くは中国・列強間の取り決めに根拠づけられる一方で、列強間で互いの勢力範囲を承認し合うパターンもあった。これは、第一類型のように将来の先占を認めたわけではなく勢力範囲の性質としては第三類型的だが、領土の属する国との条約により設けられるという横田の説明とは合致していない。

そこで、勢力範囲について論じる際にしばしば参照されるリンドリー（M. F. Lindley）の分類も確認する。[13] 第一に、横田の第一類型と同様の、先占と結びつくような、列強（植民勢力）間の合意により設定されるものである。第二に、これも列強間の取り決めにより、ある地域において特別な利益を有することを認められたパターンである。第三に、ある程度発展しているとされる国との間の取り決めによるもので、不割譲約定などがそうである。第四に、自領域の隣接地もしくは経済的・政治的・戦略的重要地域で、国際的合意によらない。

右の両書の記述をふまえると、勢力範囲は、①先占予約型、②列強間相互承認型、③権利獲得型、④隣接重要地域型（後背地を含む）、⑤影響下型の五つに分類できると思われる。①先占予約型は、アフリカ分割のようなタイプである。②列強間相互承認型は、列強間の取り決めにより勢力範囲を設定・承認するもので、①と設定方式は同様もしくは類似しているが、将来的な先占を認めたわけではない。③権利獲得型は、勢力範囲を設定する側の国とされる側の国との関係において、重大な権益を得ているとか、他国への不割譲が宣言されているといった場合である。以上は、①・②と③で当事国の性質が異なるもののいずれも何らかの国際的合意・取り決めに基づく。一方、国際的合意によらない勢力範囲も考えられ、そのうち主に隣接性に根拠づけられるものを、④隣接重要地域型、それにも当てはまらないものを、より一般的に⑤影響下型とした。④や⑤は、ある大国が他国ないし他国の一部を実際に影響下に置いている場合もあれば、実態としてはそうではないが勢力圏と位置づけて影響下に置こうとしている場合もある。また、一つの地域は①～⑤のうち一つにのみ分類されるわけでは必ずしもなく、複数の性質を有していることもある。

戦前日本を代表する国際法学者の立作太郎は、「国際法上の厳正の意義に於ける勢力範囲とは、一殖民国か他国との条約に基き該他国をして其限界内に実権を行はさるを認めしめ、且つ該殖民国か其撰む所の時期及方法に於て実権を行ふことを認めしめたる地域」であり、「勢力範囲の観念は亜弗利加大陸の分割につき始めて其適用を見たり」と論じた。これは、①先占予約型である。そして、「勢力範囲の語は近来稍々適用を広め、一の国家の領土として認められたる土地の一部につき、他の数国の間に所謂勢力範囲を定むることあり」としたうえで、「厳正の意味に於ける勢力範囲と酷似し、学者も亦此種の特定地域に勢力範囲の語を適用するに至れり」と捉えている。これは、②列強間相互承認型である。一方、「一国か其領土の一部に対して他国の特殊利益を認め、該地方を第三国に割譲せさることを約せる場合に於て、該地方に加ふるに勢力範囲の名を以てすること」があるが、厳正なる意義における勢力範囲とは関係国を異にし、観念の内容も異なるとして、「厳正の意義に於ける勢力範囲と全然其性質を異にす」と評している。これは、③権利獲得型である。つまり立は、勢力範囲とされるものとして①・②・③のパターンを挙げ、①と②は類似している一方で①・②と③は性質が大きく異なると論じている。[14]

勢力範囲や租借について本格的な研究をおこなった植田捷雄は、勢力範囲を、「その内容において消極的（Negative）排他的（Exclusive）優先的（Preferential）乃至政治的（Political）傾向を有するものであつて、地理的（Geographical）には領地又は保護地に隣接（Adjacent to）せる地域を示すもの」と定義する。[15]そして中国における勢力範囲については、「支那において屢々起れる領土不割譲宣言（Declaration of the Nonalienation）の如き外国間の合意に非る条約によつて生じた地域はいはゆる「勢力範囲」に非ずして例外的、変則的のそれ」であるとか、「支那における列国進出の形式はいはゆる一般的「勢力範囲」に比し頗る変態的、例外的現象であつて、むしろこれを以つて本来の意義における「勢力範囲」なりとは称することが出来ない」としている。主要なものの多くは各国相互間の条約により関係諸国の公認を経たわけではなく、また「現有の領地または保護地に隣接せる地方」でもないからである。[16]植田の議論は、隣接性の要件を強調する点は立と異なっている。しかし、本来の意義における勢力範囲は外国（列強、植民国）間の条約によって定められるもので中国における領土不割譲宣言のようなタイプは例外的・変態的、という説明は同様である。

それに対し、日本外務省内での勢力範囲の捉え方は、様相が異なる。一九一七年、中国の勢力範囲撤廃問題に関連してそもそも勢力圏とは何かということを検討した外務省政務局第一課長の小村欣一は、次のように記した。「勢力圏なるものは極めて漠然と考ふれは一種の政治的意味あるに過きさるも、具体的に煎し詰むれは、㈠租借地、㈡不割譲約定、㈢一般的投資優先権又は鉄道鉱山等に関する優先権（殊に一省若は数省に亘るもの）、（四）鉄道借款、（五）満蒙に関する日支条約の如き所謂勢力圏を前提とせる諸条約にも及ふへし」[17]。列国が中国との関係において有している諸権益が、勢力圏の主要な根拠と位置づけられている。勢力範囲概念の歴史的経緯はともかく、現実に中国において勢力範囲とされているものをふまえれば、そうした説明になった。一九二〇年の政務局第一課の文書では、右の（一）〜（五）がそれぞれ（イ）・（ロ）・（ハ）・（ニ）・（ホ）となり、かつ「（ヘ）特殊利益若は特殊関係を承認せる条約」と「（ト）不割譲約定又は特殊条約等の事由の下に条約に明文なき排外的主張を為し居れるもの」が加わった[18]。（ヘ）で「日露協約」、「日仏条約」、「石井ランシング協定」といった列国間の取り決めが挙げられているが、少なくとも、租借地や不割譲約定、一般的投資優先権などに根拠づけられる勢力圏が例外的であるとは論じていない。

二　近代日本外交と勢力範囲

以上見てきたように、勢力範囲は列国間の取り決めに基づくものもあれば、勢力範囲を設定する側の国（列強、植民国）とされる側の国との取り決めに基づくものもある。また、国際的合意による場合もあればよらない場合もある。そうした勢力範囲概念の多様性や多面性をふまえたうえで、近代日本外交と勢力範囲をめぐる問題を考える。

まず、本稿冒頭で言及した、勢力圏外交を排他的優越地域の確保・拡張の観点から捉えるか勢力範囲の相互尊重の観点から捉えるか、また国際協調と対立するものと捉えるか合致するものと捉えるか、についてである。本稿で示した勢力範囲の五類型のうち、①先占予約型や②列強間相互承認型は、各勢力範囲における排他性・優越性の面は無論あるものの、勢力範囲を大国同士が尊重し合っているという点では、大国間協調の仕組みとなっている。一方、③権利獲得型や④隣接重要地域型、⑤影響下型は、大国間での勢力範囲の相互尊重という枠組みの一角としてでなく排他的・優越的地位を築こうとしているかもしれない。つまりそもそも勢力範囲（勢力圏）概念が相互尊重や紛争回避の性格と排他性・優越性の性格のどちらも有しており、研究上、勢力圏の追求であるとか勢力圏外交といったときに各文脈でいかなる意味であるのか、注意する必要がある。

次いで、これも冒頭で触れた、福建方面が日本の勢力範囲と位置づけられるかどうかについては、不割譲約定と勢力範囲との関係性から考えることができる。前掲の通り、日本の外務省が不割譲約定を勢力圏の根拠として挙げていたのみならず、立作太郎や植田捷雄も、その形態を例外的・変則的と位置づけてはいるものの、不割譲の約定ないし宣言の存在をもって勢力範囲と呼ばれていることは前提に、議論をおこなっている。あるいは、ウェストレーク（John Westlake）やリンドリーも、勢力範囲もしくは利益範囲（sphere(s) of interest）を根拠づける一つのパターンとして、不割譲約定を挙げている[19]。つまり、不割譲約定が勢力範囲を根拠づけるとの認識が当時存在したのであり、そうである以上、福建は日本の勢力範囲だったということになるだろう。第一次世界大戦後、イギリス外務省内で勢力範囲関連の検討がしばしばなされた。そのなかで例えば中国における各国の租借地および勢力範囲についてまとめた文書では、日本の勢力範囲の記述は一八九八年の福建不割譲・不貸与保証から始まる[20]。

もっとも、日本が福建に関して実際にどの程度強い影響関係を築き、各国が日本の勢力範囲として尊重していたかは、時期や各列国において異なる。第一次世界大戦後の時点でイギリスは、福建への日本の進出意欲を認識しておりそこからさらに進んでイギリスの勢力範囲と衝突するのでなければ強く抗するわけではなかった。ただ、福建における日本の利益範囲は未発達であるとしている（The Japanese “sphere of interest” in Fukien is so far merely sketched out and quite undeveloped）[21]。イギリス側の地図では、南満州および東部内蒙古、山東、福建の各方面は、“Japanese spheres of influence (actual and contemplated)” とされていた[22]。

仏領インドシナを有するフランスとの間では、一九〇七年の日仏協約締結過程で、福建の位置づけが焦点となった。すなわち日本側は、「福建省に於ける仏国の活動は往々にして我利益と衝突するの虞少なからす」として、「此際仏国をして同省か我利益範囲に属することを承認」させようとした[23]。そして協約本文で日仏両国が主権、保護権または占有権を有する領域に近邇する清帝国の諸地方において秩序・平和維持を求めるとしたうえで、秘密文書において、福建省が台湾に近邇していることから両締約国が秩序平和の維持を特に希望する清帝国の地方中に包含されるとした[24]。フランス側は勢力範囲を定める趣旨の取り決めを結ぶことに抵抗し[25]、交渉を通じて文言は弱められたものの、福建に対する日本の優先性を認めたかたちにはなった。

ところで、右に見たなかで「利益範囲」（sphere(s) of interest）という語が何度か出てきている。勢力範囲と利益範囲の関係については、「先占の範囲に重要な関係があるのは、勢力範囲である。利益範囲ともいわれる」[26]であるとか、「勢力範囲（sphere of influence、利益範囲 sphere of interest ともいう）」[27]といったように、互換的に示されることもある。他方で両語を、類似していることは前提としつつも異なる概念として説明するものもある[28]。勢力範囲と利益範囲の関係性はそれ自体、勢力範囲概念をめぐる一般的問題の一つとして検討を要する。

加えて日本の場合、近代日本外交上の重要な概念と位置づけられてきた「主権線・利益線」がこれと関連する。主権線・利益線論は、国家には主権線とともに主権線の安危に密着の関係ある区域として利益線が存在し、独立を維持するには主権線だけでなく利益線を守らなくてはならないという議論である。一八九〇年、当時首相だった山県有朋が議会において述べ、またその後同様の趣旨の意見書も閣僚に回覧している[29]。筆者自身の見解は異なるが[30]、通説的には、利益線、すなわち朝鮮半島に対する明治日本の見方がよく表れたものとされてきた。

この主権線・利益線論がシュタイン（Lorenz von Stein）の教示に基づくものであることは既に先行研究で指摘されており、知られている。[31] 資料は「斯丁氏意見書」（一八八九年）で、そのなかでは主権線・利益線ではなく権勢疆域・利益疆域の語が用いられていた。[32] そしてここからが、勢力範囲概念と関わるところである。同資料の権勢疆域には「マフトスフヘーレ」、利益疆域には「インテレッセンスフヘーレ」とカタカナでルビが振られている。「インテレッセンスフヘーレ」はInteressensphäreで植田捷雄の前記論文のタイトルが「支那における「勢力範囲」（Sphere of influence; Interessensphäre）問題」であるように、Interessensphäreはsphere of influence、勢力範囲と対応していると考えられる。しかし山県による利益線の説明は、ここまで見てきた後年の勢力範囲の一般的理解とはずれがあるように見える。かつ、いずれも「利益」の語が含まれる「主権線・利益線（権勢疆域・利益疆域）」、「勢力範囲・利益範囲」という二系統の言葉がどのような関係になっているのか、不明である。

利益疆域ないし類語の日本政府内での用例をいくつか挙げると、まず第二次山県内閣期の一八九九年、中国情勢をめぐって閣内で「利益線」の語が度々用いられている。「清国え向将来之我国権之利害に関する戦略的及ひ利益線拡充等之問題は、是より篤と評議に可及」[33]であるとか、「清国との交際上親密を保ち清国に対し我利益線を拡充するの機会あるときは常に之を逸せさる様注意を怠る可らす」[34]といった具合である。

日露戦争期には、開戦前、対清韓方針を定めた文書において、「北は韓国の独立を擁護して帝国防衛の図を全ふし南は福建を立脚点として南清地方を我利益圏内に収むる」と記されている。[35] 対露交渉過程では満州が日本の「利益範囲外」であることの承認や韓国がロシアの「利益範囲外」であることの承認が一つの論点となっていた。[36] 戦時中の講和条件をめぐる検討では、対満韓政策について、「韓国は事実上に於て我主権範囲と為し既定の方針及計画に基きて保護の実権を確立し益々我利権の発達を計るへく、満洲は或程度まで我利益範囲と為し我利権の擁護伸張を期せさるへからす」と論じられた。[37]

以上を見ると、主権線・主権範囲と対置される利益線・利益圏・利益範囲は本稿でいう④隣接重要地域型の勢力範囲であると捉えることもできそうだが、定かでない。主権線、利益線、勢力範囲、利益範囲といった語は日本で同時代的にどのように整理して用いられていたのか。各国言語間での関連用語の対応関係はどうなっていたのか。本稿は論点の指摘にとどまるが、勢力範囲概念の一般的検討をふまえた分析が求められる問題である。

最後に、日本外交と満州・満蒙について、勢力範囲の観点からまとめる。一八九八年、ヨーロッパ列強や日本が租借、諸権益の獲得、不割譲要求など様々な態様で中国大陸への進出を図ったいわゆる中国分割のなかで、ロシアが旅順・大連を租借した。期間は二五年間である。そして日露戦争の結果、一九〇五年九月の講和条約（ポーツマス条約）で、ロシアが清から得ていた南満州の諸権益、すなわち旅順・大連の租借権や長春以南の東清鉄道南部支線、それらの関連利権などがロシアから日本に譲渡されることとなる。続けて日本は同年一二月に清との間で満州に関する条約（北京条約）を結び、ポーツマス条約記載のロシアから日本への権益譲渡が認められたほか、安奉（安東・奉天間）鉄道や鴨緑江沿岸の森林伐採関連の利権を得た。日清間ではその後も満州権益をめぐる問題が続発し、外交上の一つの区切りとしては一九〇九年に、国境問題があった間島に関する協約と合わせて、満州五案件（法庫門鉄道敷設、撫順・煙台炭坑関連など）に関する協約が結ばれた。つまり南満州に関して、日本は清と取り決めを結び、諸権益を得ていた。

同時に、ロシアとの間で日露戦争後、南満州は日本、北満州はロシアの勢力範囲とする協約が結ばれた。一九〇七年の第一次日露協約では南北満州の分界線を取り決めたうえで、日本は分界線以北において、ロシアは分界線以南において、互いに妨害しないとした[38]。一九一〇年の第二次日露協約では、同様の分界線に基づく南北満州につき、特殊利益の尊重および利益擁護のための自由措置権を相互に認めた[39]。日露間の協約の内容はイギリスとフランスに通知されており、またフランスとの間では、中国において日仏がそれぞれの領域などに近接する地域への関心を有することを互いに認める日仏協約が一九〇七年に結ばれている。列強のなかで基本的に南満州は日本の勢力範囲と位置づけられていった。

以上のように、一九一〇年頃までの時点で南満州は日本にとって、②列強間相互承認型と③権利獲得型の両方の性格を有する勢力範囲であった。加えて、対象が満州なのかそのなかの一部なのかは可変的であるものの、④隣接重要地域型や⑤影響下型の勢力範囲という要素も早くからあった。満州を隣接重要地域と位置づける論理としては例えば日露戦争以前、満州がロシアの手中に落ちれば韓国の独立が危うく、韓国の存亡は日本の安危につながると日本政府内で論じられ、日英同盟締結や対露開戦がもたらされた[40]。さらに一九一〇年の韓国併合により、満州は日本領の直接的な隣接地域となる。⑤に関しては、三国干渉がなければ本来日清戦争の結果として日本は遼東半島を領有するはずだったのだといった歴史的経緯であるとか、日露戦争によって払った多大な犠牲が、日本が満州を影響下に置くことを正当化する根拠として持ち出された[41]。

辛亥革命および第一次世界大戦の時期になると、まず、一九一二年に第三次日露協約が結ばれた。日露間で取り決められていた既存の分界線を西方に伸ばし、日本は南満州に加えて東部内蒙古を勢力範囲と位置づけるようになり、「満蒙」という表現も日本国内で定着していった。しかしながら、南満州と異なり東部内蒙古は日本の勢力範囲としてイギリスやフランスに支持されてはおらず、また日本が当該地域において中国側から重大な権益を得ていたわけでもなかった。

次いで一九一五年、対華二一カ条要求問題が紛糾し日本が中国側に最後通牒を発した末に、南満州および東部内蒙古に関する条約などが結ばれる。旅順・大連の租借期限や南満州鉄道、安奉鉄道に関する期限が九九年に延長されたほか、日本は南満州と東部内蒙古に関していくつかの権益を得た。日本から見て、③権利獲得型の勢力範囲としてはより強化されたことになる。他方で、二一カ条要求からの一連の展開で、日本の対中政策に対するアメリカの反発が強まった。

そのアメリカとの間では、一九一七年に石井・ランシング協定が成立した。日本が地理的近接性に基づき中国において有する特殊利益（special interests）が認められることとなった[42]。特殊利益というのが何を指すのかは定かでなかったが、中国内の一部地域について日本が優越性を主張する余地は依然として存在した。

ここで、第一次世界大戦が終結する。第一次世界大戦後、複数の強国が勢力範囲を設定し承認し合う国際政治の枠組みは、中国一般においてなくなっていく。しかし満州については、何らかのかたちで日本との特殊な関係性を列国に認めさせることは可能であると日本側は認識しており、実際にある程度はそのような展開をたどった。つまり、外交上は満州はいわゆる勢力範囲ではないという位置づけ方になったものの、分析概念としての勢力範囲（勢力圏）からいえば、③権利獲得型や④隣接重要地域型、⑤影響下型の勢力圏となる可能性はあった。例えば後述の中国に対する新四国借款団問題において、日本は満蒙に関していわゆる勢力範囲を追求する意図を否定しつつ、隣接性に基づく特殊な関係性を主張していた[43]。これが、第一次世界大戦前後日本外交の「連続／転換」問題に関わる。なお、既述の通り日本が特殊な関係性をより強く有していたのは南満州だが、議論の対象が南満州なのか満州なのか満蒙なのかといったことは、その時々で異なった。

三　第一次世界大戦前後日本外交の「連続／転換」問題と勢力範囲

第一次世界大戦前後の日本外交および国際秩序に関して従来、第一次世界大戦を経てワシントン体制と呼ばれるような新たな国際秩序が成立し、日本外交も原敬首相の下で転換したとの見方がなされていた[44]。それに対して本稿冒頭で触れたように、服部龍二『東アジア国際環境の変動と日本外交 1918–1931』が勢力圏外交連続説・ワシントン体制旧秩序説を提示し、中谷直司『強いアメリカと弱いアメリカの狭間で』は再度日本外交と国際秩序の転換を論じ、かつ日本外交の転換が東アジア旧秩序の解体をもたらしたと説いた。

近年、第一次世界大戦前後の日本外交の「連続／転換」問題は、盛んに論じられてきた[45]。転換論としては、政務局第一課長の小村欣一ないし政務局第一課に着目し、新外交呼応という外務省内の新潮流が指摘されており、中国における勢力範囲撤廃の積極的受容が、その一つの核と位置づけられている[46]。あるいは、大戦期からの十数年間における日本の代表的な外交指導者である幣原喜重郎についての研究も進み、それも日本外交の「連続／転換」の捉え方と関わっている。

そうしたなかで、現在の研究潮流について、国際秩序・日本外交両面における転換説の代表的論者たる中谷氏が、「大国間の勢力圏外交を中心とする東アジア秩序の継続を主張する研究が、主流を占めつつ」あり、「国際秩序ではなく、日本外交の評価でも、ワシントン会議前後の継続を主張する研究」が多いと評している。[47]たしかに近年、第一次世界大戦前後の日本外交に関して、連続性を強調し、もしくは本質的に転換していないとする議論は優勢に見える。また、幣原喜重郎の外交をめぐっても、理想主義であるとか大戦後の新時代の国際協調といったイメージが否定され、旧来型外交の継承や権益確保、現実主義といった面が指摘される傾向がある。[48]

しかしながら、中谷氏は「大国間の勢力圏外交を中心とする東アジア秩序の継続を主張する研究が、主流を占めつつ」あるというものの、大国間における勢力範囲の相互尊重を中核とする東アジアの秩序が第一次世界大戦後もそれ以前と変わらないかたちで存在したと主張している論者は、ほとんどいないか、いたとしても少数説だと思われる。換言すれば、「勢力範囲に象徴される排他的な権利・利益の相互尊重を各大国に求める旧来型の国際協調は、第一次大戦を契機として、大国間政治の制度ではなくなっていた」[49]との中谷氏の所説は、現在の通説的理解のはずである。

第一次世界大戦以前、中国に関わる主要大国は、イギリス・フランス・ドイツ・ロシア・日本、そして列強による勢力範囲の囲い込みといったことに批判的なアメリカだった。そこから第一次世界大戦を経てロシアは革命で帝国が崩壊し、ドイツは敗戦国となった。かつ、アメリカの国際的な発言権や存在感が高まった。また、中国におけるナショナリズムおよび世界的な反帝国主義の昂揚も見られ、大国は対応を迫られた。近年の研究において第一次世界大戦前後の日本外交の連続性が論じられてきたというのは、そうした国際環境の変化を前提に、そのなかで日本が引き続き満蒙権益ならびに満蒙に関する特別な地位の確保を図ったとの指摘である。[50]勢力範囲を大国同士が尊重し合う東アジアの秩序が維持された、と論じられているわけではない。既述の通り「勢力圏外交」という言葉は語義が定まらずこの点で混乱を生じさせている。

議論を整理すれば、第一次世界大戦を経て日本を取り巻く国際環境や国際的な規範が変化したこと、日本外交がそれに対応していったこと、他方で幣原喜重郎が日本の旧来型外交指導者の系譜に連なる人物であったことは、既にほぼ理解の一致を見ている。一九二〇年代初め、中国に対する新四国借款団の結成やワシントン会議での九カ国条約成立の時点では中国ならびに満蒙に関して列国と折り合えたと日本側は受け止めたが、実際にはその後中国情勢が変化するなかで困難が生じていった、との見方も定着している。

見解が分かれるのは、日本は満州・満蒙を「勢力範囲」と呼ばなくなったもののなお満蒙における権益確保や優越的地位を追求していた、と捉えるかどうかである。例えば新四国借款団の事業範囲と満蒙との関係をめぐる問題への日本の対応に関して、近年の多くの研究はそうした理解を示す。[51]一方、中谷氏は、日本が勢力範囲の相互承認という従来の枠組みを支持しなかったことを重視し、かつ満蒙権益固守を図ったとは強調しない。[52]そして、新四国借款団問題を経て日本の満蒙権益は後退したとする。近年の研究で度々指摘されているのは同問題を通じて満蒙に対する日本の意識が改めて強化されたということであり、実質的に満蒙権益が後退していても必ずしも矛盾はないが、いずれにせよ論じ方の違いはある。満州・満蒙をめぐる日本の意図や認識、実際に確保されている権益、現地の実情といったものの関係性は複雑で、時期によっても異なる。その点をふまえたうえで今後はさらに、第一次世界大戦前後の日本外交の「連続／転換」問題というより、第一次世界大戦後、満州事変までの日本の内外政をどのように捉えるかというかたちで、研究ならびに議論の深化が期待される。

おわりに

本論文は、いくつかの文献・資料の記述を手がかりに、勢力範囲（勢力圏）を、①先占予約型、②列強間相互承認型、③権利獲得型、④隣接重要地域型、⑤影響下型の五つに分類した。そのうえで、近代日本外交と勢力範囲をめぐる諸問題を検討し、とりわけ日本と満州・満蒙の関わりおよびそれと関連する第一次世界大戦前後の日本外交の「連続／転換」問題を取り上げた。

第一次世界大戦以前、日本にとって満州（南満州ないし満州ないし満蒙）は、②列強間相互承認型、③権利獲得型の両面に基礎づけられた勢力範囲であった。同時に、国際政治上はそれで根拠として事足りるためにあまり前面に出ないものの、潜在的には④隣接重要地域型、⑤影響下型の要素もあった。そして第一次世界大戦後、中国をめぐって大国同士が互いに勢力範囲を承認し合う体制が崩れていくなかで、日本は満蒙権益確保を図りつつ、隣接性を強調しながら、日本と満州・満蒙との特殊な関係性を正当化しようとした。

近代日本外交の議論に資するという点では、勢力範囲概念についての検討はおそらく以上のところまでで十分である。第一次世界大戦以降、日本がどの時点においてどの程度、個別権益の維持ということを超えて満州ないし満蒙を面として影響下に置く意図を有していたかといった点は、今後より具体的に論じられていくだろう。

他方で、勢力範囲（勢力圏）概念自体は、本稿でも一端を示したように、さらに検討する余地と意義がある。近年、ロシアの動向などを背景に、国際関係論ないし地域研究において勢力圏が論じられることが増えてきている。[53]この勢力圏は例えば、「「勢力圏」とはあいまいな概念であり、学術的に明確な定義と十分な議論がなされているとは言い難いものの、国家に関していえば、ある国が自らの境界の外側において、政治・経済・軍事などの分野で極めて大きな影響力を行使し得る範囲、といったおおよその共通理解のもと、広く一般に用いられている」と説明される。[54]帝国主義や植民地保有と結びついた歴史上の勢力範囲（勢力圏）とは、意味合いが異なる部分もある。

とはいえ、同じ「勢力圏」の語が用いられている以上、連続的に考え得る面は少なからずある。本論文で触れた事柄に限っても例えば、各国の政府や指導者、外交官が使用する国際政治実践上の言葉としての勢力圏と分析概念としての勢力圏との関係性は、歴史的に形成され、変遷を遂げ、現在に至る。あるいは、勢力範囲と利益範囲の異同などというのは用語上の些細な問題のようだが、現代的にも、ロシアの対外政策について勢力圏と利益圏を区別して論じられることがある。[55] 英語、ロシア語、フランス語、ドイツ語、日本語、中国語など各言語間で勢力圏相当語句ならびに関連語句の用法や語感が一致しているのかどうかも、歴史的に分析すべきところだろう。こうした課題については、別稿を期したい。

（1）以下、すべて「勢力範囲（勢力圏）」と表記するのは煩瑣であるため、適宜省略して「勢力範囲」ないし「勢力圏」と記す。

（2）中谷直司『強いアメリカと弱いアメリカの狭間で――第一次世界大戦後の東アジア秩序をめぐる日米英関係』千倉書房、二〇一六年。同「東アジア「新外交」の開始――第一次世界大戦後の新四国借款団交渉と「旧制度」の解体」伊藤之雄・中西寛編『日本政治史の中のリーダーたち――明治維新から敗戦後の秩序変容まで』京都大学学術出版会、二〇一八年、八七―一二三頁。久保田裕次『対中借款の政治経済史――「開発」から二十一ヵ条要求へ』名古屋大学出版会、二〇一六年。佐々木雄一『帝国日本の外交 1894–1922――なぜ版図は拡大したのか』東京大学出版会、二〇一七年。塚本英樹『日本外交と対中国借款問題――「援助」をめぐる協調と競合』法政大学出版局、二〇二〇年。熊本史雄「「勢力範囲」と「権益」のあいだ――「小村ファイル」を読む」『日本史学集録』第四二号、二〇二一年、三九―四八頁。

これらに先行し、勢力範囲について論じる際に参照されることの多いものとして、千葉功『旧外交の形成――日本外交一九〇〇～一九一九』勁草書房、二〇〇八年。川島真「領域と記憶――租界・租借地・勢力範囲をめぐる言説と制度」貴志俊彦・谷垣真理子・深町英夫編『模索する近代日中関係――対話と競存の時代』東京大学出版会、二〇〇九年、一五九―一八三頁。

（3）注（2）の各著作・論文参照。

（4）この点を指摘したものとして、佐々木雄一「学界展望　日本政治外交史　中谷直司『強いアメリカと弱いアメリカの狭間で：第一次世界大戦後の東アジア秩序をめぐる日米英関係』」『国家学会雑誌』第一二九巻第九・一〇号、二〇一六年、一〇〇八―一〇一一頁。

（5）服部龍二『東アジア国際環境の変動と日本外交 1918–1931』有斐閣、二〇〇一年、四―六、一九―八八頁。

（6）中谷、前掲書、三一頁。

（7）関静雄「大正外交の基調――国際協調論と勢力範囲論」『帝塚山法学』第一〇号、二〇〇五年、一―三〇頁。

（8）中谷、前掲書、三三五―三三六頁。

（9）千葉、前掲書、一七二頁。

（10）佐々木、前掲書、八二頁。

（11）久保田、前掲書、二九頁。

（12）横田喜三郎『法律学全集56　国際法Ⅱ』新版、有斐閣、一九七二年、一〇二―一〇三頁。

（13）M. F. Lindley, *The Acquisition and Government of Backward Territory in International Law: Being a Treatise on the Law and Practice Relating to Colonial Expansion* (London: Longmans, Green, 1926), pp. 207–208.

リンドリーの記述を参照しているものとして、ヘドリー・ブル（臼杵英一訳）『国際社会論――アナーキカル・ソサイエティ』岩波書店、二〇〇〇年。許淑娟『領域権原論――領域支配の実効性と正当性』東京大学出版会、二〇一二年。Susanna Hast, *Spheres of Influence in International Relations: History, Theory and Politics* (London: Routledge, 2014).

（14）立作太郎「勢力範囲論」『法学新報』第一八巻第二号、一九〇八年、一―八頁。

稲田周之助「勢力範囲論」『法学新報』第一八巻第一号、一九〇八年、二三―三一頁、が勢力範囲について、国際政治の現実において用いられている語ではあるものの解釈や論拠とする事実が不明確でその条約は不画一・無定形であるなどとして、「国際法家に向て其教科書中より奇麗に勢力範囲に関する言議を除き去るへきことを忠告する」と論じた。立はそれを受けて、国際法学者はむしろ「勢力範囲の法理を充分に明瞭にする」よう努めるべきであるとの立場から、右の論稿を発表した。

　資料引用に際し、旧字体を新字体に、カタカナをひらがなに改め、句読点を補うといった修正を加えている。以下同様。

(15) 植田捷雄「支那における「勢力範囲」(Sphere of influence; Interessensphäre) 問題」『支那研究』第二六号、一九三一年、二頁。

(16) 同論文、六—九頁。

(17) 一九一七年九月、「支那に於ける勢力範囲撤廃に付て」(JACAR：B03030276900、「支那政見雑纂」第三巻、「外務省記録」*1.1.2.77-3*、所収)。本資料は川島、前掲論文で紹介されているほか、熊本、前掲論文でくわしく検討されている。

　「JACAR」およびその後のアルファベット・数字は、アジア歴史資料センター、レファレンスコード。以下同様。

(18) 一九二〇年九月、「支那に於ける勢力範囲撤廃問題に関する研究」(国際連盟第一回総会準備委員会調書第四八号、JACAR：B10070214100)。本資料は、千葉、前掲書で紹介されている。

(19) John Westlake, *International Law Part I Peace* (Cambridge: Cambridge University Press, 1904), pp. 132–133. Lindley, *op.cit.*, p. 207.

(20) “Memorandum respecting Foreign ‘Leased Territories’ and ‘Spheres of Influence’ in China,” October 10, 1921 (*British Documents on Foreign Affairs* (以下、*BDFA* と略記), Part II, Series E, vol. 25, doc. 368).

(21) “Memorandum respecting Japan and the ‘Open Door’,” October 10, 1921 (*BDFA*, Part II, Series E, vol. 4, doc. 226).

(22) “Map of the Western Pacific” in “Annex XII, Philippines” of “Washington Conference Memoranda, 1921” (FO412/118, The National Archives, Kew, UK).

　“Railway Map of China” (MPK 1/325, originally in FO371/6663) なども、中国方面に関しては同様の地図である。

(23) 一九〇七年四月二三日、栗野駐仏大使宛林外相電信(『日本外交文書』第四〇巻第一冊(以下、『外文』四〇—一と略記。他巻も同様)、五三頁)。

(24) 一九〇七年六月一〇日、日仏協約(外務省編『日本外交年表竝主要文書』上巻、原書房、一九六五年、二七四—二七六頁)。

(25) 一九〇七年五月一三日、五月三一日、林宛栗野電信(『外文』四〇—一、六七、七六頁)。

　日仏協約が勢力範囲を定める趣旨なのかどうかについては、フランスとイギリスとのやりとりでも注意が払われていた。Cambon à Pichon, 3 mai 1907 (*Documents Diplomatiques Français* (1871–1914), 2e Série (1901–1911), Tome 10, no. 487).

(26) 横田、前掲書、一〇二頁。

(27) 千葉、前掲書、六二頁。

(28) Lord Curzon, *Frontiers* (Oxford: Clarendon Press, 1907), p. 42. 立、前掲論文、七頁。植田、前掲論文、一二頁。

(29) 一八九〇年一二月六日、衆議院議事速記録(帝国議会会議録検索システム〈https://teikokugikai-i.ndl.go.jp/#/〉を利用)。大山梓編『山縣有朋意見書』原書房、一九六六年、一九六—二〇〇頁。

(30) 佐々木、前掲書、三頁。同『近代日本外交史』中央公論新社、二〇二二年、七八頁。

(31) 加藤陽子『戦争の日本近現代史——東大式レッスン！ 征韓論から太平洋戦争まで』講談社、二〇〇二年、八二—九七頁。瀧井一博『文明史のなかの明治憲法』講談社、二〇〇三年、一七四—一七五頁。

(32)「斯丁氏意見書」(「中山寛六郎関係文書」(東京大学近代日本法政史料センター原資料部所蔵) 六―一三七)。
(33) 一八九九年二月二六日、桂太郎宛山県有朋書簡（千葉功編『桂太郎関係文書』東京大学出版会、二〇一〇年、三七三頁）。
(34) 一八九九年五月二七日、山県有朋意見書（大山編、前掲書、二五二頁）。
(35) 一九〇三年一二月三〇日、閣議決定（『外文』三六―一、四二頁）。
(36) 一九〇四年一月一二日、日本最終提案（『外文』三七―一、三二一―三二二頁）など。
(37) 一九〇四年七月、講和条件に関する意見書（『外文』日露V、六〇頁）。
(38) 外務省編、前掲書、二八〇―二八一頁。
(39) 同書、三三七頁。
(40) 一九〇四年二月一〇日、日露開戦時の詔勅（『官報』）など。
(41) 一例として、一九〇九年四月の山県有朋の意見書では、関東州租借地について以下のように論じられている。「抑々〔関東〕半島の地たるや殆んど二十億の資財と二十余万の死傷とを以て獲得したる所の戦利品とも謂ふ可きものにして、仮令ひ期限の来たるに会ふも直ちに之れを還附するか如きは実際に於て行はる可き事に非す。況んや半島の抛棄は我か保護国たる韓国の民心に影響すること極めて恐る可き者あるに於てをや」（大山編、前掲書、三〇八頁）
(42)『外文』大正六―三、八一三―八一五頁。
(43) 一九二〇年二月二七日、対英覚書（『外文』大正九―二上、一九一―一九五頁）、一九二一年五月一三日、閣議決定（『外文』大正一〇―二、一八四―一八五頁）など。
(44) 入江昭『極東新秩序の模索』原書房、一九六八年。三谷太一郎『日本政党政治の形成――原敬の政治指導の展開』増補版、東京大学出版会、一九九五年。
(45) 服部、前掲書。酒井一臣『近代日本外交とアジア太平洋秩序』昭和堂、二〇〇九年。同『帝国日本の外交と民主主義』吉川弘文館、二〇一八年。同「国際主義といかに向き合うか――文明国標準の変質と日本外交」『東アジア近代史』第二四号、二〇二〇年、三四―五一頁。熊本史雄『大戦間期の対中国文化外交――外務省記録にみる政策決定過程』吉川弘文館、二〇一三年。中谷、前掲書。同「書評論文　戦前期の日本外交はなぜ一貫したか――等価交換と文明国標準」『国際政治』第一九九号、二〇二〇年、一七五―一八四頁。同「書評　種稲秀司著『幣原喜重郎』〈人物叢書〉（吉川弘文館、二〇二一年）　熊本史雄著『幣原喜重郎――国際協調の外政家から占領期の首相へ』（中公新書、二〇二一年）」『東アジア近代史』第二六号、二〇二二年、一四六―一五一頁。佐々木、前掲『帝国日本の外交 1894–1922』。同、前掲『近代日本外交史』。
(46) 熊本、前掲書。中谷、前掲書。
ただし、熊本、前掲書は一般に中谷、前掲書とともに新外交呼応論をめぐる主要な研究と位置づけられてきたものの、熊本氏自身は後に、「転換／不転換」という構図を主題に据えて転換論を説いたわけではない旨を述べている（熊本史雄『近代日本の外交史料を読む』ミネルヴァ書房、二〇二〇年、三〇〇頁）。
(47) 中谷直司「ワシントン会議――海軍軍縮条約と日英同盟廃棄」筒井清忠編『大正史講義』筑摩書房、二〇二一年、二五〇頁。
(48) 種稲秀司『近代日本外交と「死活的利益」――第二次幣原外交と太平洋戦争への序曲』芙蓉書房出版、二〇一四年。同『幣原喜重郎』吉川弘文館、二〇二一年。服部龍二『幣原喜重郎――外交と民主主義』増補版、吉田書店、二〇一七年。熊本史雄『幣原喜重郎』中央公論新社、二〇二一年。
幣原研究のもう一人の主要な担い手である西田敏宏氏も、幣原外交の画期性を否定してはいないものの、幣原は日本が中国において特別な利害関係を有するという認識を持ち続け、満蒙に関して権益固守を図ったと捉えている。西田敏宏「幣原喜重郎の国際認識――

第一次世界大戦後の転換期を中心として」『国際政治』第一三九号、二〇〇四年、九一—一〇六頁。同「日中経済提携の理想——第一次世界大戦後の日本の対中国政策再考」「20世紀と日本」研究会編『もうひとつの戦後史——第一次世界大戦後の日本・アジア・太平洋』千倉書房、二〇一九年、二一七—二四五頁、など。

　幣原研究以外では、佐々木、前掲『帝国日本の外交 1894–1922』および同、前掲『近代日本外交史』が、幣原を旧来からの伝統的な日本外交の後継者と位置づけている。中谷氏も、「小村〔欣一〕らと比較して幣原は明らかに旧世代に属する。単に年齢だけでなく、外交官としての経験から考えてもである」としている。中谷直司「日本外交による満洲事変正当化の論理——「満蒙特殊権益論」の二度の転換、一九一九〜三二年」片山慶隆編著『アジア・太平洋戦争と日本の対外危機——満洲事変から敗戦に至る政治・社会・メディア』ミネルヴァ書房、二〇二一年、二〇—二二頁。

(49) 中谷直司「満洲事変とワシントン体制——二つの国際協調の終焉」瀧口剛編『近現代東アジアの地域秩序と日本』大阪大学出版会、二〇二〇年、一三五頁。

(50) いくつか、例を挙げておく。「〔原内閣期に〕満蒙をめぐる日本政府の論理はそれ以前に比べてより強硬なものとなっていた。すなわち、新たな国際秩序の下で満蒙権益を確保するには、勢力範囲の相互承認や歴史的経緯、相対的な利益の大小といった論拠では弱い。そこで、いわゆる勢力範囲一般と区別する説明が必要となり、満蒙権益は「国防竝国民の経済的生存上必要とする地位及利権」として位置づけられた」（佐々木、前掲『帝国日本の外交 1894–1922』三二一頁）。

　「「新外交」の構想は、大戦後の国際政治に大きな影響を及ぼした。それが現実のアジア太平洋地域の国際関係や日本外交に、はたして実質的な変化をもたらしたのかどうかについてはかねてより論争がある。しかし、対中国政策を中心とする当時の日本外交において、「新外交」への対応が重大な課題となったこと自体は、異論のないところであろう」、「第一次世界大戦後の日本の対中国政策には、満蒙における日本の立場の確立を前提としたうえでの、中国全体への経済的進出に対する関心の増大という、一貫した傾向を見てとることができる」（西田、前掲「日中経済提携の理想」二一七、二三三頁）。

　「満蒙特殊権益を重視しつつ英米との協調を志向した点では、小村寿太郎も幣原とさして変わらない。原敬も同様である。〔中略〕幣原外交の特徴は、先輩外交官や政治家たちの路線を基本的に踏襲しつつ、そこに新しい外交理念を織り交ぜていったことにあった。要するに、「旧外交」時代から継承した外交課題を、「新外交」理念に沿いながら解決しようと試みるものだったといえる」（熊本、前掲『幣原喜重郎』九〇頁）。

(51) 種稲、前掲『近代日本外交と「死活的利益」』。同、前掲『幣原喜重郎』。佐々木、前掲『帝国日本の外交 1894–1922』。同、前掲『近代日本外交史』。熊本史雄「大戦間期外務省の情報管理と意思決定——新四国借款団結成問題への組織的対応と幣原喜重郎外務次官の外交指導に即して」『日本史研究』第六五三号、二〇一七年、三一—三七頁。同、前掲『幣原喜重郎』。久保田裕次「新四国借款団の結成と日本の新聞」『国士舘史学』第二六号、二〇二二年、四七—八八頁。同「新四国借款団の結成と満蒙問題」『史学雑誌』第一三二編第一号、二〇二三年、一—三八頁。

(52) 中谷、前掲書。同、前掲「日本外交による満洲事変正当化の論理」。

(53) 英語での関連文献は多数ある。Hast, *op. cit. Geopolitics*, 23(2), 2018（spheres of influence をテーマとする号）。Graham Allison, "The New Spheres of Influence: Sharing the Globe with Other Great Powers," *Foreign Affairs*, 99(2), 2020, pp. 30–40. Van Jackson, "Understanding Spheres of Influence in International Politics," *European Journal of International Security*, 5(3), 2020,

pp. 255–273. Evan N. Resnick, "Interests, Ideologies, and Great Power Spheres of Influence," *European Journal of International Relations*, 28(3), 2022, pp. 563–588 など。その他日本語の文献として、湯浅剛『現代中央アジアの国際政治――ロシア・米欧・中国の介入と新独立国の自立』明石書店、二〇一五年。小泉悠『「帝国」ロシアの地政学――「勢力圏」で読むユーラシア戦略』東京堂出版、二〇一九年。黛秋津「歴史から見たロシア「勢力圏」の虚実――黒海沿岸地域におけるロシアの影響」『外交』第七二号、二〇二二年、七六―八一頁。

（54）黛、前掲論文、七六頁。

（55）Dmitri Trenin, "Russia's Spheres of *Interest*, not *Influence*," *The Washington Quarterly*, 32(4), 2009, pp. 3–22.

（さいき　ゆういち　明治学院大学）

日本国際政治学会編『国際政治』第214号「地球環境ガバナンス研究の最先端」（二〇二五年一月）

日中国交正常化における中国の政策過程
――国際情勢認識の変化と政策決定の論理――

兪　敏　浩

はじめに

一九七二年の日中国交正常化は戦後日中関係史における画期となる事件である。これまで日中両国の学界は日中国交正常化に高い関心を寄せ、膨大な先行研究を積み重ねてきた。先行研究では、とくに日中国交正常化交渉とその結果に対する評価に関心が集中していた。また国交正常化にいたるまでの日本の政策過程とその特徴を論じた研究も数多い。

しかし、文化大革命の混乱を経て、中国外交が再び動き出した一九七〇年初頭を対象時期に、中国外交の視点から日中国交正常化を論じた研究は皆無ではないにしても、上記の先行研究と比較すると量的にも質的にも不十分であると言わざるを得ない。その原因について、筆者は資料の制約に加え、国交正常化は中国の対日政策の一貫した目標であり、問題は日本側の対応にあったという国交正常化以前の日中関係の基本的特徴も一因と考える。大きな政策変化が起こったのは日本側であったため、研究者の関心もその変化の要因とプロセスの究明に向かったのである。

中国外交の視点からの研究では、岡部達味の『中国の対日政策』が先駆的な業績となる。岡部は一九六七年一〇月から一九七二年九月までの時期を、六七年一〇月～六九年九月（A時期）、六九年一〇月～七一年九月（B時期）、七一年一〇月～七二年九月（C時期）などの三つに区分した（1）。岡部によると、中国はA時期においてはアメリカの従属国という基本的日本観のもと、「狭い統一戦線」的な「情勢判断」と、アメリカ帝国主義や日米反動派に打撃を与える「政策意図」をもっていた。その後、「情勢判断がきわめて不安定」なB時期を経て、C時期における中国の対日情勢判断と政策意図は「第二中間地帯」論的なものになったという（2）。岡部の議論は中国外交を規定する基本的世界観、情勢判断、政策意図という視点から中国の対日政策の変化の過程とその論理を明らかにした点において画期的であった。ただし米中関係という中国の対外政策における最大変数の一つを考察の範囲に入れてなかったため、「政策意図」の面においては初歩的な考察にとどまり、政策過程の解明にも踏み込んでいないという課題を残している。

一九九〇年代以降、国際政治的な視点から日中関係を分析する研究が増え、中国の対日政策を中国外交の全体的文脈との関連で論じる傾向も強まってきた。例えば、中国にとって対日国交正常化は米中和解と密接に関連していたことや、中国が対日接近を急いだ背景としてソ連の脅威が指摘されてきた。しかし、従来の研究は多くの場合、中ソ間で緊張が高まり、米中間の接触が始まった一九六九年末から日中国交正常化が実現した一九七二年までの期間をトータルで一つの変数、つまり「米中和解と中国外交の転換」ととらえ、その結果日中国交正常化が可能となったとの直線的な論理構成を議論の前提にしてきた。実際、後述するように、この時期の中国の対日政策過程はこうした直線的な論理とは異なる様相を呈しながら推移したものであった。

近年は入手可能な一次、二次資料を用いた実証研究が志向されるようになり、一九七〇年初期の中国の対日外交に関しても注目すべき研究成果が現れてきた。例えば、杉浦（二〇一三）は、一九五五年の第三次日中民間貿易協定交渉から一九七二年九月の日中国交正常化までの一七年間を対象とし、廖承志事務所東京駐在連絡事務所の開設過程と目的、対日工作の実態、そして中国の対日政策における影響力について論じたもので、一九七〇年代初期についても相当詳しい記述がなされている。他方、宮川（二〇二〇）は、中日覚書貿易東京事務所以外のもう一つの中国の対日工作ルートであった香港ルートの実態解明に挑戦した。[3] しかし、前者は中国の知日派官僚の活動と役割を、後者は佐藤の密使であった江鬮眞比古の活動を明らかにするところに焦点を当てていたため、中国の対日政策決定の論理とタイミングには踏み込んでおらず、さらなる検討の余地を残している。

一方、中国語で書かれた先行研究に目を向けると、日中国交正常化に関する膨大な論説の蓄積にもかかわらず、中国外交の視点から日中国交正常化を論じた研究は非常に少ないことに気づく。中国の研究者の中で、このテーマを比較的早い時期に取り上げたのは羅平漢である。[4] しかし羅は戦後中国の対日政策全般を考察対象としており、一九七〇年代初めの中国の対日外交については、民間外交重視から官民重視の方針へ転じ、政府間交渉の展望も描くようになったと指摘するにとどまり、具体的な論証は行っていない。

中国における比較的新しい研究成果としては、胡（二〇一五）を挙げることができる。[5] 胡は、周恩来が林彪事件後一年間にわたって対日外交を主導したとの認識に基づき、日中国交正常化における周恩来の役割の大きさにとりわけ注目した。そのため本書では周恩来の日本観、交渉戦略と戦術については示唆に富む指摘が随所見られるが、前述の先行研究と同様に中国外交の全体的な視点から日中国交正常化を位置づけることはあまり意識されていない。

　このように、近年の中国の対日国交正常化外交に関する実証研究は特定の人物や組織の役割に注目する形で行われており、政策過程の解明を目的とした研究はほとんど見られないのが実情である。冒頭で述べたように、研究者の関心が日本側の政策過程の解明に向かいがちであること、そして中国の政策過程を明らかにするために必要な一次資料が欠如していることが主な原因と思われる。

　中国の対日政策文書の多くが情報開示されず、利用できない現状を踏まえ、本稿は視点を変え、中国の国際情勢認識に焦点を当てたい。国際情勢認識の形成および変化の過程を明らかにすることにより、中国の対日政策決定のタイミングと論理も解明できると思うからである。ここでいう情勢認識とは対日情勢認識に限らない。米ソ冷戦の構図の中で、当然ながら純粋なバイラテラルな関係は存在せず、二カ国関係は第三国、わけても超大国との関係と連動しながら展開する。そのため本稿では対日情勢認識に加えて、米ソ関係をはじめとしたグローバル冷戦に対する中国の情勢認識を重視する。

　つまり、本稿は東アジア冷戦の溶解期に目まぐるしく変化する情勢を目の前に、中国が自分を取り巻く戦略環境をいかに認識し、そしてそれを踏まえたうえでの対日政策決定を行ったか、そのプロセスと論理の解明を目的とする。

　この目的を達成するために、本稿では米中対立を軸にした東アジアの冷戦構造が溶解する起点とされる一九六九年末から日中国交正常化の実現に至るまでの時期を四つの段階に分け、それぞれの段階における中国の情勢認識と対日外交の相関性を明らかにしたい。第一段階は、六九年末から七〇年九月までで、この時期は反米・反日本軍国主義という岡部のいう「狭い統一戦線」外交が特徴となる。第二段階は、七〇年一〇月から翌年一〇月までで、この時期は、対米関係の優先と佐藤政権に対する「統一戦線」の拡大が特徴となる。第三段階は、七一年一一月から翌年四月までで、この時期は中国が有利な外交環境の中で、ポスト佐藤へ向けた日本政局の変化に関心が集中した時期である。第四段階は七二年五月から同年九月までで、米ソデタントが進む中で、中国が対日外交を優先して推進した時期にあたる。

一　日本軍国主義批判と「狭い統一戦線」外交（一九六九年末～一九七〇年九月）

　文化大革命のピーク時に世界革命の中心を標榜しながら革命の輸出を図った中国は、中国共産党第九回全国代表大会後から現実外交へと軌道修正するようになった。対内的には新しい権力構造である革命的幹部、大衆と軍人による革命委員会が確立し、国内安定が図られたこと、対外的にはソ連の脅威が高まるなか、孤立状況から抜け出す必要があったことが、その背景にあった。しかし、中国の外交が徐々に現実路線へ回帰するなかで、対日外交は依然硬直したままであった。一九七〇年四月には「日本軍国主義は復活した」と断じ、その後一年以上にわたって激しい軍国主義批判を展開したのであった。

　中国が日本軍国主義批判を始めた理由について、先行研究では佐藤栄作政権の台湾政策を指摘するものが多い。確かに、この時期の日本外交は中国の視点から見れば敵対的に映るものであった。一九六七年九月、佐藤は日本の首相としては岸信介以来の台湾訪問を断行し、六九年一一月にはニクソン大統領と、「韓国の安全は日本自身の安全にとって緊要」であり、「台湾地域における平和と安全の維持も日本の安全にとってきわめて重要な要素である」とする第四項を盛り込んだ共同コミュニケを発表した(6)。これに対して、『人民日報』は社説を発表して、「日本反動派は米国帝国主義の反革命的世界戦略の中で、アジアにおける憲兵の役割を担い、中国、朝鮮、ベトナムおよびアジア各国人民に反対する急先鋒となっている」と非難した(7)。

しかし、周知のように、「日本軍国主義復活」という中国政府の論断は、七〇年四月に周恩来が北朝鮮を訪問した際に公式に発表されたもので、大々的な批判キャンペーンもこの時から始まる。つまり、前年末の日米首脳会議や共同コミュニケから一定のタイムラグがあるのである。この点については、先行研究ではあまり検討されて来なかったものの、周恩来が七一年一一月の美濃部亮吉東京都知事との会談において、日本軍国主義復活論は金日成のアイディアであることを示唆したことから(8)、北朝鮮との関係修復を図り、外交的な接近を示すために、北朝鮮の「日本軍国主義はすでに復活した」との見解に同調したと推測されてきた。

しかし、単に北朝鮮との連帯を強化するために、一年以上も続く反軍国主義批判キャンペーンを展開したと考えるのはやはり無理がある。この点に関しては、戦後中国の三度にわたる軍国主義批判を検証した朱建栄の研究から示唆を得ることができる。朱によれば、中国は一貫して「アメリカ帝国主義」を「日本軍国主義復活」の最大の張本人と見なし、日本軍国主義の復活はアメリカの策動、支持の下で進められたものだとの認識をもっていた(9)。朱の議論を敷衍すると、この時中国が激しい日本軍国主義批判を始めた背景には「アメリカ帝国主義」に対する厳しい情勢認識があったと考えるべきである。

実際、米中両国は一九六九年末からワルシャワで接触を始め、六九年一二月には大使級会談の再開に合意している。しかし、この段階における中国の対米接近は「ソ連の懸念を増大させ」、「米ソの矛盾を拡大する」といった戦術的な側面が強く(10)、アメリカに対する中国の認識と情勢判断はまだ不安定な時期であった。そのため、七〇年三月一八日にカンボジアの親米派将軍ロン・ノルが発動した政変によりシハヌーク政権が転覆され、そして三月三〇日にアメリカ軍がカンボジアを侵攻し、インドシナ戦争をカンボジアまで拡大すると、中国の情勢判断は一変した。中国はカンボジア情勢と前年の日米共同コミュニケを結びつけて、北東アジアでは日本の勢力拡大を推し進めながら、インドシナでは戦争を拡大するアメリカの意図に警戒を強めたとみられる(11)。

四月、中国は米中大使級会談を延期することを決定し、ベトナム民主共和国、南ベトナム共和臨時革命政府、パテト・ラオ、カンボジア民族統一戦線の四者による反米統一戦線を後押しする措置を取る一方で、北朝鮮へは周恩来を派遣した。訪朝直前の四月三日、周は毛沢東と林彪あてに「米日韓に反対する連合行動を支持し、インドシナ三国を支持する」との会談方針をまとめた案を提出し、これに対して毛は個別的な箇所の修正を提案したが、基本方針については同意した。[12]そして四月七日に発表された中朝共同声明では、「日本軍国主義反対の闘争は反米闘争の一部であり、またアジアと世界の平和を守る闘争でもある」と宣言されたのである。[13]

このように、反米統一戦線を強化する方針との関連で始まった「日本軍国主義批判」であったため、この時期中国の対日外交も米帝国主義と「日本反動派」(佐藤政権)に対する対決的な姿勢が目立った。「佐藤政府と親交を結ぶことは、日本軍国主義の対外拡張をはげますことになり、アジアにおけるアメリカ帝国主義の地位を強めることになる」ため、[14]佐藤内閣のメンバーや自民党主流派の主要リーダーとは接触しない方針を固め、[15]統一戦線対象は「平和を愛する日本人民」に限定した。

中国が日本に対して展開した「狭い統一戦線」外交は、中国の厳しい情勢認識を反映したものであったが、同時に七〇年六月に予定されていた日米安保条約の延長に対する日本国内の反対勢力を鼓舞することも狙いの一つと思われる。しかし、一〇年前の激しい安保闘争とは異なり、日米安保条約は大した抵抗もなく自動延長された。また、中国が批判の集中砲火を浴びせた佐藤も自民党総裁選で圧勝し四期目に入るなど、中国の「狭い統一戦線」外交は成果に乏しいものとなった。

二　対米関係の優先と佐藤政権に対する統一戦線の拡大(一九七〇年一〇月〜一九七一年一〇月)

カンボジア情勢の急変を受けて中国はアメリカとの大使級会談を中断し、対米批判のボルテージを上げたが、六月末になるとニクソンはカンボジアから米軍を撤退させ、七月以降再び中国とのハイレベル接触を希望するとのメッセージを様々なルートを通じて中国に伝えようとした。[16]

これを受け、中国の情勢分析も冷静さを取り戻した。八月から毛沢東は外国からの来客との会談で、「アメリカは手を広げすぎており、進退窮まる状況に陥っている」との情勢判断を示し、ベトナムと北朝鮮の要人に対しても「アメリカの方がより困っている」と言い聞かせるようになる。[17]特にスーダンのモハメド・アン＝ヌメイリ革命評議会議長らとの会談で、毛沢東は「アメリカ人の判断は間違っていない。彼らは中国を潜在的なパワーと言っているが、それは中国がまだアメリカの主要なライバルにはなっていないとのことである」と述べ、[18]米中矛盾は主要な矛盾ではないことを示唆した。

この頃、アメリカ人ジャーナリストのエドガー・スノーがすでに中国に滞在していた。スノーが長年毛沢東の西側向けメッセンジャーとなっていたことを考えると、八月の彼の訪中は中国の対米政策が再び動き出したことを示唆するものであった。[19]そして一〇月一日の国慶節に、スノーはアメリカ人としては初めて毛沢東と並んで天安門上に登壇し、この事実は翌日の『人民日報』で報道された。

中国の情勢判断に変化をもたらしたもう一つの要因として、ヨーロッパにおけるデタントを上げることができる。この点について先行研究ではあまり触れてこなかったが、一九七〇年八月一二日にソ連と西ドイツの間でモスクワ不可侵条約が締結されたことは、中国にとって看過できないことであったに違いない[20]。モスクワ条約は本質的にヨーロッパにおける現状維持を確認するものであり、多国間デタントへの道を開くきわめて重要な一歩となったからである[21]。ソ連がデタントを通じてヨーロッパでの戦略環境を改善しつつあるなかで、ソ連と厳しく対立していた中国はアジアにおける自らの戦略環境を改善する努力を余儀なくされた[22]。

以上の分析に基づき、筆者は毛沢東が八月以降の国内外情勢の変化を踏まえて、一〇月ごろには対米関係の打開を決定したと判断する[23]。この転換は、米空軍と南ベトナム軍のラオス越境作戦により一時期足踏み状態が現れたものの、四月になって周恩来の名義でアメリカ要人の訪中を要請したことにより政策として結実した。

中国の対米政策の調整に伴い対日姿勢にも変化が現れた。七〇年一〇月以降も中国の厳しい「日本軍国主義批判」は続いたが、『人民日報』における軍国主義への言及は七〇年の秋をピークにその後は減少に転じた[24]。七一年三月一日の日中覚書貿易会談コミュニケでは、インドシナ情勢の変化もあって、「日本反動派が米帝国主義との結託を強め、日本軍国主義を復活させ、米帝国主義のアジアへの侵略と拡張に加担している」と強いレトリックで日米政府を批判したが、その日の夜に開催された夕食会では、周恩来はニクソン大統領の対中政策の変化を指摘し、日本はアメリカより遅れるべきではないと促したのである[25]。

日米との関係改善を進めるために避けて通れない問題は台湾問題であった。七一年四月二一日、周恩来はパキスタン大統領ヤヒヤ・カンに託したニクソン大統領宛のメッセージで、「中米関係を根本から改善するためには、台湾と台湾海峡からすべての米軍兵力を撤収しなければならず」、「この問題を解決するために、大統領特使、国務長官、あるいは大統領本人の北京訪問を歓迎する」と述べ、台湾からの米軍の撤収に焦点を絞った[26]。対日関係における台湾問題の中心性はより際立った。前述の演説において周恩来は、「中国は日本と国交回復を望むものであるが、それには一つの条件がある。それはいわゆる日台間の条約を破棄し、台湾問題が中国の内政問題であることを認めることである」と述べ[27]、「日台条約」の破棄に焦点を絞ったのである。

台湾問題の解決が対日関係の焦点となるに伴い、中国の「対日統一戦線」のターゲットも反米反日本軍国主義から反佐藤政権にシフトした。統一戦線の幅も拡大され、自民党親中派と野党の左派勢力のみを対象とする「狭い統一戦線」から、佐藤政権以外の日中国交正常化を支持する幅広い勢力を対象とする「広い統一戦線」を目指すようになる[28]。

まず、共産党以外のすべての野党との交流チャネルを構築した。七一年一月一〇日、周恩来は一時帰国した王泰平（『北京日報』特派員）に対して「日本の反動派（佐藤ら自民党主流派＝筆者）は常に中間の大衆に影響を与え、利用し、彼ら（中間派＝筆者）を反動の道へ引き込もうと思っている。しかし彼らは日中国交回復を主張しており、激励すべきで、創価学会と公明党とはもっと接触すべきだ」と、「中間派」の公明党への統一戦線工作の強化を指示した[29]。なお、第三一回世界卓球選手権大会への中国代表団の参加を話し合うために訪中した後藤鉀二らも中国では「中間派」として見られており[30]、中国の同大会への参加決定もこの統一戦線拡大の文脈で正当化された[31]。

他方、日華条約の破棄に慎重であった民社党との関係は後れを取ったが、松村謙三の葬儀に参加するために八月に来日した王国権は春日一幸民社党党首との会談に応じた。民社党はこの時点でまだ党の方針を決めていなかったが、春日は王に対して「日台条約廃棄」の党の方針を確立する旨を表明するとともに、代表団派遣の希望を伝え、協力を要請した[32]。

次に、経済界における「統一戦線」も拡大された。七〇年四月以降、中国は台湾や韓国とのビジネスを行う日本企業を中国貿易から排除することを意図した「周四条件」を掲げたが、この周四条件は七一年四月ごろには「台湾とのビジネスを現状以上に拡大しない」方針へと緩和された[33]。そして四月と八月にそれぞれ訪日した王暁雲と王国権は多忙なスケジュールにもかかわらず、多くの財界人と面会をこなした。

中国は自民党との接触範囲も広げた。前述の王暁雲は訪日中に自民党の派閥領袖である三木武夫と会談を行ったほか、古井喜実の仲介により大平正芳とも秘密裡に会談を行った。さらに王国権は周恩来の許可を得たうえで、それまで軍国主義分子と批判してきた中曽根康弘とも接触した[34]。しかし、佐藤の対中接触の試みに対しては、それはジェスチャーに過ぎず、応ずれば佐藤に利用されるだけであると判断し、すべて拒否した[35]。

三　佐藤政権の方針転換と中国の対日政策（一九七一年一一月～一九七二年五月）

一九七一年一〇月二五日、国連総会ではアルバニア案が可決され、中国代表権問題に決着がついた。七月のキッシンジャーの極秘訪中の公表に続き、中国が国連代表権を獲得したことは、日中復交を求める日本の世論のさらなる高まりをもたらしただけでなく、それまで慎重な姿勢だった外務省にとっても政策転換の決定的な契機となった[36]。

佐藤本人も日中国交正常化問題についてより踏み込んだ姿勢を見せるようになる。一一月五日、佐藤は浅利慶太らを通じて日中文化交流協会の白土吾夫にアプローチし、「中国政府が佐藤政権との交渉に応じる可能性があるなら」、「中華人民共和国政府は中国の唯一の合法政府である、台湾は中国の領土である、日蔣条約はかならず廃棄しなければならないという談話を公に発表する用意がある」との中国向けのメッセージを託した[37]。翌年一月二九日、佐藤は国会での施政方針演説で、「中国は一つであるとの認識のもとに、今後、中華人民共和国政府との関係正常化のため、政府間の話し合いを始めることが急務であると考えている」と述べた。[38]そして二月二八日の衆議院予算委員会ではさらに、「国連において中華人民共和国が中国を代表する政権となった以上、『一つの中国』の原則から、台湾は中華人民共和国に属する」という認識を示した。[39]

しかし、佐藤に対する中国側の反応はそっけないものであった。一九七一年一一月一〇日、美濃部東京都知事との会談で、周恩来は「佐藤の訪中希望は本当に問題を解決しようとしているのでなくて、単に選挙の票集めを狙っているだけです」と佐藤との交渉の可能性を排除し、「次の政府と話し合えるかどうかは状況をみなければわかりません」と、政府間交渉に入るか否かは次の政府の台湾政策次第であるとの認識を示した。[40]

その後、中国は台湾問題をめぐってさらに攻勢に出た。一二月、日中覚書貿易交渉後に発表された会談コミュニケでは「いわゆる『日台条約』はまったく不法であり、無効であって、廃棄されなければならない。（中略）交渉の中で解決するような問題では全く無い」[41]と、日華平和条約の破棄、つまり復交三原則の第三原則が日中国交正常化交渉の前提条件であるとしたのであった。そして一九七二年三月、訪中した日中国交回復促進議員連盟会長の藤山愛一郎との会談で、周恩来は「もう、アヒルの水かき型の佐藤亜流の対中接近は受けつけない」と明言した。[42]

中国が佐藤を交渉相手にしなかったことについて、先行研究では佐藤が長年中華民国との親密な関係を維持しており、派閥の中に多くの親台湾派議員を抱えていたこと、そして中国の国連代表権問題においても最後まで中華民国を支持したこと、そのため中国側の佐藤に対する不信感が根強かったことが理由として挙げられてきた。また中国承認問題が日中間の懸案に留まらず、日本国内の「日日問題」となっている中で、反佐藤統一戦線を結成して「日日問題」に深く介入してきた中国であるだけに、佐藤との交渉に応じることは困難であったことも指摘できよう。さらに一九七一年九月以降佐藤内閣が長く続かないとの見方が広まり、次期首相に関心が集まっていたため、急いで佐藤と交渉に入る必要性を感じなかったことも考えられる。

しかし、中国が内外の多くの障害を乗り越えて劇的な対米接近を成し遂げた事実を鑑みると、上記の推論は必ずしも十分とは言えない。米中接近が中国の外交戦略上必要であったために、中国がトップダウンの形で「強引」に踏み切ったことを想起すれば、この時期中国が佐藤との交渉に応じなかったばかりか、むしろ台湾問題のハードルを高くし、攻勢に出た原因は、対日接近の戦略的必要性を強く感じなかったか、もしくは緊急な事案として認識しなかったためと考える方が妥当であろう。

米中接近、国連加盟、諸外国の中国承認ラッシュにより中国を取り巻く国際環境がこの時期に大きく改善したことは周知のことである。しかし中国にとって安全保障上の最大の懸念はソ連であることには変わりがなく、その関連で米ソ関係の動向がより重要な意味を持つ。中国では、米ソ関係は「共謀もあり、対立もある」もので、米ソデタントは世界の共同支配を目論む米ソの共謀の現れと認識されてきたことから、[43]米ソ対立の拡大こそが中国の安全保障にとっても、そして「世界平和」にとっても有利だと認識されていたからである。[44]

実際、キッシンジャーの秘密訪中が公表されてからデタントに向けたソ連の姿勢がより積極的になり、懸案であった米ソ首脳会談も翌年五月に開催されることがきまった。にもかかわらず、中国はこの時期「米ソ対立」という情勢判断に傾いた。キッシンジャーの二度の訪中を通じて米国の意図とソ連観について理解を深めたこと、印パ紛争における米国の断固した姿勢、[45]そしてヨーロッパ・デタントはヨーロッパ諸国の主導によるもので米国はむしろ懐疑的であることを中国が理解したこと、[46]など総合的な要因によるものと思われる。

七一年一一月、周恩来は前述の美濃部東京都知事との会談において、「米ソ間の世界を再分割するための争奪戦が激しくなっている」との認識を示した。[47]そして七二年一月六日、毛沢東も米中共同コミュニケ草案について、「このコミュニケには基本的な問題を書かれてない。基本的な問題とは米国も中国も両面作戦ができないことである。口頭では両面、三面、四面、五面作戦といってもかまわないが、本質は両面作戦ができないことだ。」とコメントした。[48]つまり、米中矛盾がなくなったわけではないが、中国同様、米国にとってもソ連が最も大きな脅威だということである。

こうして日本国内情勢と米中関係のみならず、米ソ対立も含めて、中国外交に有利な情勢が出現したのである。このような情勢判断があったからこそ、中国は「日華条約の廃棄」を日中交渉の前提条件として挙げながら、「佐藤政権を相手にせず、次期政権の登場とその方針を見極める」こととしたのであった。[49]

四　対日外交の優先的推進と日中国交正常化
（一九七二年五月～一九七二年九月）

一九七二年六月一七日、佐藤は退任を表明し、これを受けて自民党執行部は七月五日に総裁選挙を行うことを決定した。これにより、以前から始まっていたポスト佐藤をめぐる駆け引きはさらにヒートアップした。

ポスト佐藤への動きを注意深く観察していた中国は五月から対日国交正常化への働きかけを急ぐようになる。五月一五日、周恩来は二宮文造の率いる公明党第二次訪中団との会談で、「原則を言えば、新しい日本の政府が中国を敵視せず、日中友好を促進し、日中国交回復に努めること、中日国交回復を妨害しないで、日中友好を促進し、日中国交回復に努めること、つまり現在みながよく言う三原則に適っていることだ。このような政府なら我々としては接触したい」と、三原則を柔軟に解釈し、含みを持たせた。[50]同じ月には古井喜実が訪中していたが、中国側が「(日中正常化)を非常に急いでおる、非常に積極的、意欲的だ」という印象を得たという。[51]この会談で周恩来は、「日本が口先だけではなく、本当に国交正常化の決断をしさえすれば、中国は柔軟な態度をとる」と述べ、[52]二宮に対する発言よりも一歩踏み込んだシグナルを送った。さらに六月には、毛沢東から「対日外交により大きな力を投入すべき」との指示が周恩来、廖承志に対して下された。[53]

対日工作を強化するために、人事や組織の立て直しも進められた。文革中に失脚した廖承志が中日友好協会会長、外交部顧問として正式に復権し、孫平化も五・七幹部学校（再教育施設）から呼び戻され、中日友好協会副秘書長に就任した。そして覚書貿易事務所東京駐在連絡事務所の駐在員を二名増員し、それまで空席であった首席代表に肖向前を派遣することも決定された。在外公館での日中外交官の接触が増加し、中国外交官の態度も柔軟になってきたという。[54]

こうした中国の対日外交の積極化について、田中角栄内閣の誕生を見越してのアプローチだと解釈する先行研究や関係者の回顧は多い。すなわち、対中関係の打開に積極的な田中内閣の成立という好機を逃さず、一気に国交正常化を実現するために動き出したという理解である。

確かに中国が「田中勝利」の見通しをもっていたとの証言はあるが、一方で五月以降はむしろ福田赳夫内閣の可能性を高く見積もっていたという証言や証拠も多い。例えば、竹入義勝によると、「五月の段階で中国の外交部はほとんどが福田当選とみていた」という。そのため、二宮が前述の周恩来との会談で、「福田を凌いで田中が総裁選に勝てるとの予想を中国側に伝えた」ところ、「周は田中当選説に驚いた」という。[55]

六月になっても中国外交部は福田優勢に傾いていた。この時期、パリ中国大使館の于夢欣文化担当参事官（後の駐レバノン大使）がVLADユネスコ対国内委連絡部長に対して、「（中国は）日本の対中国政策の変更を待っているところであり、もし福田外相が首相となった場合には、同氏が訪中し国交正常化につき討議することを歓迎するとともに期待している。ただし、（イ）日華平和条約の廃棄および（ロ）日米安保条約の改定が条件である」と述べたという。そして「福田氏が首相になって以後、訪中が実現するにしても、いずれ二、三カ月は要するものと思われるので、しかるべきチャネルで事前に条件について下打ち合わせをすることは可能であろう」と付け加えた。VLADは二六日にこの会談内容を広長敬太郎文部省日本ユネスコ国内委員会事務局次長に伝えた。[56]

七月初旬、つまり自民党総裁選挙の直前まで中国は福田の当選可能性を依然高く見積もっていたようである。当時覚書貿易東京連絡事務所に駐在していた劉徳有は、「中国国内では福田派田中派と意見が二つに分かれており」、「選挙に近づくにつれ福田に傾くようになったと感じた」と証言しており、肖向前も「外交部では違った見方をする人もおり、内部では福田の可能性が高いと見ていた」とした。[57] この時の外交部の判断ミスを、毛沢東は一年後痛烈に批判するのである。王洪文、張春橋との会談で、毛が外交部アジア司は「田中は当選できないし、当選しても中日関係を改善できないと判断した」と批判すると、周りから（誰かは不明＝筆者）「田中が当選できないと判断したのは二部（総参謀部二部のこと＝筆者）で、外交部は田中が当選するだろうが中日関係はすぐ変わることはない」と判断したと補足した。[58]

以上のことを踏まえると、中国は自民党総裁選直前まで、福田が当選する可能性を高く見積もっていたと考えられる。中国はかねてより福田内閣を佐藤亜流内閣とみており、周恩来は七一年一二月二〇日の覚書貿易交渉代表団との会談で、「日中国交回復にはもっと時間がかかるでしょう。佐藤内閣(で)はダメで、次の内閣が福田ならこれもダメでしょう」と述べたことがある。(59)にもかかわらず、なぜ中国は五月以降、それまでの姿勢から一転して対日アプローチを積極化したのだろうか。

前述したように、キッシンジャー訪中後、中国は国際情勢が有利になりつつあるとの認識のもと、佐藤との対話を拒否しながら、日本の政局が中国に有利な方向へ推移することを待つ政策をとった。このような情勢判断が変わらなければ、日本の新政権の登場を待って対日政策の調整を検討することも可能であっただろう。そのため、中国の対日方針転換は、中国のこれまでの国際情勢判断に変化が生じた結果であると判断される。

すでに述べたように、中国の国際情勢認識においては米ソ関係が核心的な部分であった。キッシンジャーの訪中後、毛沢東は「米ソ共謀」よりも「米ソ対立」の側面に確信を持つようになり、これが「有利な国際情勢」の一つの根拠となった。従って、ソ連が米中ソ三角関係における立場を向上させるために対米関係の改善に乗り出すと、中国も対応を迫られることとなる。

三月以降、アメリカは対ベトナム空爆をエスカレートさせ、機雷の敷設に踏み切ったが、それでもソ連は対米デタントの既定路線を維持した。五月にはモスクワで五年ぶりの米ソ首脳会談が行われ、ABM条約、SALT暫定協定、米ソ関係の基本原則に関する宣言などが締結された。後日キッシンジャーが周恩来に対して「こうした原則はまったく自明なことである」と説明したが、(60)「米ソ関係は『平和共存の基礎に基づいて』処理され、主権、平等、内政不干渉及び互恵の原則を基礎とする」という宣言の条項は、デタントの一つの到達点を象徴するものであった。(61)ヨーロッパ・デタントにも大きな進展が見られた。五月、西ドイツ議会がモスクワ条約とワルシャワ条約を批准し、六月にベルリンに関する米英仏ソ四者最終議定書が締結されたことにより、欧州安全保障会議(CSCE)予備交渉に関する西側の前提条件がすべて満たされたことを受け、七月にはフィンランド政府から多角予備交渉の開催が正式に提案された。

米ソ首脳会談について、中国は「いくつかの協議に合意したが、しかし、重大な国際問題について実質的な進展を得たわけではない」(62)と、これまでの「米ソ対立」の情勢判断をかろうじて維持したが、それでも米中ソ三角関係における中国の相対的立場の悪化は明らかであった。(63)そのため、対日関係の打開は中国の対外戦略環境を改善する点で重要な意義を有するようになった。この点について、毛沢東は後日の田中との会談で、「あなたたちが北京に来たことに対して、世界は戦々恐々している。特にソ連とアメリカはそうである」(64)と、毛一流の大げさな表現で認めたのである。こうして田中内閣の成立前からすでに始まった中国の対日外交攻勢は、田中首相の誕生を受けてさらに活発化する。

七月一四日、周恩来は外交部、対外貿易部、党中央対外連絡部な

どの関係責任者を招集し、日本問題を検討した。この会議で周は「毛主席の戦略配置に遅れないようにしなければならない。少し前は米国が重点だったが、いまは日本が重点だ」、「毛主席は『三原則』を受け入れても受け入れなくても良い、来た後、話がまとまってもよいし、まとまらなくてもよいと述べている」とした。また田中の所信演説について「中日関係に触れるだけで、日米、日ソ関係には触れなかったのは、あえて米ソの不興を買おうとしたことを物語っている」と、対ソ・対米関係の文脈で評価したうえで、「彼らが中日国交正常化を急ごうとするのに、我々はなぜ応えられないのか。我々はまだ斜めに構えようと思っているが、あちらは正面から来ている」と檄を飛ばした[65]。さらに周は七月九日の夜のイエメン民主人民共和国政府代表団を歓迎する宴会の場で、日中国交正常化を急ぐという田中首相の発言に歓迎を表明したのは、「主席が積極的な態度をとるべきだといわれたからだ」と明かした[66]。

毛沢東の決定は八日の夜に周恩来に伝えられたものと推測される。八日、周は毛の住居を訪ねる前に、外交部と外事・宣伝部門の責任者を招集して田中の就任演説を検討したが、その際に、「我々は従来、日本とは人民外交を進めるだけで、政府とは行き来しなかった。今後も人民外交を進めるが、政府とも行き来しなければならない。情勢はかわっており、日本政府の政策も変わらざるをえない」とするにとどまり[67]、翌日後のトーンと明らかに異なっていたからである。

その後、日中間の様々なルートを通じての動きが活発化し、日中国交正常化への機運が一気に高まった。そして九月には田中首相が訪中し、四日間の交渉の末、九月二九日に日中共同声明に調印する形で日中国交正常化が実現した。

おわりに

本稿は中国の国際情勢認識の変化に注目することにより、これまでの先行研究が十分掘り下げてこなかった中国の対日国交正常化外交の政策過程と政策転換の論理を解明しようとしたものである。本稿では、ソ連の脅威に直面した中国が「ソ連主敵論」に基づいてアメリカとの関係改善に踏み切り、米中和解によって日中国交正常化の道が開かれたという従来の直線的な理解と異なり、中国の対日国交正常化外交は中国の国際情勢認識の変化に伴い幾度も調整されてきたことを明らかにした。

一九七〇年代の中国の対日外交は激しい日本軍国主義批判をもって幕を開けたが、その背景には、佐藤政権に対する不信感もさることながら、インドシナ戦争の拡大に起因したアメリカの意図への警戒感が重要な要素であった。中国から見れば、北東アジアにおいて日本の勢力拡大を幇助しつつインドシナで戦火を広げるアメリカの政策は到底容認できるものではなく、それゆえに、反米統一戦線外交が優先され、日本軍国主義批判もこうした統一戦線の一環として位置づけられた。

その後、アメリカの政策意図に対する見方が変化し、そしてヨーロッパにおけるデタントの進展を受けて、中国は対米関係の打開の必要性を認識するようになった。対米関係の打開を優先しつつ、対日政策では、統一戦線の標的を佐藤政権に絞り、統一戦線の範囲を従来の「左派」からいわゆる「中間派」、「財界」へと拡大し、外部（米中関係）と内部の二つの方向から日本の対中政策の転換を迫る戦略に転じた。中国の国連加盟やニクソン訪中による米中和解は、確かに日本の世論に大きな影響を与え、対中国交正常化を求める世論は一層高まった。佐藤政権の対中姿勢にも変化が現れたが、中国は情勢が自分に有利であるとの判断に基づいて、佐藤とは交渉せず、次の政権の登場を待つことにしたのである。

　米中接近は、中国の対日外交上の立場を有利にしたが、中国にとって好ましくない外交展開である米ソデタントの一助ともなった。ソ連が米中接近への警戒から米ソ首脳会談に向けてより柔軟な姿勢に転じたためである。ソ連の脅威に備えなければならず、また米国との関係が改善したとはいえ、台湾という懸案を抱えていた中国にとって、デタントの進展は米ソに対する中国の外交的立場の弱体化を意味した。こうして対日外交の打開は中国の外交的立場を強化する必要な手段として認識され、高い外交的優先度が与えられた。従来は反米の文脈から対日関係の意義を見出してきた中国が、ここに至って国際システムにおける中国の外交ポジショニングの強化という観点から対日外交の意義を見出すようになったのである。

（1）岡部はこの時期区分について、「多くのカテゴリーにおいて、一九六九年中および一九七一年中に変化が生じていることが看取される」ため、「この五年間を三つの異なった性格をもつ時期に区分しうることを意味する」との判断に基づき、「便宜上きりのよいところで時期を区切った」と説明した。岡部達味『中国の対日政策』東京大学出版会、一九七六年、九一頁。

（2）岡部、前掲書、一二四—一五九頁。

（3）杉浦康之「知日派の対日工作——東京連絡事務処の成立過程とその活動を中心に」、王雪萍編『戦後日中関係と廖承志——中国の知日派と対日政策』慶應義塾大学出版会、二〇一三年。宮川徹志『佐藤栄作　最後の密使——日中交渉秘史』吉田書店、二〇二〇年。

（4）羅平漢『中国対日政策与中日邦交正常化』時事出版社、二〇〇〇年、二〇八頁。

（5）胡鳴『中日邦交正常化研究』中国社会科学出版社、二〇一五年。

（6）霞山会『日中関係基本資料集　一九四九年～一九九七年』霞山会、一九九八年、三三二頁。

（7）「美日反動派的罪悪陰謀」『人民日報』一九六九年一一月二八日。

（8）「美濃部知事と周恩来総理会談」、外務省外交史料館所蔵、ファイル番号：2016-1708。

（9）朱建栄「中国の対日関係史における軍国主義批判——三回の批判キャンペーンの共通した特徴の考察を中心に」、近代日本研究会『年報　近代日本研究一六　戦後外交の形成』山川出版社、一九九四年、三三四頁。

（10）高文謙『周恩来秘録　下』（上村幸治訳）文藝春秋、二〇〇七年、一三一頁。

（11）この時期の中国の反米キャンペーンについては、John W. Garver, *China's Decision for Rapprochement with the United States, 1968–1971*, Westview Press, 1982, pp. 92–94 を参照。他方、Yang と Xia は、毛沢東がアメリカのカンボジア侵攻とそれに対するアメリカ国民をはじめ世論の反発を世界革命推進の好機とみなし、対米接近の試みを中断したと論じた。Kuisong Yang and Yafeng Xia, Vacillating between Revolution and Détente: Mao's Changing

Psyche and Policy toward the United States, 1969–1976, *Diplomatic History*, Vol. 34, No. 2, April 2010. キッシンジャーもこの意見を受け入れ、毛沢東は世界革命の情勢を見極めるために、アメリカのカンボジア侵攻を口実に五月二〇日に予定されたワルシャワ会談をキャンセルしたと指摘した。Henry Kissinger, *On China*, The Penguin Press, 2011, p. 224. このように毛沢東の動機については議論の余地があるが、アメリカのカンボジア侵攻が中国にとってみれば極めて重大な事態であったことは変わらない。

(12) 中共中央文献研究室編『周恩来年譜 一九四九—一九七六 下巻』(以下『周恩来年譜 下』) 中央文献出版社、一九九七年、三六〇頁。

(13)『人民日報』一九七〇年四月九日。

(14) 同上。

(15) 王泰平『「実録」周恩来と中日復交』(薛永祥訳)(以下『実録』)、地人館、二〇二二年、三四頁。

(16) Henry Kissinger, op. cit., p. 225.

(17) 中共中央文献研究室編『毛沢東年譜一九四九—一九七六 第六巻』(以下『毛沢東年譜 六』) 中央文献出版社、二〇一三年、三一七—三一八頁、三三八頁、三四四頁。それ以前に、毛沢東は米越交渉に反対する立場から類似した発言をしたことがある。

(18) 中共中央文献研究室編、前掲書、三一七—三一八頁。

(19) 文革が始まってからスノーは何度も訪中の申請をしたが、八月になってようやく実現した。孔冬梅『改変世界的日子——与王海容談毛沢東外交往事』中央文献出版社、二〇〇六年、六〇頁。

(20)「評蘇聯西徳条約」(『人民日報』一九七〇年九月一三日) は同条約の背後には米ソ共謀があると批判した。

(21) 山本健『同盟外交の力学——ヨーロッパ・デタントの国際政治史』勁草書房、二〇一〇年、一三〇—一三一頁。

(22) 一九六九年の中ソ国境交渉において中国外交部はソ連の強硬姿勢の背景には米ソデタントの影響があると判断していた。つまり、中国の情勢判断には、デタントにより米ソ関係、ヨーロッパ情勢が安定するとソ連は中国に対してより強硬になるという、リンケージの論理が働いていたのである。柴成文「中蘇総理北京機場会晤之後」、安建設『周恩来的最後歳月一九六六—一九七六』中央文献出版社、一九九五年、二五〇—二五一頁。

(23) 望月敏弘も一〇月ごろに対米接近を決定したとの見方を示した。望月敏弘「中国の対米接近要因——国内的文脈と対外的文脈」、増田弘編『ニクソン訪中と冷戦構造の変容——米中接近の衝撃と周辺諸国』慶應義塾大学出版会、二〇〇六年、五〇頁。他方、Yang と Xia はこの時期毛沢東の対米アプローチはもっと曖昧でしぶしぶしたものであったという。前掲文、pp. 403–404.

(24) 岡部、前掲書、九六頁。

(25)「周総理主催覚書貿易交渉団慰労パーティにおける周総理挨拶」(一九七一年三月一日)、『古井喜実文書』京都大学文学研究科現代史学専修所蔵。

(26)『周恩来年譜 下』、四五二—四五三頁。その後、ニクソンは国交正常化問題のほか、双方が関心を持つ幅広いテーマを取り上げることを主張し、中国もこれを受け入れたものの、台湾問題は米中交渉における中心的なテーマであった。

(27)「周総理主催覚書貿易交渉団慰労パーティにおける周総理挨拶」(一九七一年三月一日)、前掲。

(28) 実態は中国が積極的に働きかけたというより、日本側からのアプローチに中国が応じるようになったパターンが多かった。

(29)『実録』、一一八頁。

(30)『実録』、三〇頁。

(31) 中国が名古屋世界卓球選手権に代表団を派遣する理由については、「今回の参加は重大な国際闘争となっており、日本の大衆を動員し中日友好を発展させる我々の日本反動派向けの示威行為でもある」とされた。『毛沢東年譜 六』、三七三頁。

(32) 古川万太郎『日中戦後関係史』改訂増補版、原書房、一九八八年、三二三頁。
(33) 添谷芳秀『日本外交と中国』慶應通信、一九九五年、二二三頁。
(34) 張兵『王国権伝』河南大学出版社、二〇〇六年、一四二頁。
(35) 詳しくは『実録』、四三、八三、一〇四頁。キッシンジャーの訪中後、中国は極めて限定的でありながら、佐藤政権との間接的な接触に応じたことがあるが、佐藤に対する警戒心は依然強く、本格的な接触に入ることには至らなかった。
(36) 井上正也『日中国交正常化の政治史』名古屋大学出版会、二〇一〇年、四七八頁。
(37)『実録』、一一〇頁。
(38)『朝日新聞』一九七二年一月二九日。
(39)「第六八回国会衆議院予算委員会会議録第5号」一九七二年二月二八日。
(40)「美濃部知事と周恩来総理会談」、前掲。
(41) 田川誠一『日中交渉秘録』毎日新聞社、一九七三年、三二六—三二七頁。
(42) 藤山愛一郎『政治　わが道　藤山愛一郎回想録』朝日新聞社、一九七六年、二一四頁。
(43) 米ソデタントに対する中国の認識は時期によって変化した。この点については別稿で詳細に論じたい。
(44) 七一年七月二〇日、「ニクソンの北京訪問に関する中共中央の通知」が各地の幹部に通達された。同通知では、「アメリカ帝国主義がソ連修正主義と同じ側に立っておれば、ソ連修正主義はよりいっそうたけり狂うであろう。米、ソの共謀を阻止することは、ソ連修正主義の侵略的野心に対する重大な打撃である」と説明された。「中共中央関於尼克松来北京訪問的通知（供幹部討論用）」、太田勝洪編『毛沢東　外交路線を語る』現代評論社、一九七五年、二五〇頁から引用。
(45) 七一年一二月四日、インドは東パキスタンに対して陸海空合同の軍事作戦を発動した。パキスタン軍は瞬く間に崩壊し、西パキスタンがインド軍の脅威下に置かれた。ニクソンとキッシンジャーはインドが勝利すれば、インド亜大陸におけるインドとその友好国であるソ連の影響力が支配的になることを憂慮し、西パキスタンの崩壊を防ぐため、第七艦隊の一部をインド洋に展開させ、インドに対して戦争のエスカレーションを思いとどまらせた。一二月一〇日、キッシンジャーは印パ戦争における米国の立場を中国の国連大使黄華に克明に説明した。Memorandum of Conversation, December 10, 1971, *Foreign Relations of the United States (FRUS) 1969–1976, Vol. XVII, China 1969–1972*, pp. 608–620.
(46) キッシンジャーは周恩来や葉剣英らとの会談で、ヨーロッパ・デタントにおけるソ連の意図と米国の立場を説明した。毛里和子・毛里興三郎訳『ニクソン訪中機密会談録』、名古屋大学出版会、二〇一六年、九九—一〇〇頁。
(47)「美濃部知事と周恩来総理会談」、前掲。
(48)『毛沢東年譜　六』、四二二頁。
(49) 王泰平『「日中国交回復」日記——外交部「特派員」が見た日本』（福岡愛子監訳）、勉誠出版、二〇一二年、三七八—三八一頁。
(50)『実録』、一二四—一二五頁。
(51) 時事通信社政治部『ドキュメント・日中復交』時事通信社、一九七二年、六一頁。
(52)『実録』、七五頁。
(53) 胡、前掲書、一七八頁。王俊彦『廖承志伝』人民出版社、二〇〇六年、三七四頁。他方、佐藤の密使として香港で活動した江鬮眞比古も、中国は「全国書記会議を七二年六月に開き、対日復交を討議し、佐藤内閣と対日復交を決定したのは一七日だった」との情報をキャッチしていた。宮川、前掲書、二四六頁。
(54) 中国課「中共がわが国との国交正常化を望む理由と背景」

（47.7.10）、外務省外交史料館、ファイル番号：2018-0086。

（55）石井明・朱建栄・添谷芳秀・林暁光編『記録と考証　日中国交正常化・日中平和友好条約締結交渉』岩波書店、二〇〇三年、二〇〇頁。

（56）「VLADユネスコ対内委連絡部長の内話（請訓）」、外務省外交史料館、ファイル番号：2020-0843。VLADは元ルーマニア共産党中央委員会対外宣伝委員会委員Vasile Vladのことと推測される。

（57）劉徳有『時は流れて――日中関係秘史五十年』（上）（王雅丹訳）、藤原書店、二〇〇二年、四五九頁。肖向前『永遠の隣国として――中日国交回復の記録』（竹内実訳）、サイマル出版会、一九九七年、一五〇頁。

（58）毛沢東「同王洪文、張春橋的談話紀要」（1973.7.4）、美国『中国文化大革命文庫光盤』編委会編纂『中国文化大革命文庫』（第三版）、香港中文大学中国研究服務中心、二〇一四年。

（59）「周総理との会見（要旨）」（1971.12.20）、『古井喜実文書』、前掲。

（60）37 Memorandum of Conversation, June 20, 1972, *FRUS*, op.cit., pp. 927–928.

（61）O・A・ウェスタッド『冷戦　ワールド・ヒストリー』（下）（益田実監訳）、二〇二〇年、一四三頁。

（62）張剣波『米中和解と中越関係――中国の対ベトナム政策を中心に』社会評論社、二〇一五年、三五六―三五七頁。

（63）七月二四日、毛沢東は周恩来、姫鵬飛、喬冠華らとの会議で、「私のみるところソ連は声東撃西、つまり口先では中国を狙うとしながら実際はヨーロッパと地中海に向かっているのだ」としながら、「これは一つの考えにすぎない。声東撃西なのか、それとも本当に東を狙っているのかについて外交部で研究してもらいたい」と指示した。『毛沢東年譜　六』、四四一頁。ソ連の真の狙いはアメリカとの覇権争いであるとの見方を取れば、「声東撃西」になるし、デタントはその煙幕にすぎない。逆に、ソ連の狙いは中国であるとの立場をとると、デタントはそのための準備になる。このように、ニクソン訪中ごろに確立した「米ソ関係の本質は覇権争奪である」との情勢判断は、その後の米ソ首脳会談の成果を受け、毛沢東の中でも一定の揺らぎが生じたことが見受けられる。

（64）中華人民共和国外交部・中共中央文献研究室編『毛沢東外交文選』中央文献出版社・世界知識出版社、一九九四年、五九八頁。

（65）『実録』、一八三頁。

（66）同上。

（67）『実録』、一八二頁。

〔付記〕本研究はＪＳＰＳ科研費21K01358の助成を受けた。

（ゆ　びんこう　名古屋商科大学）

日本国際政治学会編『国際政治』第214号「地球環境ガバナンス研究の最先端」（二〇二五年一月）

〈書評論文〉

防衛政策史研究の最先端

板山真弓著『日米同盟における共同防衛体制の形成――条約締結から「日米防衛協力のための指針」策定まで』（ミネルヴァ書房、二〇二〇年、二八〇頁）

真田尚剛著『「大国」日本の防衛政策――防衛大綱に至る過程　一九六八～一九七六年』（吉田書店、二〇二一年、三八〇頁）

吉田真吾

はじめに

冷戦終結後、保革対立の構図が緩んだ結果、その主な争点となってきた日本の防衛政策に関する実証的な歴史研究が着実に蓄積してきた(1)。真田尚剛が記すとおり、防衛政策には、防衛庁（省）が所管する多様な政策領域が含まれ（一一頁）、具体的には、防衛力の整備と運用、兵器や防衛技術の調達と開発、ＰＫＯ、基地政策などがある。このうち、防衛力の整備と運用は研究者の関心を集めてきたが、その歴史を描くに際し、両者が混同される形で「自主防衛」対「日米同盟」という対立軸が設定されることも多かった。近年、千々和泰明がこの混同を解きほぐし、両者が別次元にあることを指摘した上で、「整備」対「運用」という対立軸を提示した(2)。本書評で取り上げる板山真弓と真田の著書は、これを踏まえて両者を峻別し、それぞれ運用面での日米協力と日本の防衛力整備に焦点を絞って、一九五〇年代から七〇年代にかけての防衛政策を記述、分析する。

　防衛政策史研究の量的蓄積に伴ってその質も向上してきたが、この二冊はその水準を飛躍的に高めたと言っても過言ではない。二冊は、これまで存在や詳細が明らかでなかった諸点を解明するとともに、多くの新解釈を提示する。それを可能としているのは、日米の新史料の発掘である。板山は、米国立公文書館所蔵の国防総省史料を徹底的に調査し、これまでの研究でも使われてきた国防長官室やJCS、陸軍省、極東軍の文書に加え、空軍省や在日軍事援助顧問団の文書まで活用する。さらに、陸軍戦史研究所、海軍歴史センター、空軍歴史研究局など、政治外交史の研究者が足を運ぶことの少ない米軍の史料館に所蔵された重要文書も駆使する。真田の著書では、防衛庁の史料がふんだんに用いられる。真田は、既に知られた私文書を活用しつつ、国立公文書館所蔵の「防衛庁史資料」を丹念に調べ上げた結果新たに発見された重要文書を駆使する。さらに、防衛省への開示請求を通じて、「伊藤圭一資料」と「久保卓也資料」を再発掘した。ただ、板山の著書で用いられた「坂田道太資料」が真田の著書での使用が適わなかったと見受けられるのは残念であり、移管先である憲政資料室による早期公開が望まれる。文書史料に加え、防衛当局者のオーラル・ヒストリーの蓄積も、板山と真田の著書に大きく貢献している。

　以下本論では、二冊を併読した際に評者の脳裏に浮かんだ時期区分に沿って、適宜補足や論点提示を行いながら、二冊が提示する新事実や新解釈を紹介していく。

一　東西軍事対立下の防衛政策、一九五〇〜五四年

　東西間の政治・経済・社会面での競争として始まった冷戦は、五〇年の朝鮮戦争勃発を契機に軍事対立の様相を強めた。米国は、東側の対日侵攻が起こりえるという判断に基づいて日本に再軍備を求めた。吉田茂首相は、治安維持能力の強化という観点から警察予備隊の創設を歓迎したものの、再軍備には難色を示した。その理由は、周辺国への配慮に加え、内政上のリスクにあった。再軍備には、経済の疲弊、非軍事化を主旨とする日本国憲法、反戦・反軍的な国民感情などの障壁があり、それを強行すれば深刻な不況と社会・政治不安が発生する可能性があった。そうなれば、吉田の政治的生存が危うくなる。ゆえに、吉田は長期的には軍隊保有が必要と考えつつも、再軍備を先送りしようとしたのだった。米ソ戦争や東側の対日侵攻が差し迫っているわけではないという情勢認識も、彼の判断を支えていた。しかし、至上命題である講和・独立を前進させるためには、吉田は再軍備を米国側に約束せざるを得なかった。[3]そして五二年四月の占領終結後、再軍備が始まる。

　真田の著書の第一章は、再軍備開始から第三次防衛力整備計画までの防衛力整備を、防衛庁（保安庁）内政治という本書の視座と、本書が重視する要因——財政的制約の大きさ、対外脅威認識の低さと間接侵略の重視、在日米軍撤退との連動——（一〇—一三頁）に

沿って、前史的に再検討する。最初の分析対象は、五三年三月に保安庁内で作成された制度調査報告である。その作成作業は戦時作戦などの戦略構想に基づいて行われたが、財政的考慮を最優先する海原治保安課長の介入により、その後の改定作業は実現可能性の観点から進められた。ただし、第一次案が示した、敵地基地攻撃を含む「戦略守勢」の構想は、三次防まで引き継がれる。次の分析対象は池田私案である。一〇月、吉田の腹心である池田勇人が渡米し、急速かつ大規模な再軍備を求める米国側に対して大蔵省計画を基にした私案を提示した。これは、陸上十八万人、財政負担の極小化、間接侵略の重視、在日米軍撤退との連動などの点で、その後の整備計画との連続性を有していた。

板山の著書の第一、二章は、存在こそ知られていたものの実態が詳らかではなかった、六〇年代までの運用面における日米協力の内実を解明する。これは既知だが、五二年七月、予備隊と極東軍の幹部からなる連合計画委員会の設置が、吉田と駐日米国大使らの秘密の口頭了解の形で合意された。米国は元々、東側の対日侵攻に備えつつ日本の軍事組織を統御するという観点から、有事における日米統合司令部の設置と日本の指揮権移譲、およびそれらを前提とした共同作戦計画の策定を志向していた。吉田政権は、そうした日米協力の軍事的有用性を認めつつも、主に内政上のリスクへの懸念から、それらを公式の文書に記すことを忌避した。日米協力について秘密裏に話し合う連合計画委員会を設置すること、およびそれを口頭密約にとどめることは、日米の妥協の産物だった。(4)

板山の著書が明らかにしたように、日本側はその後も日米協力にブレーキをかけ続けた。連合計画委員会は設置後、日本側の消極姿勢により、ほとんど機能しなかった。米国の発案で下位レベルの作業を進めることになったが、進捗状況は芳しくなかった。それゆえ米国は五四年二月、日本が米国の再軍備計画よりも防衛力整備を遅らせるための条件の一部として、(5)有事指揮権移譲を含んだ共同作戦計画の策定を提起する。吉田はこれを受け入れ、その旨は四月の外相・駐日大使間の非公開書簡で確認された。その後連合計画委員会が再開し、計画の指針となる文書（CJOEP）などを策定した。だが、日本側は政府による公式承認を回避するため、それらを統合幕僚会議と極東軍司令部の間の「了解」にとどめたり、「暫定的」承認にしたりすることを求めた。五五年以降、CJOEPに基づき日米の各軍種で計画が策定されたが、防衛庁長官はその存在を知らされていたものの、日本側の承認は統幕議長によるものにとどまった。幕僚間の協議では、日本側は指揮権の移譲を可能な限り回避しようとしていたようである。

吉田政権期は、防衛政策が首脳レベルの重要検討課題となったという意味で、戦後史における特殊な時期だった。内閣や与党が、政治争点である一方で「票」や「カネ」にならない防衛政策を避けたがゆえに、防衛庁内政治に焦点を当てるという真田のアプローチ（一一頁）は、六〇年代から七〇年代を主対象とする著書においては妥当である。だが、首相やその周辺が舵取り役を担った吉田政権の防衛政策については、より詳細な再検証があってもよかった。吉田が防衛問題から距離をおく政治的動機を有していたのは間違いないが、米国との関係もあってこれを避けて通れなかったのも疑いない。池田私案がその後の整備計画との連続性を有していたことが示唆しているように、吉田政権の対応が後の防衛政策を規定した部分があった可能性もある。他方、板山の著書では、「日本側は、共同計画を、政府の最高レベルによって承認された実効的なものとしようとの意図を持っていた」という結論が示されている（四九頁）。おそらく、保安庁／防衛庁内には政府承認を求める声があっただろう。しかし同書の叙述からは、承認を回避しようとする吉田政権の意志のほうがより強く感じられた。論理的にも、内政上のリスクへの懸念から再軍備や日米協力に消極姿勢を示していた吉田が、承認に積極的だったとは考えにくい。ただし、吉田が長期的な軍隊創設には前向きで、日米協力の軍事的効用を認めてもいたことに鑑みると、将来的に計画を承認する意向があった可能性は否定できない。既に優れた研究蓄積があるが、吉田政権の防衛政策については、改めて総合的に検証する価値がありそうである。

二　五五年体制と防衛政策、一九五五〜七一年

日本政治外交史研究の共通認識となっているように、五四年末の吉田政権崩壊と相前後して、日本の防衛政策をめぐる国内外の環境は大きく変化した。軍事対立の様相を呈していた冷戦は、五三年の朝鮮戦争の休戦をきっかけに政治・経済・社会面での競争としての性質を取り戻していき、その傾向は五五年には顕著になった。これを反映し、米国は日本の防衛力増強よりも政治的安定を優先する方針を固め、対日圧力を弱める。日本国内では、「非武装中立」を唱える日本社会党が再統一するとともに、それへの警戒から自由民主党が結党され、防衛問題をめぐる保革対立の構図が鮮明となった。そして、真田が喝破するように、内閣や与党が「野党と世論を念頭に、議論が紛糾する可能性が高い防衛問題を忌避し」たため、防衛官僚が政策を取り仕切るようになる（三五—三六頁）。その素地は吉田政権期にも存在していたが、こうした状況は、米国の圧力低下を背景に、吉田後に明確になったと言える。これを「防衛政策の五五年体制」と呼ぶこともできそうである。(6)

真田の著作の第一章は、「国防の基本方針」と第三次までの防衛力整備計画を、上記の視座と要因に関連づけて分析する（紙幅の都合で紹介が適わないが、治安問題や日韓危機と防衛力整備の関係など下記以外にも興味深い記述が多々ある）。岸信介、池田、佐藤栄作という歴代首相は、これらの策定にあたって、軍事的脅威をはじめとする対外安全保障上の要素にはほとんど関心を払わず、内政上の制約やリスクを強調し、財政的考慮を優先させる姿勢を示した。防衛庁の内外からは、情勢判断や戦略構想などの基本事項を基礎に据えて整備を進めるべきだという声が度々上がったが、結局は財政枠内での漸増が繰り返されることとなる。防衛力整備に影響を与えていた唯一の対外安全保障上の要素は在日米軍の動向であり、五〇年代末の陸軍撤退と六〇年代前半の空軍削減を受け、一次防では陸上自衛隊の整備が、二次防では航空自衛隊の整備が優先された。三次防

では、（在日米軍との関連は不明確ではあるが）米軍への寄与という観点もあり、周辺海域の防衛力向上を中心に海上自衛隊の整備が重視された。

真田の著書の第二章は、四次防の策定過程を検証する。七一年に策定された「新防衛力整備計画」（実質は四次防）の重点は三次防に続き海上防衛力にあったが、より広域の海上交通保護が重視された。防衛庁は、極東からの撤退傾向にある米軍への依存度を低減させるとともに、その来援の確実性を高める必要があると考えていた。加えて、財政負担が大きい海上交通保護が重視されたことには、「経済大国」となった日本の経済力向上や貿易量増加などが作用していた。従来、海自重視は七〇年に防衛庁長官に就任した中曽根康弘の主導によるものと考えられてきたが、これは前年の四次防策定開始当初からの既定方針だった。中曽根の打ち出した諸方針のうち、後の政策を規定したという意味で重要だったのは、「専守防衛」の標語である。三次防までの防衛構想は、敵基地攻撃を含む「戦略守勢」を日本の将来的役割と想定していた。中曽根は「専守防衛」をこの「戦略守勢」と同義だとしていたものの、後述するように「専ら守る」が基本方針として定着することとなる。

板山の著書の第二章は、ほとんど知られていなかった初期の日米共同作戦計画と共同演習の実態を詳らかにし、第三章は、断片的にしか扱われてこなかった防衛庁の日米軍事委員会設置構想の検討過程を解明している。自衛隊と米軍はＣＪＯＥＰに基づいて作戦計画を毎年策定し、並行してその立案や分析などのために図上演習を行った。六三年には統幕が、有事における日米作戦調整機構の設置などの問題を検証する「三矢研究」を実施する。また、陸自と米陸軍の演習は後者が日本から撤退した五〇年代末以降休止するものの、五六年からは、軍種ごとに日米実動演習が定期的かつ頻繁に行われた。これらと並行して、六三年には計画策定のための協議機関が拡充された。他方、防衛庁は五八年から協議機関への政府承認を求めていたが、文民の介入を嫌う米軍部や日本国内からの反発を危惧する駐日大使館の反対により、その構想は挫折した。防衛庁の構想はその後も、内政上のリスクを重視した池田政権や外務省などの消極姿勢に直面する。だが、六八年に日本側閣僚が出席する日米安全保障協議委員会において幕僚研究会同が設置され、既存の協議機関はこれに吸収された。これが設置された理由は、米軍部が文民の介入はないと判断したからだと推測されるという。

板山と真田の著書を読み比べた際、この時期の防衛政策を推進した当局の動機に関し、両者の見解にばらつきがある印象が残った。板山の著書ではそうした動機の解明に主眼があるわけではないが、防衛庁が公式の軍事協議機関の設置を求めた背景に、作戦計画への政府承認を得ようという動機、および軍事的脅威、特に中国の脅威に対する懸念があったという記述がある（九五、一〇一頁）。また「三矢研究」の背景として板山は、五九年の日本漁船拿捕をめぐる日韓危機によって高まった、日本の有事態勢に対する統幕の焦燥を指摘する（七二―七三頁）。これに対し真田の著書では、軍事面での脅威認識が防衛政策に与えた影響は限定的だという考えが、全体を貫く視座になっている。他方真田は、「三矢研究」を含む当時の運用面での日米協力に、米軍の有事来援の問題を検証するという動機があったことを解明した（六三―六四頁）。真田は、海上防衛力重視の方針に、米軍来援の確実性を高めるという観点があったことも指摘する。二冊が指摘するこれらの要素は、相互にどのような関係にあったのか、どの政策領域にどのように影響を与えたのか、内政上のリスクや文民介入に対する米軍部の忌避などの抑制要因とどのような関係にあったのか。先行研究の議論も踏まえつつこうした問題を解明する分析は、防衛政策のより体系的な理解につながるだろう。

三　防衛政策の危機、一九七一～七四年

七〇年代前半は、防衛力整備が計画どおりに進まず、日米共同作戦計画の策定が一時的にせよ停止したなどの点で、日本の防衛政策が危機に直面した時代だった。真田の著書の第三、四章にある詳細な記述を読み解くと、その背景には、防衛政策を取り巻く二つの国内環境の悪化があったと言える。ひとつは、景気後退である。米国の新経済政策によって情勢が不透明化し、その後の変動相場制への移行や石油ショックなどの影響で日本経済は戦後初のマイナス成長を経験した。もうひとつは、反軍事的な雰囲気の高まりである。この頃、雫石事故や長沼事件をはじめ自衛隊に否定的な印象を与える問題が頻発し、一部の地方自治体では反自衛隊活動も活発化した。また、日本の経済大国化に伴って、自衛隊は既に世界有数の実力を有しているという印象が広がり、防衛費が計画ごとに倍増している現状への批判も強まった。国際的な緊張緩和の機運や、経済大国化した日本が軍事大国となることへの諸外国の懸念も、こうした批判を後押しした。以上の経済・社会情勢の中、七二年には、四次防先取り問題に伴う国会審議の停止という政治問題が発生する。強行突破を図る佐藤政権に対し、野党は政府の文民統制の軽視を糾弾し、政府・与党内では内閣総辞職すら提起された。

真田の著書の第三、四章は、こうした国内環境を詳述した上で、それが防衛力整備に与えた多面的な影響を解明する。第一に、四次防が縮小されるだけでなく未達成に終わり、三次防以来の重点だった海上防衛力の整備が遅れた。四次防には国内社会からも批判が上がっていたが、その縮小と未達成により強く影響していたのは経済情勢の悪化であった。第二に、田中角栄首相を含む政府関係者は、防衛政策が孕む内政上のリスクの大きさを再認識した。それゆえ、防衛力整備への国民の理解を得る必要性が強く意識されるようになる。第三に、「専ら守る」という意味の「専守防衛」が日本の基本方針となった。田中政権は当初、敵基地攻撃を含む「戦略守勢」が基本方針であること再確認しようとしたが、野党などからの批判を浴び、首相は結局、「専守防衛」も「戦略守勢」も、「専ら守る」ことを意味する概念だと宣言する。第四に、政府が「平和時の防衛力」を提示した。政府はこれまで、野党の求める「防衛力の限界」の設定には応じない姿勢を示してきた。だが、国民の理解の獲得および国会対策という観点から、田中の指示に基づき防衛庁は「平和時の防衛力」を提示した。

板山の著書の第四章は、日米共同作戦計画の策定作業が米国政府の意向で一時停止した過程と背景を明らかにする。きっかけとなったのは、七二年にJCSが国防長官の承認を得るまで米軍が策定しているすべての二国間作戦計画を一時停止するよう通達したことだった。その背景には、ベトナム戦争泥沼化への反省から、議会が行政府の外交・軍事権限に規制を強めていたことがあった。議会は既に、米軍がタイ軍と秘密裏に策定した作戦計画に二国間条約の内容を越える米国の関与が含まれていたことを厳しく追及していた。当時は、米国の国防政策にとっても危機の時代だったと言える。JCSの指示を受け、在日米軍は、日米の文民による明確な承認がないままに計画策定を続けることに伴う政治的危険性への懸念から、作業を一時停止した。これは、政治的に機微な問題を含んだ日米共同作戦計画が不意に公になることによって、日本国内だけではなく、米国内で政治問題化するリスクへの危惧だった。七三年に入って日米文民の承認が得られたことを受け、軍部は計画を策定している事実を公にするよう日本側に求めるとともに、策定作業に向けてCJOEPの一部となる文書を作成する。だが、今度は国務省が停止継続を要請した。その第一義的な理由は、軍部の文書が韓国・台湾防衛における自衛隊の役割を志向しており、米国の対日政策の基本方針を越えうるものだったことへの危惧だったという。

二冊を読み比べて気が付いたことは、真田の著書が防衛政策に関する日本国内の情勢悪化という要素を重視する一方、板山の著書がそれに重きを置いていないことである。板山が主張するように、軍部が、日本国内からの批判以上に米国議会からの非難を憂慮して、日米共同作戦計画策定の一時停止とそれへの日米文民の承認を求めたのは間違いないだろう。だが、国務省が停止継続を求めたのは、極東地域における自衛隊の役割を志向する軍部の方針が既存の政策を越えるものだったからだという説明には、再検討の余地がありそうである。まず、軍部が欲したのは、極東有事の際に自衛隊が米軍の日本への展開や日本からの出撃を支援することであり、具体的には米軍による自衛隊基地の使用だった[7]。おそらく国務省が危惧したのはこの方針であり、同省も承認した軍部文書の最終版では、基地使用に関する記述は一般的な表現に大幅修正された[8]。板山の著書にあるように、この文書からは日本の有事法制に結びつきうる項目も削除されており、国務省と駐日大使館は計画の策定を公にすることに慎重な姿勢を示し続けた。基地使用、有事法制、有事計画が政治問題化しやすい事項であることに鑑みると、国務省は、日本国内の情勢悪化を危惧していたと考えるのが自然だろう。米国政府が、計画策定を公にすることは日本政府の判断で行うべきだという立場を固めたのも、この延長に見える。他方、板山の著書では、計画策定を承認し、その後それを公にしようとしつつ、最終的に断念するという田中政権の興味深い行動も跡付けられている。一連の動きが、真田が明らかにした国民の理解の獲得と国会対策という防衛政策に関する田中政権の行動原理とどのように関連していたのかも、気になるところである（政府承認によって文民統制の形式を整えておきたかったなどの可能性もありそうである）。

四　防衛政策の明確化、一九七四～七八年

七〇年代前半の危機を受けて、日本の防衛政策は、七六年の「防衛計画のための大綱」と七八年の「日米防衛協力のための指針」の策定という形で明確化されることとなった。真田の著書の第四章が明らかにしたように、防衛庁内では危機の最中から、防衛力整備計画のあり方を見直す必要性が認識されていた。そして、特に国民の理解を得るために、従来のような単なる調達計画ではない、情勢判断などの基本事項を含んだ「大綱」を策定することとなる。真田の著書の第四、五章が提示する「大綱」理解は、これが防衛局長や防衛事務次官などを歴任した久保卓也の考えを直接反映したものだったという通説に修正を迫るもので、他の研究とともに一つの「学派」を形成している[9]。その主な主張は、「大綱」は多義的な解釈が可能な防衛庁内の妥協の産物だったという点にある。元々国民の理解を重視していた久保はその獲得を目指し、周辺国の軍事力や脅威とは無関係に「過大でも過小でもない」防衛力を整備するという基盤的防衛力構想を打ち出した。制服組は久保構想を否定し、想定される侵略事態を設定してそれに対処するための整備目標を定めるという従来の方法を推した。防衛局防衛課は、国民の理解を重視しつつも、久保構想は防衛力の具体的水準を算出するための指標にならないと判断し、「常備すべき防衛力」構想を考案する。これは、想定事態を従来の「局地戦」から「限定小規模侵略」へと引き下げ、整備目標もそれに「独力対処」できる程度へと下げるものだった。

真田の著書の第五章は、「大綱」の基礎が「常備すべき防衛力」構想に収斂する庁内の調整過程、および「大綱」に関する省庁間の調整過程を解明する。制服組は、当初「常備すべき防衛力」構想に反発したが、文民統制を意識せざるを得ない事態に直面し、次善策としてこれを受容した。その事態とは、三木武夫内閣の坂田道太防衛庁長官が国民の意見の聴取を目的に設置した「防衛を考える会」が防衛力の量よりも質を重視する方針を提言したことや、想定事態と整備目標の引き下げに伴うリスクを負うのは政治家だという「政治のリスク」概念を防衛課が提示したことだった（ただし、坂田を含め政治家にそれを負う自覚はなく、対処策が検討された形跡もないという）。海自には量の面で不満が残ったが、制服組は質を重視した装備近代化に邁進する。他方、久保も庁内の大勢には抗えなかった。代わりに彼は、『防衛白書』を起草して自らの考えを広めるなど対外発信に邁進した。その結果、「大綱」は基盤的防衛力構想に依拠しているという理解が一般に広がる。「大綱」を政府決定にする際の坂田の役割は大きく、彼は、国防会議を早期かつ頻繁に開催して他省庁への根回しを行うとともに、「三木おろし」の政局の中で中立を宣言し、決定の先送りを回避した。

板山の著書の後半部は、水面下で進められてきた運用面での日米協力が「指針」策定という形で公式化される政治・外交過程を記す。第四章は、七五年に坂田はじめ防衛庁の主導で、公式化に向けた動きが再度生じた背景を明らかにする。そこには、米国に「捨てられる恐怖」が日本政府内外で高まったことに加え、ＮＰＴ批准が三木

政権の重要課題となったことがあった。自民党内の「タカ派」は米国による日本の安全保障の確約を批准の条件として提示し、その一環として日米専門家委員会の設置を求めていた。それゆえ、NPT批准を目指す三木政権は、日米首脳の共同新聞発表で核・通常両面での米国の日本防衛義務を確認するだけでなく、計画の公式化を進めたという。蛇足だが、板山の著書の第五章の記述に鑑みると、同時期に坂田が日米防衛首脳会談を定期化する際の背景にあった「文民統制をより確かなものにする意図」（一四九頁）が、協力公式化の動きとどのように関連していたのかも明らかになるとよかった。

その第五章は、SDC（日米防衛協力小委員会）設置の準備過程を、第六章は「指針」の内容に関するSDCでの協議を克明に記す。外務省だけではなく坂田と内局も、文民統制を確保するという観点から、SDCの構成員に文民を含めることを求めた。米国側、特に軍部は、これに理解を示しつつも、共同作戦計画の策定や見直しに文官が関与することを嫌った。その結果、SDC（およびその作業部会）は、あくまで「指針」関連の協議を行う場となる。「指針」の内容をめぐる協議では、協議の前提条件、極東有事の研究、指揮権のあり方、「盾と槍」の機能分担などが論点となった。そこでは、日本側が自国内への配慮を重視しつつ、米国の日本防衛への関与をより確実なものとしようとし、米国側が軍事的合理性を追求しつつ、安保条約上の義務を越えうる内容を避けようとするという構図ができた。第六章終盤では「指針」に対する日米の評価が包括的に示されているが、日米とも、公式の政治承認が得られたことで日本国内向けの体裁が整ったことに意義を感じていたことが目を引く。

「大綱」と「指針」は、如何なる関係にあったのだろうか。板山の著書は「大綱」には言及しないが、真田の著書は両者が連動していた可能性は低いと論じる。その一方で真田は、「大綱」によって日本の防衛力が抑制されたことで、米国への依存度が高まったという当事者の見解を紹介している。同様に、真田が明らかにした田中政権による「戦略守勢」の放棄も、対米依存を強めていた可能性がある。板山の著書にあるように、日本側は米国の攻勢的役割を「指針」に明記することに強くこだわっていた。少なくとも機能的には、「指針」が「大綱」を補った面もありそうである。これとは別に、「大綱」と「指針」には、日本による「限定小規模独力対処」の方針が記されたという共通点がある。事態の大小と無関係に日米共同対処を想定する運用の実態とは乖離しているにもかかわらず、「指針」にこの方針が明記されたことには、国会答弁に備えて「大綱」との整合性を確保したい内局の意向が作用していた。[10] 板山の著書からも読みとれるように、「指針」も「大綱」と同様、国会対策の側面があったのは間違いない。これら二点は仮説的一例だが、「大綱」と「指針」を合わせて分析することで、重要な知見が得られる可能性もある。

おわりに

最後に、防衛政策史研究の今後の課題について考えてみたい。[11] 最先端の二冊を読んで感じたことは、防衛力の整備と運用の関係性を再検討することの重要性である。冒頭で見たように、千々和が両者を対立関係に位置づけた一方、板山と真田は両者を峻別してそれぞれを掘り下げた。しかし、二冊を精読すると、「大綱」と「指針」の関係が示唆しているように、整備と運用には関係があり、かつそれが対立以外の形をとることもあった様子が見えてくる。そのひとつは、補完関係である。特に、日本の防衛力整備が抑制的にならざるをえない場合に、運用面での日米協力を進める誘因が生じうる。「大綱」と「指針」の関係は、その一例の可能性がある。また、板山が示したように、五四年から翌年初頭にかけて米国主導で共同作戦計画の策定が進んだことには、吉田政権が防衛力整備を遅らせようとしていたことが作用していた。

さらに、二冊を併読すると、整備と運用が同方向へ動く様も観察できる。「大綱」と「指針」がともに国会対策を意識していたのは、その一例である。加えて、六〇年代後半を対象とする三次防で海上防衛力の整備が重視される中、六六年の共同作戦計画には日米の海域防衛計画が含まれた。その後、海自は分担範囲の拡大（千海里程度まで）を提起し、四次防では海上交通保護の能力整備が重視された（板山、六五―六七頁。真田、第一、二章）。あくまで可能性に過ぎないが、こうした連動を解明する鍵は、板山が存在を明らかにした日米の「必要計画」にあるのかもしれない。これは作戦遂行のために必要な戦力、すなわち運用のための整備に関する計画であり、五四年に極東軍司令官が研究を提案し、防衛庁長官も実施に合意した（四六頁）。整備と運用が日米役割分担の方向に進み、「必要計画」の研究が行われるという構図は、千海里のシーレーン防衛を主とする八〇年代の防衛政策でも見られる。[12]整備と運用が別個のものだと認識しつつ、両者がどのように関係したのかを検討することは、本論で示したいくつかの論点の検証に加え、防衛政策研究の差し当たっての課題だろう。

長期的には、より総合的な防衛政策史研究が求められる。冒頭で記したとおり、防衛政策は整備と運用に限られるものではない。特に、在日米軍の戦力や基地は日本を含む極東の安全に不可欠の役割を担っており、政治や社会だけではなく軍事の文脈で、日本の基地政策の展開を検討する必要があろう。また、在日・在極東米軍の戦力や基地の動向は、本論からも看取できるように、日本の防衛力の整備と運用に大きな影響を与える。基地政策、整備、運用を関連づけて総合的に分析することは、防衛政策史研究の発展に必要だろう。総合的な分析は、ある部分から全体の特徴を明らかにしようとする過剰な一般化を回避することにも役立つ。さらに、日本の防衛政策の国際的意味を解明するためにも、少なくとも米国の対日・対極東軍事政策の研究を進めることが望まれる。そこに内在するより高次かつ広範な戦略的観点を解明することにより、冷戦史などのより大きな学問分野との接点も見えてくるだろう。

防衛政策史研究には総合化の方向への発展が期待されるが、防衛力の整備と運用に関する二つの力作が、長きに亘ってその不可欠の柱となるのは疑いない。

（1）レビューとして、真田尚剛「防衛省・自衛隊関係文書から見た日本の安全保障政策史」『防衛学研究』五八号、二〇一八年三月、吉田真吾、中島信吾「防衛政策史とオーラル・ヒストリー」同上。

（2）最新の著書として、千々和泰明『安全保障と防衛力の戦後史』千倉書房、二〇二一年。

（3）さしあたり、吉田真吾「歪な制度化」『近畿大学法学』六五巻二号、二〇一七年一一月、一二五―一二六、一三一―一三三頁。

（4）さしあたり、同上、一二八―一四〇、一五六―一七一頁。

（5）*FRUS*, 1952–1954, Vol. XIV, Part 2, Docs. 719–720. 米国の計画については、植村秀樹『再軍備の五五年体制』木鐸社、一九九五年、三章。

（6）類似した概念として、植村、前掲書が提示した「再軍備の五五年体制」がある。

（7）CINCPAC, *Command History*, 1973 <https://nautilus.org/wp-content/uploads/2012/01/c_seventythree.pdf>, pp. 164–165; National Security Archive, ed., *Digital National Security Archive* [*DNSA*], Doc. JA00063.

（8）*DNSA*, Doc. JU01825.

（9）さしあたり、千々和、前掲書、七頁。

（10）吉田、中島、前掲論文、九八頁。

（11）課題については、同上、一〇五―一〇六頁も参照。

（12）レビューとして、同上、九八―一〇一頁。

〔付記〕二〇二二年九月三〇日脱稿。

（よしだ　しんご　近畿大学）

日本国際政治学会編『国際政治』第214号「地球環境ガバナンス研究の最先端」(二〇二五年一月)

〈書評論文〉

敗戦国の経済的包摂/参加をめぐるディレンマ

浅井良夫著『IMF八条国移行——貿易・為替自由化の政治経済史』(日本経済評論社、二〇一五年、五一六頁)

高橋和宏著『ドル防衛と日米関係——高度成長期日本の経済外交 1959~1969年』(千倉書房、二〇一八年、二九八頁)

前田亮介

戦後日本外交史研究において日米関係は格別の重みを占めるが、安全保障に比べて経済、とくに専門性の高い通貨や為替の問題については、立ち入った考察がまだきわめて少ないのが現状である(1)。一九六八年まで「国際収支の天井」が存在したことはよく知られていても、それが戦後日本(外交)のアイデンティティや政策構想、対外政策決定過程のパターンをどのように特徴づけるのか、その際、通常の外交史とどのように異質なアクターの参入や争点の浮上があり、どのような対立が展開されるのか、合意形成に働くリーダーシップとはいかなるものなのか、といった疑問に答えるのは容易ではない。そもそも、戦後処理を柱とする「敗戦国の外交(2)」を豊かに論じてきた外交史研究の厚い蓄積をふまえれば、経済争点でも賠償問題にまず注目するのが正着なのかもしれない。

しかし、ここにとりあげる二つの優れた歴史書はともに、「敗戦国」日本を深く拘束し、方向づけ、やがて「先進国」や「経済大国」の外交をも準備した国際収支問題の政治力学を析出することで、経済外交独自のダイナミズムを浮かび上がらせることに見事に成功している。類書にない広い視野で第二次大戦後のグローバルな文脈に即した分析枠組みを設定し、他の追随を許さない水準の未公刊史料と二次文献の渉猟でそれを裏づけている。登場するアクターも外務省―国務省・大使館はもちろん、大蔵省―財務省、日銀、通産省、経済企画庁、農林省、防衛庁―国防総省、さらにＩＭＦや世界銀行まで実に多様である。戦前の政治外交史が専門で、大蔵省にも関心をもつ評者は、国際収支問題をめぐる政府間／内交渉の濃密な叙述に圧倒されながら多くの示唆を得ることができた。

対象時期の時系列に沿って、経済史家・浅井良夫の『ＩＭＦ八条国移行』の内容から紹介していきたい。「政治経済史」をサブタイトルで掲げる浩瀚な本書の目次は以下の通りである。

序　章　ブレトンウッズ体制と日本
第1部　ブレトンウッズ体制への包摂――一九四九～五二年
第1章　三六〇円レートの設定
第2章　戦後為替管理の成立
第3章　ＩＭＦへの加盟
第2部　分断された為替圏と外貨危機――一九五二～五八年
第4章　一九五三～五四年の外貨危機
第5章　スターリング地域とオープン勘定地域
第6章　一九五七年の外貨危機
第3部　貿易・為替自由化――一九五九～六四年
第7章　貿易・為替自由化の促進
第8章　自由化の繰上げと外貨危機
第9章　八条国への移行とＯＥＣＤ加盟
終　章　本書の総括

序章では、一九四九年四月の一ドル三六〇円レートの設定から一九六四年四月のＩＭＦ八条国移行までの一五年間の日本の対外経済関係史を論じる前提として、①「埋め込まれた自由主義」（ラギー）とも評されるように、ブレトンウッズ体制はその誕生から崩壊まで（a）加盟国の自律的な経済政策の容認と（b）開放的な自由貿易の追求という相矛盾する目的の対立と調整の歴史だったこと、②そうした「妥協」の帰結として制度化が進んでいく事情を反映して、金為替本位制の残存、英ポンドの存在感、発展途上国と先進国の未分化など、「体制」としては過渡的な性格が（とくに一九五〇年代には）強かったことをまず確認している。年次開催のコンサルテーションや経済政策目標を課した融資を介して漸進的な貿易・為替自由化を求めるＩＭＦに対し、日本は貿易・為替の一体管理を推進すべく政府に外貨を集中させ、外貨予算制度を創設した。外貨予算は為替制限の象徴であり、平時は通産省の産業政策に、外貨危機時は危機への対処に資したが、ＩＭＦ八条国への移行とはトレード・オフの関係にあった。こうした戦後復興期の日本の国内均衡と対外均衡の相克のドラマを、調整機関を任じるＩＭＦとの関係を軸にグローバルな政治経済史として立体的に再現したのが本書である。

第1部は、一九五二年八月のＩＭＦ・世界銀行加盟に先立つ日本の国際経済秩序への復帰を、初期ブレトンウッズ体制への段階的な「包摂」として描きだしている。戦後日本経済は絶対的な供給不足の状態だったため、米国の経済援助や特需を前提とする三六〇円レートの維持と「世界に冠たる」厳格な戦後為替管理の確立とが、貿易・為替自由化を理念とするはずのＩＭＦの承認・助言のもとで進められた。戦後復興期特有のこうした「パラドックス」（三八三頁）に、著者はブレトンウッズ体制で為替安定の要請と主権国家の経済政策の間に内在しつづけた「矛盾」の現われを見出している。

第2部は、独立を回復した一九五〇年代前半、日本の最大の課題となった「経済自立」をめぐる困難とその脱却の過程を分析している。日本経済の対外的な弱点は、経常収支の赤字が米国の日本での軍事支出（特需）で補われる構造にあり、特需の減少を前提に経常収支の均衡を達成する必要があった。しかし、敗戦による円ブロックの崩壊と冷戦による中国貿易の途絶、さらに東南アジア地域がスターリング圏に属したことから、ブレトンウッズ体制下の日本経済は当初孤立してしまう。ただ日本経済の脆弱性が外貨危機として顕在化する中、日本は米国やＩＭＦ、アジア諸国と交渉を重ねつつ五〇年代後半に特需なき「経済自立」を達成し、貿易拡大を阻害してきた為替圏の分断も前後して解消された。ここに高度成長と自由化の整合性が本格的に問われる六〇年代が準備されることになる。

第3部は、ブレトンウッズ体制の目標である貿易・為替自由化への米国の対日圧力が、①西欧諸国のＩＭＦ八条国移行準備の進展、②西欧諸国の復興の帰結としてのドル不安、を背景として一九五九年から強まり、高度成長下の日本が国内調整に苦慮しつつも対外関係への配慮から、急速な自由化に舵を切る経緯を跡づけている。一連の施策が西欧と比べても短期間で集中的に実施されたように、強固な為替規制で国内市場を海外市場から遮断してきた従来の経済政策は大転換を迫られた（日本の貿易自由化率は五九年の四〇％から六四年までに九三％に上昇する）のであり、著者は六〇年からの四年間で自由化が「一応の完成の域」（三八七頁）に達したと評価している。こうして六〇年代の日本は先進国間協調の一角を新たに担う一方、ＩＭＦの政策と矛盾しない輸出促進政策を確立し、成長政策を引き続き追求する態勢を整えた。

終章では、ブレトンウッズ体制があくまで「主権国家の強固な枠組みを前提とした国際的なシステム」であり、「第二次世界大戦後の国民経済の再興期に適合した国際通貨システム」だったこと、しかし米国自身が抱える緊張は他国のようにシステム内で調整できず、ブレトンウッズ体制自体の破壊（ドル・ショック）によってしか解決できなかったことを、再確認している。そして、ブレトンウッズ体制が前提とした各国の資本規制の壁を崩壊させ、資本移動も自由化させた八〇年代からの金融のグローバル化が、アジアでの新興工業国の台頭という地殻変動とともに、先進国では一国的な福祉国家モデルの行き詰まりをもたらした両義性に言及し、国内外での均衡を実現させうる新しい国際通貨システムの構築はいまだ模索段階にとどまるとの展望を示して、本書を締めくくっている。

以上のような浅井の議論の前提として最初に共有しておきたいのは、そのニュアンスに富むブレトンウッズ体制の位置づけである。今日ブレトンウッズ体制は「成功体験」とみなされることも多いが、浅井によればこの体制は長くとっても二五年間にすぎず、IMF協定がほぼ完全に履行された期間に限れば、一九五八年一二月から六八年三月まで九年間にすぎない。かくも短期間の金ドル本位制を「体制」と呼びうるか、と根本的な問いかけを行う浅井は、アンドリュース（David M. Andrews）のようにブレトンウッズ「秩序」の範囲を今日まで拡張する方向は選ばない。むしろ九年ないし二五年という時限性を引き受け、狭義の定義ではこぼれおちてしまう同時代の諸要因も広く「体制」の要件に盛り込むことで、第二次大戦後前半期の国際経済秩序を歴史研究の対象として再生させる[3]。本書が標榜する「包括的な歴史叙述」（五〇五頁）[4]も、この時限性のなかでの戦線拡大の狙いと関わっている。

浅井は「政治経済史」と題した意図に本書で触れていないため、命名の含意や背景は推測するほかないが[5]、「包括」の志向はひとつには政治外交史の、いまひとつには経済史の叙述に飽きたらない著者の不満と野心の現れと評者は考える。浅井は日本政治外交史の分野で参照されつづける劃期的な論文の末尾で、かつて次のような警句を発していた[6]。

外交史・政治史の研究者は、吉田茂の「商人的政治観」（高坂正堯）と高度成長政策とを同一視しがちである。しかし、吉田政権の特需・援助依存型の経済政策は，高度成長政策とは異質であり、吉田の政策の延長線上に高度成長が存在するわけではない。

「外交史・政治史の研究者」がときに粗雑に同一視してしまう、個々の経済政策（担当者）の「政策思想」の鮮やかな分節化は、長年の浅井の独壇場である[7]。こうした制度化以前の「諸構想の角逐と妥協」[8]の解釈には、たしかに外交史家の作法に収斂しない経済史的文脈の把握が必要だろう。本書でも、積極政策派と対峙した安定政策派（三九二頁）の存在感や、「輸出第一主義」や「金融正常化」論（二三九、三三四頁）とIMFの「ヤコブソン路線」（七頁）の潜在的な緊張、ヤコブソンの「メタリズム」と「ケインズ主義政策思想」の対立の国内での再演（七七頁）といった副旋律の析出が、叙述に厚みを加えている。IMF流の対外援助の源流たるドッジ・ラインが、通説と異なり緊縮政策と円安レートのパッケージだったという知見（三九〇頁）の重要性も、重ねて強調すべきである[9]。

他方で、著者が標準的な経済（政策）史とは大きく異なる地平に立っていることも、付言しておきたい。たとえば経済史分野での戦後経済政策史の先達について、「政策の目的合理性に拘泥し過ぎているように思われる。現実には、政策が制定者の意図を離れて別の意味を持つことも稀ではないし、そもそも、政策担当者の意図も、非軍事化とか民主化とかいう曖昧で広い目的の場合には、複雑で多様な意味を持つ」と浅井が批判しているのは[10]、きわめて示唆的である。評者のみるところ、経済政策の意図と帰結のあいだのアイロニーに鋭敏な歴史叙述のためには、経済史の外部領域の開拓が必要であるが、浅井は経済政策について官僚・産業界に加えて政党の役割を重視しており[11]、本書にも著者の政党政治――ただし「固有の政党史」より「政治経済史的」なそれ[12]――への関心が随所に反映されている。通産省通商局が省内の原局や業界を抑えつつ自由化への転換を進めた過程を、池田勇人大臣のリーダーシップと重ね合わせて明らかにした部分（一三八・二〇八・二五四・三一四・四五七頁）は、その白眉の一つだろう。

もっとも、本書では独立後の日本外交の中心にいた外務省の影は意外なほど希薄である。西側の自由化の波への外務省経済局の予測の鈍さも指摘され（二四五頁）、次にみる『ドル防衛と日米関係』の著者が同局に「ナショナリズムの調整弁[13]」という重要な役割を認めていることと好対照をなす。たしかに通貨は大蔵省が専管し、貿易は通産省をはじめ経済官庁が掌握することに鑑みれば、「対外経済関係」（二頁）の「包括的な歴史叙述」を自然に描くと、外務省は周辺的アクターとして自然に後景に退いてしまうのかもしれない。おそらく、経済外交における外務省独自の役割を定位するには、外交史の手法を自覚的に導入しつつ、外交史家が一般に不得手とする経済の論理に通暁する必要があるのである。その離れ業を成し遂げたのが高橋和宏の近著である。高橋は浅井が「一応の完成」とみなした一九五九年からの貿易自由化を、むしろ日本外交の新たな「葛藤」の起点と捉え、その後の一〇年間で日米同盟が経験した「成熟」と「陥穽」を主題化した。目次は以下の通り。

序　章　国際収支をめぐる日米関係の構図
第一章　貿易自由化の葛藤――一九五九～一九六二年
第二章　利子平衡税の相克――一九六三～一九六五年
第三章　東南アジア開発とベトナム戦争の連関――一九六五～一九六六年
第四章　日米「軍事オフセット」交渉の展開――一九六二～一九六七年
第五章　沖縄返還とドル防衛の連関――一九六七～一九六九年
終　章　「経済大国化」とドル防衛をめぐる日米関係

序章では、外交課題としての国際収支という本書の基本的な視点を、日米関係史の文脈に位置づけている。日本は、国際収支の悪化が緊縮政策を帰結する「国際収支の天井」に直面しつつ経済成長という「国民的悲願」を実現させることに経済外交の戦略的課題を設定したが、米国からのドル流出をベトナム特需で享受したのも相まって、西側同盟内におけるドル防衛問題に対応を迫られることになる。そして日米両国の「経済・安全保障政策の根幹にかかわる」（二四頁）国際収支問題の特質ゆえに、高度成長とドル防衛の二つの政策課題には原理的に「対立的な関係性」（二四三頁）があったにもかかわらず、外貨準備を用いた国際収支協力という現在にいたる枠組みが築かれ、日米関係は相互補完的な構図へと再編されていく。外交史家らしく著者はこの変容が機械的・構造的な予定調和の産物ではなく、政府間交渉や政府内政治で摩擦や衝突を繰り返す中で合意を形成する「有機的」な過程だったことを強調し、とくに本書独自の切り口としてドル防衛協力の「領域横断性」を挙げている。すなわち高度成長期の日米関係では、貿易収支協力（第一章、第五章）、軍事収支協力（第四章、第五章）、移転収支協力（＝援助負担分担。第三章、第五章）、資本収支協力（第二章、第四章、第五章）の四争点が冷戦戦略として互いに連関する一つの問題群をなしていた。この領域横断性がアクターの多元化と交渉ロジックの複雑化をもたらすとともに、本来別個の収支項目を横断しての協力や譲歩も可能ならしめたのである。

第一章では、ドル防衛協力交渉の第一フェイズとして一九六〇年前後の貿易自由化交渉をとりあげ、「外交と内政との連立方程式の……均衡解」（二六頁）として、自由貿易主義の重要性への認識が外務省と米国在京大使館で共有される過程を明らかにしている。国内の保護主義を抑制しつつ安定した岸政権との関係強化をめざしたマッカーサー大使に共鳴し、GATT東京総会の前から自由化論に転換した外務省（経済局）は、ドル差別撤廃問題で大蔵省（為替局）と共闘するも、通産・農林両省の反発、さらに岸政権の体力低下で自由化の気運は萎んでしまう。ただ続く池田政権では、六〇年一一月のドル防衛指令の発表を機に、ドル防衛協力と貿易自由化を結びつける外務省と、日本を西欧とならぶ主要な協力相手とみるケネディ政権の姿勢とが共振し、外務省は日本外交の基軸として自由貿易主義をいわば内面化・規範化した。

貿易収支協力面での「濃密な交渉」（五六、九〇頁）は資本収支協力面にも継承された。第二章では、ケネディ政権が資本収支のドル防衛として六三年七月に公表した利子平衡税をめぐる日米交渉から、国際金融体制と経済成長の相克が克服される過程を跡づけている。池田政権は当初、「ケネディ・ショック」に対して対米関係の不安定化を示唆する「弱者の恫喝」（七七頁）に傾斜した。ただ、米国のグローバルな政策意図を説得しうる論理の必要を認識した外務省の旗振りで、日米財務当局間の調整が政治的着地点（世銀の対日借款など）を念頭に開始される。外務・大蔵両省の努力が実り、六五年二月のジョンソン大統領の教書発表では対日課税免除が決定され、続く日米合作の田中蔵相談話によってドル防衛にむけた認識の共有が対外的に表明された。以上の外交を、著者は国際収支政策において従来の一方的な対米依存から日本が脱却し、グローバルな国際金融体制の一員として共通の課題に対処していく転換点になったと評価している。

しかし、池田政権期まで十分な意思疎通と役割分担を進めてきた外務省・大蔵省の関係は、佐藤栄作の政治スタイルもあり不協和音が生じていく。第三章では、六五年二月から米国が介入したベトナム戦争と東南アジア開発問題が交錯する「乱気流」（二四七頁）の中、日米関係が移転収支協力の側面で錯綜する経緯を描いている。地域主義に機敏に反応した外務省が機能主義的な開発援助枠組みを洗練させ、これに米国在京大使館が日米の緊張緩和への期待を寄せたのに対し、成長の果実を援助に転化する政策思考を欠いた官邸・大蔵省は、米国側と相互不信を強めていった。ベトナム政策をめぐる日米間の溝は、日本の「想像力と指導力」(一二〇頁)を引き出すべく米大統領が佐藤に圧力を加え、外務省も対米安心供与に努めたことでいったん解消に向かう。ここに外務省は冷戦の影を排除した援助推進と日米協調を結合した「政策論理」を大蔵省の了解で確立させるも、「理想的な方程式」(一三八頁)は楽観にすぎなかった。米国は「迂遠な協調関係」(同)より直接的な軍事収支・資本収支上の協力を日本側に求めていくのである。

第四章では、国防予算の急増による国際収支悪化に苦しむ米国が一九六〇年代半ばからドル防衛策として重視した対日軍事オフセット交渉をとりあげ、軍事収支・資本収支両協力のパッケージで日米関係を強化するとの「均衡解」が、財務当局間で模索される過程を分析している。ベトナム特需(による軍事収支赤字の拡大)を理由に、特需国からのドル回収というグローバルな同盟政策の一環たるドル防衛協力が本格的に要請されると、米国の軍事支出に見合う日本政府のドル資産を長期化するトルード・アレンジメントの枠組みが日米財務当局間でまず重視された。これは専管事項の外貨準備の運用を通じて他省庁や国会をバイパスできる点で大蔵省にもメリットが大きかったのである。しかし米国は、自国装備品の輸出拡大をめざす財務省の強硬姿勢を皮切りに、関係省庁の意思統一に基づく対日軍事オフセット交渉論理を再構築し、「日米金融同盟」構想を軸とする画期的なファウラー提案がここに登場する。従来の粉飾的手法にとどまらない中期債の購入を主要交渉課題とした上、両国議会を巻きこんで日米同盟に金融という新たな次元を加えるこの米国の新方針は、前例踏襲を望む大蔵省を困惑させることになる。

第五章では、ドル防衛協力に関する財源・権限・交渉ルートの独占を守ろうとする大蔵省の巻き返しを、一九六七年後半から六九年一一月までの沖縄返還交渉を通じて再検証する。ほぼすべての国際収支協力が争点となっており、「真摯な対話を繰り広げる群像劇」(二五五頁)の大詰めにふさわしい内容となっている。「日米金融同盟」構想を政権として推進する米国の不満を受け、第一に大統領も期待した沖縄返還問題と国際収支問題のリンケージが、第二に停滞していた貿易自由化問題の再活性化が代替案として目指されたものの、日本側のストーブパイプスが一因となり頓挫してしまう。結局、六八年四月を境とする「国際収支の天井」からの解放という外在的な要因で事態は動いた。こうしてドル防衛問題は再び財務当局間の技術的交渉に回帰し、ファウラー提案の射程は失われていく。秘密主義的な大蔵省の経済外交が民主的統制を欠いたことの負の作用は、内政にとどまらなかった。「天井」の消失にかかわらず貿易自由化は停滞し、金融面でも保護主義傾向が高まる「パラドックス」(二五二頁)が生じたとき、貿易黒字基調の享受と安保「ただ乗り」を続ける日本への不信は米国内に「鬱積」(二二〇頁)していった。

終章では、領域横断性という本書の分析枠組みに即して一九六〇年代のドル防衛協力を通観した上で、日米関係史に再定位している。国際収支協力を拘束するさまざまな逆調の中、困難な「均衡解」を模索した日米両国は、外貨準備の非公開運用による資本収支協力という「帰着点」に到達する。著者は、この到達が日米同盟に軍事的次元を越えた「重層化」をもたらした部分を評価しつつも、省庁の縦割りを重視する佐藤政権の特徴から米独間のような国民への説得を欠いたこと、それは権限も財源も持たずに「論理力」でグローバルな経済外交理念を磨き上げた外務省の後景化とパラレルだったこと、そして貿易と防衛負担に関する摩擦を長く残すことになったこと、の苦い含意を最後に確認している。

本書の第一の貢献は、なんといっても領域横断性の発見だろう。高橋には同時期のアジア太平洋経済外交を論じた未公刊の博士論文があり、そこでは研究史が見落としてきた複数の視角＝「プリズム」の組み合わせがもたらす問題発見作用が強調されていた[14]。こうした新奇な問題発見を成し遂げる手際の鮮やかさは、「連関」の語が頻出する本書にも共通する。評者は各政策論理の明晰な解析とともに、異質な政策領域と接続されたために議論が複雑化し錯綜する不透明な過程の再構成にも感銘を受けた。しかも各パッケージの同時代的な説得力の有無や「自然さ」の濃淡も描き分けなければならない。領域横断性を発見し、かつ適切に論じるには、著者自身の卓越した領域横断力がまず必要だったと思われる。

第二に、日本の対外政策決定過程の再構成の見事さである。高橋には「合理的なアクター」が理路整然と「最適解」を導きだす「成功物語」に収斂しない歴史叙述への共感があり[15]、長期政権たる佐藤政権下のストーブパイプスとそこに浮かび上がる佐藤のリーダーシップの析出は、池田のそれとの対比を含め、本書の最も優れた部分の一つだろう。停滞を魅力的に描くことを歴史家は一般に得意としないが、著者は「失われた可能性の喪失」といった論じ方とは異なる理路で停滞に迫るべく、「合理的なアクター」と「最適解」のあいだを主題化したともいえようか。その際カギとなるのは、本書が論理力（経済局）や構想力（経済協力局）を備えた外務省のみならず、大蔵省についても外務省外交の拒否権プレイヤー的な役回りにとどまらないニュアンス豊かな評価をおこなっていることである。大蔵省は池田政権下では貿易自由化でも利子平衡税問題でも外務省と連携しており、両省の分岐が進んだ東南アジア開発問題でも福田赳夫には独自の構想の余地があった（一一九、一二三頁、一三〇頁）。さらにニクソン政権期の大蔵省が、貿易収支均衡や防衛への日米交渉の論点拡大を「歓迎」し、ドル防衛協力のあり方を見直す認識を深めていたことに、著者は注意を促している（二二一頁）。防衛についても会計的観点以上の「政策判断能力」（一九三頁）を付与したように、領域横断性は大蔵省を成長させた一面もあった。著者は経済外交を外務省中心に描く限界、そして外務省自身の視野の限界（二五六頁）に、十分に自覚的なのである。

第三に、これは本書に触発されてのことだが、内政の作用が経済外交に占める意味である。浅井書における日本の包摂のディレンマがＩＭＦの理念と為替管理の間にあったのに対し、本書における参加のディレンマは、グローバルな国際金融体制の一員（「経済大国」）としての参加と、敗戦国としての戦後処理（東南アジア援助、ベトナム和平仲介、沖縄返還）型の参加の間に置かれている。ややねじれているのは、政策意図を議会・同盟国・世界に（ある程度）オープンに説明する外交が、前者より後者でむしろ定着したことだろう。第五章で、貿易収支面のドル防衛策（外務省・通産省）が、外務省なら受け入れただろう資本収支面の「日米金融同盟」と並行・競合して登場したことは（二一四、二二六頁）、象徴的である。この点、著者は外圧すら歓迎した外務省の自由貿易理念が、グローバルな秩序に責任をもつ「経済大国」化を準備したことを示唆するが、そもそも貿易自由化は多元的調整を要する上に「ゼロサム的」（二四五頁）交渉に陥りやすい。外務省が外圧を歓迎したのも、内政面の弱さと難しさが大きかったはずである。この点、先進国間協調の環境を整備して「貿易立国」論に落とし込み、社会に「おおらかなナショナリズム」（二〇一頁）を根づかせた池田政権の〝成功〟は、例外的なものだったのかもしれない。

もっとも、先進国間協調が当初はらんでいた困難も高橋は知悉しており、南北問題が提起されたとき、「秩序維持国家群」＝西側諸国が池田政権含めそれぞれに「自己本位的な態度」に終始し、「新興国家群」をめぐる戦後国際経済秩序の設計に後ろ向きとなっていく構図を別の論考で描いている(16)。予定調和的説明を峻拒するがゆえの陰影は本書にも垣間見える。著者には一見順調に進んだ高度成長期の日本外交の迷いやすれ違いを繊細にとらえる視線がある。たとえば「負担分担」は沖縄返還とドル防衛を連関させうる論理で、日米交渉の促進にも停滞にも作用するが、そうした曖昧さは正の面以上に「外からの期待と自己認識とのギャップのすり合わせの過程で多くの摩擦を生起」してしまう(17)。本書でも描かれる日米の「ギャップ」（二〇六、二一六頁）も、自己像やアイデンティティが原動力となっている。この日本外交の実存ともいうべき主題は、著者の長く基幹的な問いである。先述の博士論文も、戦後日本が先進国と後進国の間の「中進国」の曖昧さに苦しみ、いったんは経済外交理念と結びつけたもののこれに失敗し、その後は南北問題への関与を通じて「先進国」意識の完成をめざすも、今度は経済的実態の「中進国性」に制約されて「中進国」と「先進国」のはざまで葛藤を余儀なくされる、自己像をめぐる懊悩の歴史を記した(18)。

他方、自己像に苦しんだのはおそらく米国も同様だった。日本の貿易・為替自由化への急旋回が始まった当時、若き中村隆英は、岸が進める安保改定の「お土産」という理解や米国への経済的従属が強まるといった拙速な評価を退けつつ、米民間資本の海外流出やそれを受けたドル防衛政策に、超大国が自国の未来に抱く「不安の告白」を見出した(19)。さらに一九七一年のドル・ショック翌年には、金本位制の維持と民間投資収益の増大がウィン・ウィン関係にあった一九世紀の英国と異なり、政府主導で世界の復興と高成長を進めた米国の場合、ブレトンウッズ体制を維持するには自国の相対的優位を切り崩すほかなく、維持しようとするほど国際収支面の苦悩が深まっていくアイロニーを指摘し、日本は「ワキ役」から脱して「ヒビの入った国際通貨体制を支えていく」ことが発展への道だと論じた(20)。

本稿がとりあげた二冊は、超大国による経済的生存の「不安の告白」に、かつての交戦国かつ敗戦国が向き合っていく入り組んだ過程を前後一〇年超のスパンで描いてきた。このような「不安」の衝突の解決は容易ではありえない。ただ冷戦終結に際し、日本の「最悪のシナリオ」として恐れられた「新しい経済的結合による古い政治同盟の切崩しという事態」[21]が生じることはなかった。それはブレトンウッズ体制とそれ以降の先進国間協調の枠組みのもと「重層化」した層がいっそう厚みを増したためであろう。とすれば一九七〇年代からの経済外交の激動の時代、すなわち一方で貿易摩擦が慢性的に噴出し、他方でドル・ショックから八五年のプラザ合意までに大蔵省の通貨外交が成熟するポスト高度成長期、「古い政治同盟」への「新しい経済的結合」のビルトインが、どのような問題対応の帰結として実現したのかが、新たな問いとなる。戦後復興期の「政策理念」や高度成長期の「政策思考」の遺産は、そこにどのように作用したのか。浅井と高橋の仕事は新しい古典として、今後進むだろうドル・ショック後の日本外交史研究も長く方向づけていくはずである。

(1) 先駆的業績である石井修『冷戦と日米関係』(ジャパンタイムズ、一九八九)の主たる対象は貿易である。他方で、通貨に注目したジャーナリストの仕事は一九七〇~八〇年代の分析に集中している。塩田潮『霞が関が震えた日』(サイマル出版会、一九八三)、船橋洋一『通貨烈烈』(朝日新聞社、一九八八)、西野智彦『ドキュメント 通貨失政』(岩波書店、二〇二二)。

(2) 白鳥潤一郎「「戦後外交」の再検討」(松浦正孝編『「戦後日本」とは何だったのか』ミネルヴァ書房、二〇二四)。

(3) 浅井良夫「ブレトンウッズ体制の成立と変容」(資本主義委員会第8回、二〇一八 (https://www.nikkeicho.or.jp/new_wp/wp-content/uploads/shihon8_asai_gizi.pdf〟 最終閲覧:二〇二二年七月二三日)一頁。

(4) 本書にも登場する渡辺誠は、一九五〇年一一月「為替管理、それは単なる為替の売買にたいする技術的統制を意味するものではなく国際貿易、国際金融に関する政策、すなわち対外経済政策一般を包含するものである」としている(『為替管理回想』外国為替貿易研究会、一九六三、八八頁。傍点は前田)。本書の「為替管理」期理解もこの包含性を意識したものと思われる。

(5) 浅井良夫「政治経済史の復権」(『年報現代史』二六、二〇二一)を参照。

(6) 浅井良夫「一九五〇年代前半における外資導入問題」下(『成城大學經濟研究』一五六、二〇〇二)一九九頁。

(7) 浅井良夫「従属帝国主義から自立帝国主義へ」(『歴史学研究』五一一、一九八二)。同「書評 岩田規久男編著『昭和恐慌の研究』」(『経済学史研究』四八—一、二〇〇六)一五三頁。

(8) 浅井良夫「一九二七年銀行法から戦後金融制度改革へ」(同ほか編『金融危機と革新』日本経済評論社、二〇〇〇)一五五頁。「妥協」と「制度化」の関係については本書三頁も参照。

(9) 著者はドッジ・ラインやマーシャル・プランを「IMFコンディショナリティーの原型」とみる視点を早くから示している。浅井「戦後インフレとドッジ・ライン」(『エコノミスト』七一—二一、一九九三)九九頁。本書五八頁も参照。

(10) 浅井良夫「書評 三和良一著『日本占領の経済政策史的研究』」(『歴史と経済』四六—二、二〇〇四)三七頁。

(11) 浅井良夫「高度成長期をどうとらえるか」(『世界』七四三、二〇〇五)一〇七頁。

(12) 浅井良夫「書評　中北浩爾著『一九五五年体制の成立』」(『歴史と経済』一九二、二〇〇六) 六〇頁。
(13) 高橋和宏「池田政権期における貿易自由化とナショナリズム」(『国際政治』一七〇、二〇一二) 四七頁。
(14) 高橋和宏「「地域主義」と南北問題」(筑波大学博士論文 (国際政治経済学)、二〇〇三) 五頁。
(15) 高橋和宏「Book Review 川名晋史『基地の消長 1968–1973』」(『外交』六三、二〇二〇)。
(16) 高橋和宏「南北問題と戦後国際経済秩序」(『国際政治』一八三、二〇一六) 七〇頁。
(17) 高橋和宏「ドル防衛と沖縄返還をめぐる日米関係　一九六七—一九六九」(『防衛大学校紀要　人文科学分冊』一〇九、二〇一四) 一一—二一、二二六頁。
(18) 前掲、高橋「「地域主義」と南北問題」三一八—三二〇頁。
(19) 中村隆英「自由化と日米関係」(『世界』一七四、一九六〇) 七三頁。同「開放体制下の日本経済」(『世界』二一六、一九六三) 四三、四六頁。
(20) 中村隆英「「金解禁」から「円切り上げ」まで」(『世界』三二六、一九七三) 二一〇、二一八頁。
(21) 渡邉昭夫「日本の経済外交に求められる構想力」(『中央公論』一〇四—五、一九八九) 一〇五頁。

〔付記〕本研究はＪＳＰＳ科研費 20K13166 の助成を受けたものです。

(まえだ　りょうすけ　東京大学)

書評

アミタフ・アチャリヤ著

『ＡＳＥＡＮと地域秩序――東南アジアにおける安全共同体再訪』

（Amitav Acharya, *ASEAN and Regional Order: Revisiting Security Community in Southeast Asia*, Oxford and New York: Routledge, 2021, 144 pp.）

湯川　拓

東南アジア諸国連合（ＡＳＥＡＮ）は発足から五五年以上を経過し、その間にメンバーも機能も達成も評価も劇的に変動してきた。本書の著者であり代表的なＡＳＥＡＮ研究者であるアチャリヤは、二〇〇一年に出版した*Constructing a Security Community in Southeast Asia*（以下、「前著」）においてそのようなＡＳＥＡＮの動態を規範や社会化、集合的アイデンティティなどの構成主義の分析概念の下、「萌芽的安全共同体」（nascent security community）の形成へと至る道として描いてみせた。ＡＳＥＡＮにおいて規範の下での相互作用を通して我々意識を醸成し平和を達成した、というわけである。この「安全共同体」とは紛争や政治的緊張があろうともそれが武力によって解決されることが想定されていない集合を意味する。

その筆者が、前著から二〇年後、副題に「安全共同体再訪」と銘打って、直近一〇年ほどのＡＳＥＡＮが直面する課題について分析したのが本書である。第一章「ＡＳＥＡＮの長い平和？」では、まず本書の分析概念が整理される。それらは規範やアイデンティティなどの構成主義的な道具立てであり、基本的に前著のものを踏襲している。ただ、本書ではその問題意識を反映して、ＡＳＥＡＮを安全共同体からより競合的な国際関係へと後退させうる三つの主要因が予め提示されている。すなわち、①域内の不調和、②中国の台頭をはじめとする域外関係、③（機構としての）制度的能力の不足、の三点である。

同章では、続いてＡＳＥＡＮの歴史を簡単に振り返る。その時期区分において、「第三期」にあたる一九八九年から一九九七年が「黄金時代」と呼ばれ、直近の二〇〇八年の金融危機以降の「第五期」には「地政学の復活と期待の危機」というラベルが与えられている。そして、この第五期が本書の主たる分析対象となっており、諸問題に対して地域機構としてのＡＳＥＡＮが見せるパフォーマンスを網羅的に検討していくというのが本書の基本的な問題意識である。

第二章「地域内関係の安定化」ではＡＳＥＡＮ域内の関係性とその発展が扱われる。具体的には、加盟国間の紛争、軍備競争、非伝統的安全保障（環境安全保障、人口問題等）、経済安全保障、国内政治とその安定、人権問題、ASEAN共同体構築の試み、ASEANアイデンティティ、新型コロナウイルスへの対応が説明される。

第三章「大国間対立への応答」では、近年のASEANの対外的・戦略的環境を激変させた米中対立を中心とする大国間の競合が扱われる。具体的には、中国については南シナ海問題や一帯一路への対応がASEAN加盟国間で異なる一方で、アメリカについてはトランプ政権の対アジア政策が関与への信頼性を損なったことが指摘される。その後、QUADの枠組みに触れる中で日豪印について記述した後、ASEANは特定の勢力に過度に組みしない「ヘッジング」の戦略がとられてきておりそれは当面のところ継続していくであろうという見込みが述べられる。

第四章「多国間主義をつなぎとめる：アジア太平洋からインド太平洋へ」では、ASEAN地域フォーラム（ARF）やASEAN+3、東アジアサミットといったASEAN主導の広域的な多国間枠組みの成果と限界が整理される。特に広域秩序におけるいわゆる「ASEAN中心性」が挑戦されつつあることは重視されており、その背景としてASEAN加盟国内の一体性の低下、中国からの積極的な働きかけ、アメリカ主導のリベラル国際秩序の後退、アジア太平洋からインド太平洋へのシフト、等が挙げられる。

結論部にあたる第五章「ASEANの未来」では、ASEANが東南アジア地域の安定の鍵となり続けるであろうという展望を述べた上で、中心性を維持できるか否かが課題であるとされる。その際、ASEANに代わって地域をまとめる勢力が存在しないことが大きなアドバンテージであるものの、加盟国内での一体性を保つことが肝要となる。

以上が本書の概要である。その分量の少なさも相俟って、本書は「概説書」として読まれていくのではないかと思われる（もっとも、それ自体は多分に筆者の意図するところであろうという意味で本書の価値を損なうものではない）。というのも第一に、特定の理論枠組みに沿って分析するというよりは、諸問題が並列的に配置されそこに短評を加えていくというスタイルになっている。分析枠組みとして冒頭で提示された構成主義的要因は時折若干の言及はなされるものの、その影響について実証的な分析が施されているとは言い難い。

第二に、並べられる個々の課題について、記述あるいは分析自体はあくまで手短にまとめられており、読者は概況を掴むに留まる。また、取り上げられている課題の選択についても、後述するように近年のASEAN研究ではその課題を列挙するものが多いが、そこで定番的に並べられるものと凡そ共通しており、既視感がある。もっとも、時に筆者はASEANの対外戦略で「脱ヘッジング」のような潮流は見られないことや（九三頁）、ASEAN側はインド太平洋という構想に一定程度効果的に適応していること（一一八頁）など、いわゆる「ASEAN専門家」とは異なる見解を自らが有しているのだと力説する箇所もあり、全てが平板な記述に留まっているというわけではない。

裏返せば、本書はコンパクトであるがゆえに地域機構としてのA

SEANの現地点を把握するには良書と言える。ただ、その概説的な性格を考えると、ここで通常の書評のように分析の物足りなさや論じてほしかった点を指摘するのもさほど生産的な試みとは言えない。したがって、本稿では概説的ではあってもなお本書に特徴的と言える点を見出していきたい。その際に一つの参照点となるのが、筆者自身が「再訪」と銘打っているように、前著との比較であろう。

第一に、前著と比べるとどうしても語り口が深刻である。筆者は前著は過度に楽観的だという批判を受けたが実際には前著においても課題は強調していたのだと述べている（三頁）。確かに、前著においてもASEAN内の分断や機能不全、域外国との折衝における困難は指摘されており、私の印象としても筆者の述べることは正しい。それでも、前著が達成を称えたならば、本書が課題を並べている、という構図であるのも一定程度正しいだろう。「これらの挑戦にうまく対処できなければ、ASEANは暗く希望のない未来に直面するだろう」（一二八頁）というほどの深刻さは前著には無かった。これは前著が本書でいうところの「黄金時代」の少し後に書かれ、本書が「危機」の只中で書かれた、ということを反映している。

もっとも、それでも筆者はASEANに対して積極的な意義を見出していることも同時に強調しておきたい。近年のASEAN研究において「論争」と呼べるものを探すならば、機構としてのASEANのパフォーマンスの評価をめぐるものである。すなわち、本書でも指摘される諸問題を挙げてASEANの重要性の低下を論じる「懐疑派」とそれでもなおASEANの有用性を見出す「肯定派」の間の議論である。これ自体いささか人工的な論争であり二分法的な発想は必ずしも生産的ではないが、ここに照らせば本書は肯定派的な性格を持っている。その際の一つの特徴は度々見られる「このような危機は過去にもあったのだ」という指摘である。末尾でも「歴史を振り返ればASEANの周縁化や消滅は度々指摘されその度に誇張にすぎなかったことが指摘されてきた」（一三四頁）と述べている。

関連して、第二に、域外関係が重視されているのが前著との違いである。すなわち、前著と比べ、本書で分量としても議論のウェイトとしても重視されているのは深刻化する米中対立への対応や広域秩序における中心性の維持といった域外関係である。これにより、「安全共同体」という語はタイトルにありながらも最早本書を貫くキーワード足りえていない。あくまで基本的にではあるが「規範の下での社会化による安全共同体の構築」というストーリーは域内、すなわちASEAN加盟国間においてよりよく当てはまるものである。したがって、議論の焦点が域外関係に移ると共に「安全共同体」という視点からASEANを語る意義が薄れてしまっている。

第三に、代わりにというわけではないにせよ、本書でキーワードになっているのは広域秩序における「ASEAN中心性」である。すなわち、地域機構としてのASEANの重要性とその今後を左右するものをASEAN中心性に見出している。ASEANの規範を表す「ASEAN Way」に代わり、「ASEAN中心性」がASEAN研究の核となる概念となっていくのかもしれない。

このように、本書は危機の時代における地域機構としてのASE

ANを見る視点を明瞭に提示してくれている。それを踏まえ最後に、ASEAN研究と理論について述べたい。理論的な語り口の薄まった本書を読みつつ、かつての地域統合論における新機能主義を思い出した。新機能主義は目の前で進行しつつある欧州統合にインスパイアされたからこそ、それが七十年代に停滞に向かうと、いわば現実に裏切られる形で理論自体も行き詰った。構成主義的なASEAN研究の隆盛もまたASEANそれ自体のパフォーマンスに支えられていた側面はあったであろう。ASEANが危機に直面しているならば、構成主義的な理論研究は維持されるのか、状況に即した新たな理論枠組みが提示されるのか、それとも東南アジア国際関係研究はアチャリヤ以前のように大きな理論に寄らない状況に戻るのか（それも決して悪いわけではない）。現実と共に理論もまた転換点を迎えている。

（ゆかわ　たく　東京大学）

クラウス・ドッズ著、町田敦夫訳

『新しい国境　新しい地政学』

（東洋経済新報社、二〇二一年、三七三頁）

岩　下　明　裕

オクスフォード大学出版の短編シリーズ（Very Short Introduction）「地政学（Geopolitics）」の著者として知られるクラウス・ドッズは、地勢、衛生、環境、北極・南極などをテーマに地理と政治を論じる第一人者である。とりわけ、地理の絶対性を前提に国際関係をステレオタイプに論じがちな地政学に対し、言説や表象を素材にクリティカルにこれをアレンジした一連の仕事は高く評価されている。なかでも著者が強く印象付けられたのは、映画や小説のなかに潜む「地政コード」の読解である（『地政学とは何か』NTT出版、二〇一二年、六三頁）。

一般に「地政コード」とは「一国の対外政策を方向付ける規範」、「国益に対する外部的脅威の認識とこれへの計画的対応及び正当化」に関わるものとされるが（『現代地政学事典』丸善、二〇二〇年、二七九―三七八。コーリン・フリント『現代地政学：グローバル時代の新しいアプローチ』原書房、二〇一四年など）、ハリウッドの名作を「テロリスト国家」の文脈で位置づけ、数々の小説のなかから「地理と政治」を発掘する彼の議論の切れは極めて鋭い。また、クラウスは概念や分析枠組みを新たな視点で変化させることに長けている。クラウスの分析で著者が触発されたものは、英国が囚われる四つの「地政コード」（小国イングランド／ブリテン、コスモポリタンなブリテン、ヨーロッパの一国であるブリテン、アメリカと強い関係にあるブリテン）である。著者は、これを再加工し、ロシアの「地政コード」のブレから外交分析を試みたこともある（岩下明裕「ロシア外交・試論：地政治・アイデンティティ・パワー」『ロシア東欧研究』四九号、二〇二〇年）。

いわば、クラウスは、地政に関わる言説分析において存在感を如何なく発揮しており、地理の不変性という呪縛から逃れられず、世界を大国間のチェスゲームのように描きたがる、古典的な「地政学」を乗り越える「新しさ」で著者を含めた多くの研究者を惹きつけてきた。

著者を含めたボーダースタディーズを手掛ける研究者らは、いま「地政学（geopolitics）」を乗り越えるものとして、「地政治（geo-politics）」なる概念を提唱している。「地政治」のとらえ方は多様であるが、「生政治」とのアナロジーを踏まえ、政治地理学の言うスケール・ジャンプを駆使して、多様で重層な空間における政治を読み解くアプローチとして整理される。その主たる提唱者である山崎孝史たちの議論を国際政治学ももっと耳を傾けるべきだろう（山崎孝史「危険に対する空間的実践」竹中克行編著『人文地理学のパースペクティブ』ミネルヴァ書房、二〇二二年など）。

さて本書は、クラウスがこれまでの研究成果に基づき、環境や気候変動、パンデミックなど現代を覆うさまざまな事象を踏まえつつ、国境を自在に論じた野心的な著作である。本書は序章に続き、第一章「国境の問題」（但し、matters は動詞の掛詞で「国境は重要」というニュアンス）で、その歴史を起点に、世界中の係争地を論じ、警備の現況に踏み込む。特に「領土問題」のもつ構築主義的な側面を捉え、ナショナリズムや資源争奪戦の文脈でこれを読み解く。国境問題の多様さをフィジカルとメンタルの両面から位置づけ、その意義をアピールする。クラウスのもつ博覧強記が、読者に国境の重要性を再確認させるであろう。国境や境界の問題に関心を寄せるボーダースタディーズは、彼のアプローチに強く共感するに違いない。第二章「動く国境」は、高地や氷河をめぐる国境の問題を温暖化や気候変動を意識しながら整理し、第三章「水の国境」は、これを河川や湖沼へと展開する。地下帯水層から海の国境へと議論は転じ、北極や海洋に関する彼の研究成果が生きている。第四章「消えゆく国境」は、気候変動に力点を置き、海面上昇で世界の島々が消滅する（つまり、国境が変わる）様態を未来へと描く。第五章「ノーマンズランド」では、「実質的な管轄権を行使するものがいない空間」という定義の下、非武装地帯、原発事故地域、海洋・大気・極地のグローバルコモンズを分析する。第六章「承認されざる国境」では、パレスチナ、台湾、北キプロスから南極やアフリカなどの事例をあげ、国境の不安定性を強調する。転じて第七章は、北米のボーダースタディーズで流行する「スマートボーダー」に踏み込む。生体認証システムの活用、主権が及び領域を超えた国内外の移民管理の様態などの議論が簡潔にまとめられている。第八章「宇宙空間」では人類の新世界の「征服」に向けた競争が、第九章「ウィルスの世界」ではパンデミックとナショナリズム、新たな国境分断が論じられる。

以上のように、環境や気候変動、パンデミックなど幅広い事象を扱う本書の情報量に加え、次々と繰り出される言説批評、目新しい概念の提唱は目を見張る。だが、地域や理論に詳しい研究者が、その議論の穴を見つけるのは困難ではない。例えば、中露国境問題（第三章）。珍宝島をめぐる紛争や解決に向けた手順の記述は粗雑である。一九六〇年代にタルウェグ原則で河川国境問題がほぼ解決しかけた事実は無視され、そもそも「ソ連が一五〇年近く支配してきた川中島」など存在しない（帝政期も含め、ロシアは三〇〇〇キロに及ぶ川の島すべてを支配していないし、中国は珍宝島を含め、ゴルバチョフ以前に多くを事実上、取り返している）。また交渉において、中国が「不平等」とみなす北京条約に立ち戻るはずもない。極めつけは、章冒頭の写真キャプションであり、戦闘の発端や経緯に関しては冷戦史研究で進捗があり、実像がいまでは学界に共有されている。さらに、英国に関する議論は自国バイアスが著しく、前著のような、英国の言説を相対化する姿勢が本書では見られない。第一章で展開されるマルビナス諸島に対するアルゼンチン政府の対応を「失われた領土」の回復としてナショナリズムの文脈で議論するのは理解できる。だが（アルゼンチンが丹念に提示する）英国によるこの地域の植民地支配の正統性への疑問や英国のフォークランド戦争における「領土回復」ナショナリズムもとりあげられるべきであった。

本書において、検討すべき疑わしい概念は「ノーマンズランド」である。一般に「無人地帯」とされる状況を、管轄権の行使の有無だけで一括りにするのは無理がある。国家による主権の主張が認められない空間、一部の管轄権のみが認められる場合、主権そのものが争われている場合、主権下にあっても管轄権を行使できない（もしくは意図的にしない）場合など、類型が多岐にわたるからだ。原書を見た訳者はこれを「誰の主権も及ばない領域」（三四頁）と説明するが、困惑しただろうと推察する。この語義の曖昧さは著者自身の責任に帰す。この議論に説得性をもたせるためには、切り口を変え、深海底や宇宙空間を「フロンティア」、公海や南極を「コモンズ」として整理する方が適していたのではないかと考える。

重大な欠陥は、国境とは何かについての原理的な考察が十分になされていない点にある。人間が境界付けられた空間をもとに生活を築く、境界は動き、消え、また生まれるという現象を追うのがボーダースタディーズだとすれば、国境は境界付けの格別な事例、要は、国家という権力空間の秩序と結びつくハードな境界だと言える。クラウスには、国家しか見えず、人びとが暮らす空間や境界の多様性が見えない。それゆえ、国境はすべて「ダーク」に染め上げられる。私たちは、国境は必ずしも「砦」だけではなく「ゲートウエー」としても機能するとみなす。国境はしばしば「創造的」でユニークな空間を作り、境界地域は権力の中心から見える光景と違うものを見せることもできる。

クラウスの新著は、ある意味で、二一世紀の最新の素材をもとにした、「古い国境、古い地政学」の物語である。それゆえに、原著は*Border Wars: The Conflicts that will Define Our Future*であるが、邦題は「新しい国境　新しい地政学」で、訳者が原著にない「地政学」を標題に入れたのは理解できないことではない。だが、原著と邦題の違いに加え、本書では、原著にはない形で、各章に目を惹く見出しをつけることは、内容をミスリードしかねない。こういった方法は、読者が反証を求めたくなるため、原著の価値を損ないかねない。

いずれにせよ、本書では、クラウスがこれまでの研究成果に基づき現在進行形の多様な事象を踏まえつつ、国境を野心的に論じている。細かい事実や理論的整合性にひっかかなければ、クラウスの挑戦的批判は読者を大いに刺激するであろう。本書はクリティカルな視点に溢れた前著に比べれば物足らないが、地政治やボーダースタディーズを考える材料とヒントには満ちている。

（いわした　あきひろ　北海道大学）

渡部恒雄、西田一平太編

『防衛外交とは何か――平時における軍事力の役割』

（勁草書房、二〇二一年、三〇七頁）

畠山京子

防衛外交とは何か。すぐに答えられる人は専門家も含めて殆どいないだろう。それもそのはず、防衛外交という言葉が使われるようになったのは比較的最近である。防衛外交に関する研究の蓄積はまだ始まったばかりであり、その定義や評価も定まっていない。

研究の蓄積が浅く、その概念が定着したとは言い難い防衛外交であるが、欧州各国や日本などの先進諸国は、諸外国との安全保障関係の強化、発展途上国への防衛装備品の提供や共同訓練、能力構築支援などを通じて、軍事アセットを利用した外交をすでに幅広く展開している。冷戦時代は経済外交に注力してきた日本も、冷戦終結後は国連ＰＫＯへの参加を契機に、ゆっくりとではあるが軍事アセットを使用した外交を展開している。憲法九条の制約により多国籍軍への参加は行っていないものの、イラク人道復興支援活動への自衛隊派遣や諸外国との防衛交流、防衛装備品の提供や能力構築支援を行っている。おりしも、岸田文雄政権は、二〇二二年一二月に国家安全保障戦略で打ち出した軍事関連援助スキームの運用を始めた。冷戦時代、日本の最も重要な外交手段として重用された政府開発援助：Official Development Assistance（ODA）ならぬ政府安全保障能力強化支援：Official Security Assistance（OSA）を開始することで、価値観を共有する「同志国」に軍事関連支援を行い「同志国」の抑止力向上を支援することを目的としている。初年度は対象国としてフィリピン、マレーシア、フィジー、バングラデッシュを選定した。ＯＳＡが定着・拡大すれば、ＯＤＡとの相乗効果が見込めるばかりか、防衛外交が経済外交とならび日本の重要な外交手段となる可能性も高い。

こうした先進国の潮流に鑑みると、防衛外交を分析した本書の出版はまさにタイムリーといえよう。本書は、今まで十分に検討されてこなかった防衛外交について、定義や意義、目的、活動内容を明らかにしたうえで、日本や英国、フランスなど先進各国の事例も含めて幅広く論じることで、日本の防衛外交の様相と将来への見取り図を明らかにする。第一部では、防衛外交を「主に平時において、自国の外交・安全保障目的の達成に向けて、国防当局並びに軍の有する資産を他国との協力に用い、自らに望ましい影響を及ぼすこと」（一八頁）と定義し、防衛外交の理論的枠組みを論じる。いわゆる同盟国同士の協力や有事における軍事協力は防衛外交には含めていない。第二部では、日本の防衛外交を考察する。防衛省、外務省などの各アクターが行う防衛外交の考察およびインド太平洋を中心とした諸外国との安全保障関係の現状を明らかにする。第三部では、イギリス、フランス、オーストラリア、アメリカ、中国、韓国の防衛外交の現状を分析し、各国の防衛外交の現状を踏まえたうえで、日本の防衛外交への提言を行う。読者は、本書を手に取ることで防衛外交の概要から日本を含めた各国の防衛外交の現状まで包括的に理解を深めることができる。研究者、実務者にとって必読の一冊である。

さて、ここでは本書のテーマである防衛外交について掘り下げて考えてみたい。防衛外交の活動や目的は多岐にわたり、国家によってその内容や運用は異なる。そのため、防衛外交の概要を掴むのは簡単ではないが、最終的な目的は国家の影響力の拡大である。

防衛外交は、冷戦終結後に中東欧諸国の民主化移行支援を契機として拡大していき、現在では三つの潮流があると本書は指摘する。一つ目は、途上国や脆弱国の治安部門改革に対する援助である。この援助は、最終的には援助受け入れ国のグッドガバナンスを目標としている点で、冷戦時代に米ソが行った軍事援助とは根本的に異なる。二つ目は、多国間および二国間での防衛交流である。冷戦後、国連ＰＫＯや多国籍軍の枠組みを通じて各国軍の協働が増えた結果、多国間や二国間の防衛交流が深化し、相互理解やさらなる協力も促進された。三つ目は、関係強化のための戦略的防衛外交である。ロシアのクリミア併合およびウクライナ侵攻や中国の強硬な海洋活動により、米と中ロの対立が鮮明となってきている。その結果、クアッド（Quadrilateral Security Dialogue）のような枠組みが形成され、友好国間の共同訓練も頻繁になってきた。価値観を同じくする友好国との防衛関係を深化させることが戦略的に重要となってきているのである。

このように、本書は冷戦後の防衛外交に焦点をあてるが、アメリカのＦＭＳ（Foreign Military Sales）を見ても明らかなように、軍事アセットを使用した外交は冷戦時代から盛んだった。旧宗主国が旧植民地に行った軍事関連援助もその一環であろう。冷戦時代は、防衛外交や防衛関与という概念を明示せずとも、主要国は経済援助に加え軍事援助を提供することで、被支援国との関係強化を図ると同時に自国の影響力拡大を図ってきたのである。つまり、軍事アセットを利用して国益を確保する試みは冷戦時代から行われていたが、外交手段の一つとして各国が政策文書などで明示的に言及し始めたのが冷戦後ということになる。

では冷戦後、なぜ各国が軍事アセットの利用を活発化させたのだろうか。ここで本書の補足を多少しておきたい。防衛外交の活発化には、国際環境の変化に加え、軍事力が包摂するメッセージが変化したことも大きく寄与している。冷戦時代は、米ソ対立のもと、軍事力が対立や戦争といった否定的な響きを持っていたことは否めないだろう。しかし、冷戦後は、軍事力は防衛や平和と安定といった肯定的な意味を持つようになり、軍事的貢献あるいは（軍事アセット利用による）国際貢献といった言葉も度々使われるようになった。特に、冷戦後に頻発した民族・地域紛争は、旧ユーゴスラビアの紛争のように、国際社会が看過できないような人道的危機に陥ることも多く、軍事的介入により状況の安定化を図る必要性にかられた。軍事力は、地域の安定と平和を創造するものとして再定義され、主要国は自国軍を派遣して、国連や多国籍軍の枠組みの下、軍事的貢献により平和と安定を維持することが求められるようになったのだ。軍事力は、防衛や協調、平和、安定をも包摂する言葉へと変容を遂げたのである。また、国連ＰＫＯが停戦監視を中心とした伝統的なミッションから強制執行型、軍民が関与する複合型、そして文民保護のため軍事力を使用するロバスト型へとその地平線を拡大していったのも、軍事的貢献の必要性や正統性が認識された結果だろう。冷戦時代に対立と戦争の色彩を色濃く帯びていた軍事力は、冷戦終結後に国際社会から平和と安定を維持する力として正統性を得て、外交的手段として一定の位置を占めるようになったのだった。ソフトな響きを持つ防衛力という言葉のもと、軍事力がもたらすメリットが強調されるようになったのだった。

さらに、既存の海洋秩序に挑戦するかのような中国の高圧的な海洋活動や台湾を巡る強硬な姿勢は、先進諸国が防衛外交を活発化させる要因の一つとなった。日本、アメリカ、オーストラリアなどは、アジア諸国の法執行能力や防衛能力の強化を支援することで海洋における法の支配を強化しようとしている。日本とオーストラリアは、共同演習や安全保障関係の強化により対中抑止力を向上させている。英国やフランスも、南シナ海に艦船を派遣するなど、こうした動きに同調している。一方、中国も積極的にアジア諸国に対して経済・軍事支援を行っている。インド太平洋では、中国を含めた主要国が防衛外交を活発化させて、自国の影響力の拡大と地域秩序の維持にしのぎを削る状況が出現したのだった。

このように、軍事アセットを秩序の維持や平和と安定のために利用することが国際的に活発になったため、軍事的関与は選択肢の一つですらなかった日本にとって、防衛外交のハードルは大幅に下がった。日本は、戦後長きにわたり経済外交に注力してきたが、一九九二年のPKO参加から始まり、イラク復興活動など自衛隊の国際安全保障における役割は徐々に拡大を続けている。自衛隊と外国軍による共同訓練や演習の機会も大幅に増えた。また、発展途上国への防衛装備品の提供も可能となった。OSAとして「同志国」への軍事援助も開始された。中国の「一帯一路」に代わるコンセプトとして「自由で開かれたインド太平洋」を打ち出した日本だが、かつて世界を席巻した経済力も弱くなり経済外交だけでは影響力の確保は年々難しくなってきている。攻撃力ではなく防衛や地域の平和と安定を強調した防衛外交の推進は、経済外交を補完しながら日本の国益に沿った国際環境の形成に大きく貢献すると思われる。

では、日本が近年重要性を増している防衛外交を拡大するためにはどうすればいいだろうか。本書では、省庁横断的な協力や強い司令塔の設置など、国内改革の必要性を訴える。拙稿では、日本が防衛交流や能力構築支援を活発化させ、地域の共通の理解を深化させる必要性をつけ加えたい。軍事アセットを利用した防衛外交は第二次安倍政権の下で加速度的に深化した。オーストラリアやイギリスとの安全保障関係の強化をはじめ、フィリピンやベトナムなどアジア諸国に対する能力構築支援や防衛装備品提供、安全保障関係の強化など展開は目覚ましい。しかし、外交の目的は自国の影響力の拡大により国益に資する環境の育成であり、対立的な構造を構築あるいは助長することではない。アジアでは米中対立が顕著になってきているが、米国か中国かの二者択一を迫るような構造を促進することは日本の国益にはならない。なぜなら中国は永遠の隣人であり、中国の市場は日本経済の維持拡大には必要だからである。日本はこれまで経済援助を通じてアジアの発展を長期にわたり支えてきた。国際世論調査では一番信頼できるパートナーとしてアジア諸国の支持を得ている。対立を深める米国と中国の代替国として、アジアの発展と防衛能力強化を経済および安全保障の両面から下支えできるはずだ。中国の政治体制が変わらない限り米中の溝は埋まらないが、日本は防衛外交を通じてアジア諸国の共通の理解や理念を促進し、法の支配に基づく地域秩序の維持に貢献できるはずだ。

（はたけやま　きょうこ　新潟県立大学）

編集後記

本特集号の編集担当となったとき、本学会における地球環境研究を再び活性化させなければならないという思いがあった。欧米での研究の継続的発展と比較して、日本では一九九二年のリオ・サミット後の盛り上がりが次第に弱まっていった。特に九・一一事件後は、本学会で地球環境分野に関心を持つ若手研究者や院生が減っていった感があった。テロリズムの衝撃や中国の台頭による安全保障環境の悪化など様々な背景要因が働いている。日本の相対的地位の低下も大きい。「小切手外交」すら切れなくなったことで、地球環境外交でシンボリックなリーダーシップすら発揮できなくなっていた。日本が目立たない分野は若手の注目を集めにくいものである。

国内要因として、一方で環境規制や対策の強化により公害問題が大きく改善されたこと、他方で保全政策の遅れにより生物多様性の喪失が進んだことが大きい。八〇年代は、光化学スモッグにより校庭で遊べないのは日常的であった。また、生態系の劣化は「日本列島改造」により相当進んでいたが、依然として豊かな生物多様性は残されていた。地方に行くと陸から簡単に魚が釣れる海、潜ると魚がウヨウヨといる川があったのである。大都市の郊外でも、フナ、カエル、カメ、ヌマエビ、サワガニ、バッタなどの昆虫を捕るのは、子どもたちの身近な遊びであった。その後、そういった環境は急速に失われていった。現在の多くの若手研究者にとっては、公害の被害も豊かな生物多様性の喪失も「実感」できるものではなくなっていた。

他方で、近年の急速な温暖化の進展は万人が実感するところである。夏の高温と熱中症リスクの増大は言うまでもないが、その影響は海においてより顕著に表れている。日本近海の水温上昇は世界平均の二倍を越えている。その影響で、日本近海に接岸しなくなったサンマの漁獲が急減し、シロザケは本州では絶滅危惧種状態になりつつある。急激な水温上昇は沖縄におけるサンゴの白化に止まらず、日本全体で藻場の喪失の主要因になっている。日本列島改造で既に劣化していた日本の沿岸生態系は水温の上昇に非常に脆弱である。

今回、院生からも多くの応募があったことは、「地球沸騰」時代の到来により、本学会でも地球環境問題への関心が再び高まっていることを示すものである。非常に多くの査読者の先生方から、すべての原稿に対して丁寧かつ建設的なコメントをいただいたことに、改めて謝意を表したい。残念ながらすべての応募原稿を掲載することはできなかったが、不採択の原稿にあっても、査読者からのコメントが今後の研究の発展の糧となることを願う。本特集号の刊行にあたっては、編集委員会の遠藤貢先生（前々主任）、宮城大蔵先生（前主任）、倉科一希先生（現主任）の三先生方に大変お世話になった。また、作業が遅れがちになるなか、中西印刷（株）の小口卓也様には大変丁寧に原稿をチェックして頂き、多大なサポートをいただいた。深謝申し上げたい。

（阪口　功）

編集委員会からのお知らせ

独立論文応募のお願い

『国際政治』に投稿された独立論文は、年度末に刊行する独立論文号への掲載を優先する必要性から、投稿から掲載まで時間を要しがちで、早期掲載の希望が寄せられておりました。その要望に応え、Newsletter 167号でもすでに理事会便りとしてご案内差し上げたように、二〇二一年度よりすべての独立論文を各特集号に掲載し、独立論文号の刊行は停止し、年間三号の刊行となります。それに伴って、各特集号のページ数は掲載論文数に応じて拡大することとなりますので、『国際政治』の年間総ページ数は従来通りとなります。

なお、独立論文の査読・掲載条件等には、何ら変更はありませんので、会員の皆様の積極的な投稿をお待ちしています。

論文の執筆にあたっては、日本国際政治学会のホームページに掲載している「掲載原稿執筆要領」に従ってください。特に字数制限にはご注意ください。投稿いただいた原稿は、「独立論文投稿原稿審査要領」に従って審査いたします。

独立論文の投稿原稿は、メールで『国際政治』編集委員会に宛てて提出して下さい。

メールアドレス　jair-edit@jair.or.jp

特集号のご案内

編集委員会では、以下の特集号の編集作業を進めています。

215号「国際政治のなかの日米関係――同盟深化の過程（仮題）」
（編集担当・楠綾子会員）

216号「地域主義の新局面（仮題）」
（編集担当・勝間田弘会員）

217号「国際関係への文化的アプローチ（仮題）」
（編集担当・川村陶子会員）

218号「転換期としての一九七〇年代（仮題）」
（編集担当・山本健会員）

219号「朝鮮半島を取り巻く国際関係の新展開（仮題）」
（編集担当・西野純也会員）

地球環境ガバナンス研究の最先端　　『国際政治』214 号

令和 7 年 1 月14日　印刷
令和 7 年 1 月25日　発行

〒187-0045　東京都小平市学園西町一丁目 29 番 1 号
一橋大学小平国際キャンパス国際共同研究センター 2 階
発行所　一般財団法人　日本国際政治学会
電　話　042(576)7110

〒101-0051　東京都千代田区神田神保町 2-17
発売所　株 式 会 社　有　斐　閣
振替口座　00160-9-370
https://www.yuhikaku.co.jp/

ISBN 978-4-641-49014-7　　印刷・中西印刷株式会社

日本国際政治学会編　国際政治　既刊

一九五七年度—二〇二三年度

1 平和と戦争の研究
2 日本外交の分析
3 日本外交史研究—明治時代—
4 現代国際政治の構造
5 宇宙兵器と国際政治
6 日本外交史研究—大正時代—
7 二つの世界とナショナリズム
8 現代国際政治史
9 国際政治学の体系
10 集団安全保障の研究
11 日本外交史研究—昭和時代—
12 ソ連外交政策の分析
13 アメリカ外交政策の分析
14 日本外交史研究—幕末・維新時代—
15 日中関係の展開
16 東南アジアの研究
17 日米関係の展開
18 アフリカの研究
19 日本外交史研究—日清・日露戦争—
20 国際政治の理論と思想
21 共産圏の研究
22 日韓関係の展開
23 日本外交史研究—第一次世界大戦—
24 国連と日本外交
25 現代国際政治の基本問題
26 日本外交史の諸問題 I
27 欧州統合の研究
28 日本外交史の諸問題 II
29 中ソ対立とその影響
30 東西世界の統合と分裂
31 日露・日ソ関係の展望
32 軍縮問題の研究
33 日本外交史研究—外交指導者論—
34 日米関係のイメージ
35 現代ヨーロッパ国際政治史
36 開発途上国の政治・社会構造
37 日本外交史の諸問題 III
38 平和と戦争の研究 II
39 第三世界
40 中東
41 日本外交史研究—外交と世論—
42 国際政治の理論と方法
43 満洲事変
44 戦後東欧の政治と経済
45 戦争終結の条件
46 国際政治と国内政治の連繫
47 日中戦争と国際的対応
48 国際社会の統合と構造変動
49 世界政治とマルクス主義
50 国際政治学のアプローチ
51 日本外交の国際認識
52 沖縄返還交渉の政治過程
53 「冷戦」—その虚構と実像—
54 「平和研究」—その方法と課題—
55 国際紛争の研究
56 一九三〇年代の日本外交
57 第三世界政治家研究
58 日英関係の史的展開
59 非国家的行為体と国際関係
60 国際経済の政治学
61・62 戦後日本の国際政治学
63 現代の安全保障
64 国際開発論
65 社会主義とナショナリズム
66 変動期における東アジアと日本
67 相互浸透システムと国際理論
68 日豪関係の史的展開
69 国際関係思想
70 冷戦期アメリカ外交の再検討
71 日本外交の思想
72 第二次大戦前夜
73 中東—一九七〇年代の政治変動—
74 国際政治の理論と実証
75 日本外交の非正式チャンネル
76 国際組織と体制変化
77 国際統合の研究
78 東アジアの新しい国際環境
79 日本・カナダ関係の史的展開
80 現代の軍縮問題
81 ソ連圏諸国の内政と外交
82 世界システム論
83 科学技術と国際政治
30周年記念号 平和と安全—日本の選択
84 アジアの民族と国家
85 日本占領の多角的研究
86 地域紛争と国際理論
87 国際社会における人間の移動
88 現代アフリカの政治と国際関係
89 第二次大戦終結の諸相
90 転換期の核抑止と軍備管理
91 日中戦争から日英米戦争へ
92 朝鮮半島の国際政治
93 国際政治経済学の模索
94 政治統合に向かうEC
95 中ソ関係と国際環境
96 一九二〇年代欧州の国際関係
97 昭和期における外交と経済
98 ラテンアメリカ
99 共産圏の崩壊と社会主義
100 冷戦とその後 第100号記念特別号
101 国家主権と国際関係論
102 環太平洋国際関係史のイメージ
103 変容する国際社会と国連
104 CISの行方
105 一九五〇年代の国際政治
106 システム変動期の国際協調
107 冷戦変容期の国際政治
108 武器移転の研究
109 終戦外交と戦後構想
110 エスニシティとEU
111 グローバル・システムの変容
112 改革・開放以後の中国
113 マルチメディア時代の国際政治
114 グローバリズム・リージョナリズム・ナショナリズム
115 日米安保体制—持続と変容
116 ASEAN全体像の検証
117 安全保障の理論と政策
118 米中関係史
119 国際的行為主体の再検討

日本国際政治学会編　**国際政治　既刊**

120 国際政治のなかの沖縄
121 宗教と国際政治
122 両大戦間期の国際関係史
123 転換期のアフリカ
124 国際政治理論の再構築
125 「民主化」と国際政治・経済
126 冷戦の終焉と六〇年代性
127 南アジアの国家と国際関係
128 比較政治と国際政治の間
129 国際政治と文化研究
130 現代史としてのベトナム戦争
131 「民主化」以後のラテンアメリカ政治
132 国際関係の制度化
133 多国間主義の検証
134 冷戦史の再検討
135 東アジアの地域協力と安全保障
136 国際政治研究の先端1
137 グローバルな公共秩序の理論をめざして――国連・国家・市民社会――
138 中央アジア・カフカス
139 日本外交の国際認識と秩序構想
140 国際政治研究の先端2
141 国際政治のなかの中東
142 新しいヨーロッパ――拡大EUの諸相
143 規範と国際政治理論
144 国際政治研究の先端3
145 天安門事件後の中国
146 二〇世紀アジア広域史の可能性
147 国際秩序と国内秩序の共振
148 国際政治研究の先端4
149 周縁からの国際政治
150 冷戦後世界とアメリカ外交
151 吉田路線の再検証
152 国際政治研究の先端5
153 グローバル経済と国際政治
154 近現代の日本外交と強制力
155 現代国際政治理論の相克と対話
156 国際政治研究の先端6
157 冷戦の終焉とヨーロッパ
158 東アジア新秩序への道程
159 グローバル化の中のアフリカ
160 国際政治研究の先端7
161 ジェンダーの国際政治
162 ボーダースタディーズの胎動
163 「核」とアメリカの平和
164 国際政治研究の先端8
165 開発と政治・紛争――新しい視角
166 環境とグローバル・ポリティクス
167 安全保障・戦略文化の比較研究
168 国際政治研究の先端9
169 市民社会からみたアジア
170 戦後日本外交とナショナリズム
171 正義と国際社会
172 国際政治研究の先端10
173 戦後イギリス外交の多元重層化
174 紛争後の国家建設
175 歴史的文脈の中の国際政治理論
176 国際政治研究の先端11
177 政権交代と外交
178 中東の政治変動
179 科学技術と現代国際関係
180 国際政治研究の先端12
181 国際政治における合理的選択
182 転換期のヨーロッパ統合
183 新興国台頭と国際秩序の変遷
184 国際政治研究の先端13
185 変動期東南アジアの内政と外交
186 国際援助・国際協力の実践と課題
187 歴史認識と国際政治
188 国際政治研究の先端14
189 地域研究と国際政治の間
190 移民・難民をめぐるグローバル・ポリティクス
191 グローバルヒストリーから見た世界秩序の再考
192 国際政治研究の先端15
193 歴史のなかの平和的国際機構
194 体制移行と暴力――世界秩序の行方
195 関係回復の論理と実証
196 国際政治研究の先端16
197 国際政治と中国
198 「ウィルソン主義」の一〇〇年
199 国際政治研究の先端17
200 オルタナティヴの模索――問い直す国際政治学――
201 ソ連研究の新たな地平
202 一九三〇年代の国際秩序構想
203 核と国際政治
204 国際政治研究の先端18
205 検証エコノミック・ステイトクラフト
206 国際政治のなかの同盟
207 ラテンアメリカ――内政と国際関係の再検証――
208 SDGsとグローバル・ガバナンス
209 冷戦と日本外交
210 岐路に立つアフリカ
211 ヘルスをめぐる国際政治
212 二国間と多国間をめぐる日本外交
213 アメリカ――対外政策の変容と国際秩序――

INTERNATIONAL RELATIONS

Volume 214 **January 2025**

The Frontier of Global Environmental Governance Study

CONTENTS

Introduction: The Frontier of Global Environmental Governance Study ······ SAKAGUCHI Isao··· 1

Germany's Energy Transition (1983–2021): Governing Coalition Change, Multi-level Governance, and Crises ······ WATANABE Rie··· 17

The Structure of Hetero-Autonomy in Global Climate Governance: The Role of the Financial Sector in the Decarbonization of the Oil and Gas Industry ······ KONDO Haruki and YAMADA Takahiro··· 34

The Current State and Challenges of Governance in the Fields of Critical Minerals Resources and Finance/Investment that Contribute to the Paris Agreement: The Extractive Industries Transparency Initiative and the EU Taxonomy ······ OHTA Hiroshi and SATO Tsutomu··· 50

The Growing Importance of Electricity Security due to the Climate Change Crisis: A Case Study of Laos as the Battery of the Mekong ······ YAMAMOTO Tsuyoshi··· 64

Factors Influencing the Agri-food Sector's Acceptance of Global Environmental Protection Norms ······ YONEDA Ritsuko··· 79

Coevolution of Private Standard and Public Environmental Governance: The European Standardization System and the EU Timber Regulation as Meta-Governance for Sustainability ······ WATANABE Tomoaki··· 95

The Role of Chinese Scientists in Big Science and Global Environmental Concerns ······ WANG Zhijian···112

The Concept of Spheres of Influence and Modern Japanese Diplomacy ······ SASAKI Yuichi···128

The Chinese Decision-Making Process in the Normalization of Diplomatic Relations between Japan and China: Changing Perceptions of International Situation and the Logic of Decision-Making ……………………………… YU Minhao…144

Review Articles

The Frontier of Research on the History of Japan's Defense Policy ……………………………………………… YOSHIDA Shingo…160

The Dilemma of Economic Inclusion and Participation of Defeated Japan in the Post-WWII Era …………… MAEDA Ryosuke…171

Book Reviews

ACHARYA, Amitav, *ASEAN and Regional Order: Revisiting Security Community in Southeast Asia* ……………………………………………… YUKAWA Taku…182

DODDS, Klaus, *Border Wars: The Conflicts that will Define Our Future* ……………………………… IWASHITA Akihiro…185

WATANABE Tsuneo and NISHIDA Ippeita eds., *What is Defence Diplomacy? The Role of Military Power in Peace Time* ……………………… HATAKEYAMA Kyoko…188

INTERNATIONAL RELATIONS

MEMBERSHIP INFORMATION: *International Relations* (*Kokusaiseiji*), published three times annually—around August, November, and February—and *International Relations of the Asia-Pacific*, published three times—January, May and August—are official publications of the Japan Association of International Relations (JAIR) and supplied to all JAIR members. The annual due is ¥14,000. Foreign currency at the official exchange rate will be accepted for foreign subscriptions and foreign fees. The equivalent of ¥1,000 per year for international postage should be added for foreign subscriptions. Current issues (within two years of publication) of *International Relations* (*Kokusaiseiji*) are priced at ¥2,200 per copy and available at Yuhikaku Publishing Co., Ltd., 2-17 Jinbo-cho, Kanda, Chiyoda-ku, Tokyo 101-0051, Japan, http://www.yuhikaku.co.jp; for the back issues, please visit J-STAGE at https://www.jstage.jst.go.jp/browse/kokusaiseiji. Regarding *International Relations of the Asia-Pacific*, please visit Oxford University Press website at http://www.irap.oupjournals.org for further information. Applications for membership, remittances, or notice of address changes should be addressed to the Secretary, the Japan Association of International Relations, c/o 2nd floor, Center for International Joint Research, Kodaira International Campus, Hitotsubashi University, 1-29-1, Gakuennishimachi, Kodaira-shi, Tokyo 187-0045, Japan.

CONTRIBUTORS

SAKAGUCHI Isao	*Professor, Gakushuin University, Tokyo*
WATANABE Rie	*Professor, Aoyama Gakuin University, Tokyo*
KONDO Haruki	*Doctoral Student, Nagoya University, Aichi*
YAMADA Takahiro	*Professor, Nagoya University, Aichi*
OHTA Hiroshi	*Professor Emeritus, Waseda University, Tokyo*
SATO Tsutomu	*Doctoral Program, Tohoku University, Miyagi*
YAMAMOTO Tsuyoshi	*Adjunct Researcher, Waseda University, Tokyo*
YONEDA Ritsuko	*Ph.D. Candidate, Nagoya University, Aichi*
WATANABE Tomoaki	*Professor, Fukuoka Institute of Technology, Fukuoka*
WANG Zhijian	*Ph.D. Student, Nagoya University, Aichi*
SASAKI Yuichi	*Associate Professor, Meiji Gakuin University, Tokyo*
YU Minhao	*Professor, Nagoya University of Business and Commerce, Aichi*
YOSHIDA Shingo	*Associate Professor, Kindai University, Osaka*
MAEDA Ryosuke	*Associate Professor, The University of Tokyo, Tokyo*
YUKAWA Taku	*Associate Professor, The University of Tokyo, Tokyo*
IWASHITA Akihiro	*Professor, Hokkaido University, Hokkaido*
HATAKEYAMA Kyoko	*Professor, University of Niigata Prefecture, Niigata*

Summary

Introduction: The Frontier of Global Environmental Governance Study

SAKAGUCHI Isao

The number of international environmental treaties has surged since the United Nations Conference on Environment and Development in 1992. Private regimes initiated by non-state actors, such as non-governmental organizations, have also expanded to tackle global environmental issues. The establishment of multiple private regimes in same environmental issues led to the formation of private regime complexes. In addition, the UN initiative of Sustainable Development Goals (SDGs), a sort of governance through goals, has started since 2015. The high institutional density and diversity in public and private spheres led to the explosion of academic literature on global environmental governance. However, in contrast to the substantial post-war improvement in other global governance issues such as peace, trade, development, and human rights, the state of global environmental problems has worsened in most cases. The progress of SDGs is also slow in terms of environmental goals, and they will most probably not be able to meet the targets by 2030. The approach of governance through goals is not successful in the prevention or control of climate change and biodiversity loss, either. The Paris Agreement on climate change intended to restrict the rise of global surface temperature to well below 2.0 degrees Celsius above pre-industrial levels and to pursue efforts to limit the temperature increase to 1.5 degrees Celsius above pre-industrial levels by the bottom-up approach of nationally determined contributions (NDCs). However, it is simulated that the increase in global surface temperature will soon exceed the target of 1.5 degrees and reach 3.1 degrees in 2030. The Convention on Biodiversity set the Aichi Targets in 2010 to speed down global biodiversity loss. However, parties to the convention failed to attain all of the twenty individual targets set in Aichi Targets by 2020. Responding to the public governance deficit in biodiversity conservation, private sustainability certification schemes have proliferated in agricultural, forestry, and seafood products. However, as effective biodiversity conservation requires comprehensive national plans of land utilization and economy, the potential of private sustainability regimes to fill the governance

gap is limited. Can the academic research of global environmental governance not develop the wisdom to tackle the classic problems of economics, such as the tragedy of commons and market failure, by governance without government? This special issue is published on this problem recognition. It consists of seven case study articles, four of which are related to climate change, two to agriculture and forestry, and one to big science in global environmental problems. Several important issues, such as biodiversity loss, desertification, and Japan's engagement in global environmental governance, are missing in this volume, highlighting the importance of extending the research scope in the Japanese study of global environmental governance.

Germany's Energy Transition (1983–2021): Governing Coalition Change, Multi-level Governance, and Crises

WATANABE Rie

Germany is the frontrunner in energy transition (Energiewende). "Energiewende" was originally used as the title of the report published by the Öko-Institut in 1980 - "Growth and prosperity without nuclear and oil", which meant "breaking away from the dependence on nuclear and oil", both representing large-scale technologies. Since the SPD-Greens coalition government decided to phase out nuclear power in 2002 and the CDU/CSU-FDP under the Merkel administration decided to accelerate the nuclear phase-out in 2011 after the Fukushima Daiichi Nuclear Accident, this term has been diffused worldwide. With the diffusion and the wake of the climate change issue, the definition changed from the 1980 original to the transformation from the fossil-fuel dependent society to decarbonized one. Therefore, Energiewende requires at least renewable energy promotion policy, energy efficiency policy, coal phase-out, and electricity network development, with nuclear power being an option. Despite unfavorable climatic and geographic conditions, Germany has so far been successful in promoting renewables, and phasing out nuclear as well as coal. The country aims to reduce its greenhouse gas emissions by 65% in 2030 and to realize decarbonization by 2045. Why has Germany been able to select this ambitious transition pathway? This article analyzes the factors explaining Germany's Energiewende by focusing on the effects of catalysts (focusing event, crisis, shock) on non-incremental policy change and, ultimately, the paradigmatic shift towards decarbonization. This article classifies catalysts into three groups; 1) governing coalition change; 2) the impact of decisions taken at different governance levels or different policy areas;

and 3) shocks in energy policy area, and illuminates the different effects of the three groups of catalysts. By examining whether and how catalysts affected on actors' positions through their interests and beliefs, and induced non-incremental changes in three critical policies (renewable promotion, nuclear phase-out, and coal phase-out), the article highlights the following; 1) the reunification (the second group) was critical in distracting incumbents' attention from energy policy and promoting renewables, which was further expanded by government change to the SPD- Greens coalition (the first group); 2) the governing coalition change was also important in phasing out nuclear in addition to two nuclear catastrophes in Chernobyl and Fukushima (the third group), which drastically changed actors' positions by affecting their beliefs; 3) finally without the climate crisis (the third group), the coal phase-out would not have been decided. By overviewing this process, the article concludes that catalysts were probably sufficient to realize each non-incremental policy change; however, a long-term paradigmatic shift, such as Germany's Energiewende, is not realized spontaneously; and policymakers or entrepreneurs are required to strategically utilize opportunity-windows distracting incumbents' attention (e.g., reunification) and to control the interaction and the sequence of multiple non-incremental policy changes in order to affect incumbents' interests.

The Structure of Hetero-Autonomy in Global Climate Governance: The Role of the Financial Sector in the Decarbonization of the Oil and Gas Industry

KONDO Haruki and YAMADA Takahiro

As climate change has increasingly become a serious issue in recent years, more attention has been paid to the industrial sector as a major source of greenhouse gas emissions. The most important sector in this regard is the oil and gas industry. While this sector holds the key to a successful transition to a decarbonized society, it has unsurprisingly found it difficult to part with a profitable fossil-fuel based economy as evinced by its long-term opposition to carbon emissions reduction.

Yet, the Oil and Gas Climate Initiative (OGCI), which was launched back in 2014, made a commitment to zero carbon emissions in 2021, and in the following year the leading companies accordingly set their net-zero emission targets. How has this about-face occurred, given their vested interest in a fossil-fuel-

based economy? Can one explain this behavioral change simply as an instance of voluntary actions by private actors as numerous studies in transnational governance research would suggest? This article argues otherwise: this initiative and the target-setting that ensued among the major oil and gas companies have in large measure been facilitated by changes in the investment strategies of the financial sector, which had the effect of altering the interest calculation of the industry. To suggest this impact of the financial sector, the authors first discuss how the Glasgow Financial Alliance for Net Zero (GFANZ), an initiative launched by the former governor of the Bank of England, has harmonized the net-zero transition framework for both the financial sector as well as real-economy corporates, rendering commercial investments conditional on the disclosure of climate-related risks, credible transition and/or asset phase-out plans by the corporates. The authors then conduct the text-mining analysis of key oil and gas companies' sustainability reports to measure the impact of the financial sector on the perceptions of these companies toward decarbonization. This analysis has shown that the oil and gas industry came to adopt its net-zero transition strategy after the formation of the financial alliance in question, although its voluntary actions had started much sooner already at the time of the negotiation of the Paris Agreement.

From this theoretically-informed case study, the authors then conclude that the adaptation of the oil and gas industry to its transition risks associated with stranded assets has been greatly facilitated by the globally concerted action by the financial sector to provide an external feedback mechanism to the industry through the allocation of capital. As such, the emergence of a hetero-autonomous structure in which the autonomous adaptation of actors is facilitated by the heteronomous actions by other actors has played a critical role in changing the nature of climate governance.

The Current State and Challenges of Governance in the Fields of Critical Minerals Resources and Finance/Investment that Contribute to the Paris Agreement: The Extractive Industries Transparency Initiative and the EU Taxonomy

OHTA Hiroshi and SATO Tsutomu

The Paris Agreement (adopted in 2015 and entered into force in 2016) set the principal goal of holding "the increase in the global average temperature to well below 2°C above pre-industrial levels" and making efforts "to limit the temperature increase to 1.5°C above pre-industrial levels." It also aims to achieve net-zero greenhouse gas (GHG) emissions, an ambitious goal of balancing man-made GHG emissions and their removal in the second half of the 21st century. To achieve these efforts, all the Parties to the Paris Agreement are required to submit their plans, called Nationally Determined Contributions (NDCs). Each Party is expected to extend an "increasingly higher degree of ambition" at its discretion in successive NDCs. However, the UN Environmental Programme's "Emission Gap Report" (2023) warned the world that even if all the submitted NDCs are implemented, the Paris Agreement's temperature goal would not be achieved.

It is necessary to break away from dependence on fossil fuels and create a decarbonized society to arrest global warming while seeking energy transitions to renewable energy. In December 2019, the European Union (EU) announced the "European Green Deal" aiming towards "Climate Neutral," which means net zero GHG emissions by 2050. The EU leads the world in achieving decarbonization by promoting renewable energies and establishing a taxonomy system for environmentally sustainable economic activities (the EU Taxonomy). Meanwhile, the international community is concerned about meeting the rapidly increasing demand for scarce critical minerals for renewable technologies and devices, such as wind and solar power, electric vehicles, and storage batteries, essential ingredients for decarbonizing the world.

This article recognizes that the management of critical minerals and the promotion of sustainable finance/investment, which support the energy transition, play an indispensable role in providing the essential resources for achieving the temperature target of the Paris Agreement through climate change mitigation policies. Based on this recognition, this article describes the current state of the two fields of activity. First, regarding managing critical minerals, this article

takes up the Extractive Industries Transparency Initiative (EITI) case. Second, the EU Taxonomy has been chosen as a case study for addressing sustainable finance and investment concerns. This study analyzes the development processes, current situation, and challenges of these two governance frameworks.

The Growing Importance of Electricity Security due to the Climate Change Crisis: A Case Study of Laos as the Battery of the Mekong

YAMAMOTO Tsuyoshi

The Mekong region, which forms the core of ASEAN, has achieved remarkable economic growth, but in the process has faced common regional threats such as the Asian currency crisis, the global financial crisis, and the new coronavirus infection crisis. This paper focused on the threat posed by climate change as the next crisis common to the region, and argued that the higher the climate change crisis, the more important it becomes to establish electricity security. Laos, which is referred to as the battery of the Mekong, is an important country in terms of electricity security for countries in the region. However, faced with slowing economic growth, chronic budget deficits, a falling domestic currency, and rising public debt, it is not easy for Laos to proactively take measures to avoid or mitigate the effects of climate change. If climate change further increases the vulnerability of the implementation system and further worsens the economic situation of Laos, the environment surrounding electricity security will become even more challenging.

This paper also argued that in addition to climate change, Laos faces a complex interplay of three factors: a fragile electricity implementation system, international politics with neighboring countries, and the interaction of these factors with electricity security. The establishment of electricity security in Laos is a cornerstone for building stable international relations with neighboring countries. The threat of climate change to electricity security is also shown to be closely related to other forms of security, such as economic security. Elaboration of the discussion on climate change and electricity security in Laos from the perspective of international politics will contribute to the discussion on peace and development in the Mekong region and ASEAN.

Factors Influencing the Agri-food Sector's Acceptance of Global Environmental Protection Norms

YONEDA Ritsuko

The protection and conservation of the global environment had become an international norm widely accepted in various sectors by the late 20th century; however, this was not the case in the agri-food sector. It established the "food security regime," prioritizing the eradication of hunger and increase in food production. The environmental impact concerns were focused on local impacts associated with farming practices, such as water pollution resulting from fertilizer use.

At the 1996 World Food Summit, over 180 countries adopted the Rome Declaration on World Food Security and the World Food Summit Plan of Action to eradicate hunger. However, protecting and conserving the global environment was considered a counter-norm to food security. The developing countries objected to focusing on the environment owing to their limited capacity; they were concerned that an environmental focus could generate new trade barriers.

Three factors behind this backlash can be identified. First, food security was not considered to align with the environmental issue within the regime. Second, development aid had stagnated, and there was limited anticipation that technological innovation would increase food production. Third, trade rules, including the World Trade Organization Agreement on Agriculture, disciplined food aid, and government expenditure aimed at enhancing production. Thus, the developing countries were forced to find solutions to overcome these challenges.

However, this situation changed significantly during the 2010s when the developing countries observed an increase in their financial aid and private investments; moreover, biotechnologies, such as tissue culture and DNA markers, were introduced in these countries for plant disease prevention and effective breeding. The aid agencies encouraged implementing digital technologies, facilitating increased agricultural production. Regarding trade rules, the WTO Doha Development Agenda focused on environmental issues; no significant outcome or agricultural negotiations were agreed upon. Instead, the developed countries tried to include environmental clauses in their Regional Trade Agreements (RTA) by fixing trade terms, helping ease the concerns of developing countries. Additionally, RTAs enhanced investment and built cooperation, allowing developing countries to accept global environmental norms. Finally, the Sustainable Development Goals, with the efforts of the Food and Agriculture Organization, established the integration of the environment and food security.

Many agri-businesses supported this idea in their policies, and the developing countries engaged in transactions with these businesses found it advantageous to accept global environmental norms.

Coevolution of Private Standard and Public Environmental Governance: The European Standardization System and the EU Timber Regulation as Meta-Governance for Sustainability

WATANABE Tomoaki

Recently, private standards based on third-party certification, such as those from the International Standard Organization (ISO), Forest Stewardship Council (FSC) and Marine Stewardship Counsil (MSC), have emerged as significant regulatory mechanisms in global environmental governance. These standards function as global sustainable rules in scenarios where intergovernmental negotiations on environmental issues such as climate change fail and address deficiencies in public environmental regulation.

As these private certification schemes become more widespread globally, various issues arise. Some critics highlight the fragmentation caused by competition among private standards, which exacerbates information asymmetries regarding the scope and rigor of sustainability for businesses and consumers. Others highlight a "race to the bottom," where the strictness of standards is diluted to accommodate business demands for lower transaction costs. Furthermore, a private standard may not effectively address current environmental challenges because its policies and goals are shaped by its own philosophy and interests, whether driven by business-oriented organizations or environmental NGOs.

The objective of this paper is to explore the modes of meta-governance led by public authorities to address these issues and to elucidate the conditions that foster specific types of meta-governance.

Drawing on literature about global governance modes, I explore two types of governance that public authorities can use as meta-regulatory activities in relation to private standards: (1) "delegation," characterized by stringent control by the governing body, and (2) an indirect, soft inducement mechanism. The "delegation" type involves public actors intervening in standard-setting bodies to systematically align with public environmental policy goals within a legal framework. The indirect meta-governance approach includes setting a

meta-standard to serve as a reference frame for private certification schemes ("performance setting" governance) and providing a multistakeholder deliberation process to enhance private governance through discussion, peer review, reporting, and more ("deliberation process-based" governance).

This paper evaluates two instances of meta-governance initiated by the European Union (EU) since the 2010s: the European Standardization System within the context of EU environmental policy and the EU Timber Regulation, which addresses illegal logging within and beyond the EU's borders. In the European Standardization System, member states and environmental NGOs have agreed on a systematic approach with European regional standard bodies to closely link EU environmental policy with the standard-setting process, overcoming the issue of "fragmentation." The EU Timber Regulation, as a "deliberative process-based" meta-governance, is shaped by political processes marked by discrepancies among member states and stakeholders and the limited liability of private certification scheme such as FSC.

The Role of Chinese Scientists in Big Science and Global Environmental Concerns

WANG Zhijian

Big Science, characterized by interdisciplinary and international cooperation, encompasses large-scale, long-term scientific and technological projects that require substantial funding and significant human resources. Contemporarily, Big Science has evolved into multidisciplinary and multinational scientific cooperation programs that generate big data that can be used to address global environmental concerns. Through the past decade, China has emerged as an ambitious latecomer in Big Science projects, and Chinese scientists, as non-state actors, are actively engaging in these projects. However, empirical research on the motives, processes, and outcomes of Chinese-led Big Science initiatives remains under-analyzed in the global environmental governance literature.

Therefore, drawing from science-policy interface theory, this study examines the nature of China's leadership in Big Science projects on global environmental concerns, including its political background, stated goals, and the role of scientists within an authoritarian regime. China's contemporary Big Science projects aim to foster science and technology cooperation for diplomatic purposes, enhancing China's soft power. The government maintains an absolute leadership position over scientists, who, as semi-governmental actors, must adhere to governmental policies. Simultaneously, the Chinese government is open to incorporating

scientific policy recommendations from scientists to fill gaps in professional knowledge and achieve its environmental strategies. This challenges the conventional understanding that China's scientists are fully controlled by the Chinese authoritarian government. Thus, Chinese scientists play a crucial role in proposing and managing Big Science projects. However, their policy proposals are required to align with the broader governmental strategies. For example, scientists need to support the strategy of the One Belt One Road Initiative's green transformation, known as the "Green One Belt One Road Initiative," to target the partner countries' environmental concerns in the projects.

As a case study, this paper considers a major Chinese-led Big Science project, the "Third Pole Environment," to explore the interactive science-policy interface mechanisms among Chinese scientists, participating countries and their scientists, international organizations, and the Chinese government. While Chinese scientists must navigate the politics of starting up Big Science, they can form a transnational scientific community with foreign scientists and international organizations. This collaboration promotes knowledge sharing and elevates their global academic reputation. The huge amount of environmental data generated under the project has directly contributed to reforming domestic environmental policies in China. Additionally, collaborating with international organizations has provided new scientific knowledge pertaining environmental concerns in participating countries. However, the paper also raises concerns about Chinese-led international Big Science projects, such as the risks of potentially compromising the data sovereignty of participating countries and fueling the expansion of China's digital hegemony, especially over the partner countries under the "Green One Belt One Road Initiative."

The Concept of Spheres of Influence and Modern Japanese Diplomacy

SASAKI Yuichi

This study examines the concept of spheres of influence and modern Japanese diplomacy. The concept of spheres of influence, which has been received attention in recent years in the study of modern Japanese diplomatic history, is very complex and important for discussing modern Japanese foreign policies. This paper first analyzes the spheres of influence based on the descriptions in several sources and classifies them into five types: (1) reservation of occupation, (2) mutual recognition among powers, (3) acquisition of rights, (4) adjacent important areas, and (5) under some influence. The study then examines several issues

concerning modern Japanese diplomacy and spheres of influence, particularly the relationship between Japan and Manchuria and its related problem of continuity and change in the Japanese diplomacy around World War I.

After the Russo–Japanese War, Japan acquired rights and interests in South Manchuria through the Treaty of Portsmouth with Russia and various agreements with China. Furthermore, Japan concluded agreements with Russia to divide Manchuria into north and south and demarcate them as their respective spheres of influence, and obtained recognition of the division from other powers. In other words, for Japan, South Manchuria was its sphere of influence based on both (2) mutual recognition among powers and (3) acquisition of rights. Simultaneously, it was potentially a sphere of influence as (4) an adjacent important area or (5) an area under some influence.

After World War I, the system in which several powers established their own spheres of influence in China and mutually recognized them collapsed. However, the Japanese government believed that it was still possible to have powers recognize Japan's special relationship with Manchuria in some way. The Japanese government no longer described Manchuria as a so-called sphere of influence, but in terms of the concept of spheres of influence as an analytical concept, Manchuria could be Japan's sphere of influence as a type of (3) acquisition of rights, (4) adjacent important areas, or (5) under some influence. While trying to secure interests in Manmō (Manchuria and Inner Mongolia), Japan sought to legitimize the special relationship between Japan and Manmō by emphasizing the adjacency.

In recent years, the notion of spheres of influence has been increasingly referred to in the world primarily against the backdrop of the Russian moves. Although this paper examines the issues related to the spheres of influence only from the perspective of the modern Japanese diplomatic history, it may make a broader contribution to the study of international relations as an attempt to analyze the historical evolution of the concept of spheres of influence.

The Chinese Decision-Making Process in the Normalization of Diplomatic Relations between Japan and China: Changing Perceptions of International Situation and the Logic of Decision-Making

YU Minhao

This paper explores the policy process of China's diplomacy of normalization toward Japan by focusing on the relationship between China's perceptions of the international situation and its diplomacy toward Japan in the early 1970s.

China's diplomacy with Japan in the 1970s began with fierce criticism of Japanese militarism. In addition to distrust of the Sato administration, strong vigilance against U.S. intentions, which stemmed from the U.S. expansion of the Indochina War, was the main cause of China's criticism. From China's perspective, the U.S. was abetting Japan's expansion in Northeast Asia while expanding the war in Indochina. For this reason, high priority was given to forming an anti-U.S. united front. China's fierce criticism of Japanese militarism was part of this effort.

Subsequently, China's views on U.S. policy intentions underwent a significant transformation, and the development of détente in Europe led China to realize the need to break the ice in its relations with the U.S. While giving priority to the breakthrough of ties with the U.S., with regards to Japan, China narrowed the target of the united front to the Sato administration and expanded the scope of the united front from the traditional "leftists" to the so-called "centrists" and "business community." China's admission to the United Nations and the U.S.-China rapprochement following Nixon's visit to China greatly impacted Japanese public opinion. The Sato administration's stance toward China also transformed. Still, China decided not to negotiate with Sato and to wait for the next administration to emerge, based on its judgment that the diplomatic situation was favorable toward it.

While the Sino-American approach gave China an advantage in its diplomatic position vis-à-vis Japan, it also contributed to the U.S.-Soviet détente, a diplomatic development that China did not want to witness. This was because the Soviet Union, wary of the US-China rapprochement, became more flexible toward a US-USSR summit. For China, even though relations with the United States improved, the development of détente between the Soviets and the U.S. meant that China's diplomatic position was weakened. Thus, a diplomatic breakthrough with Japan came to be recognized as a necessary means of strengthening China's

diplomatic position and, accordingly, was given high diplomatic priority.

By this point, China, which had previously seen the significance of its relations with Japan in an anti-U.S. context, started to see the importance of its diplomacy with Japan from the viewpoint of strengthening China's diplomatic positioning in the international system.